# 福建茶叶气象

主　编：陈家金

副主编：黄川容　吴　立

孙朝锋　王加义

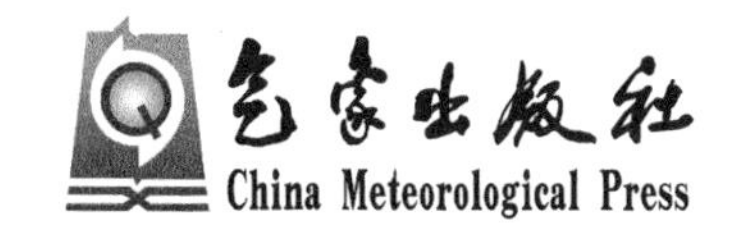

## 内容简介

本书介绍了福建茶叶主要种类、时空分布及生长发育期等基本概况，结合茶树光温水气象指标评估了茶叶气候适宜性，评估了茶叶寒冻害、干旱、连阴雨和高温热害的气象灾害风险，分析了影响茶叶品质的气候因素，评估了茶叶主产区茶树品种的气候品质，介绍了茶叶寒冻害气象指数保险产品设计的技术方法和结果。本书提供的福建茶叶气象内容，可为从事茶叶生产管理、农业气象及农业保险业务服务的人员、高校师生以及一线茶叶生产者提供参考。

**图书在版编目（CIP）数据**

福建茶叶气象 / 陈家金主编. -- 北京 : 气象出版社, 2022.12
ISBN 978-7-5029-7905-8

Ⅰ. ①福… Ⅱ. ①陈… Ⅲ. ①农业气象－关系－茶树－栽培技术－福建 Ⅳ. ①S16②S571.1

中国国家版本馆CIP数据核字(2023)第022888号

**福建茶叶气象**
Fujian Chaye Qixiang

**出版发行**：气象出版社
**地　　址**：北京市海淀区中关村南大街 46 号　　**邮政编码**：100081
**电　　话**：010-68407112(总编室)　010-68408042(发行部)
**网　　址**：http://www.qxcbs.com　　**E-mail**：qxcbs@cma.gov.cn
**责任编辑**：张　媛　　**终　　审**：张　斌
**责任校对**：张硕杰　　**责任技编**：赵相宁
**封面设计**：楠竹文化
**印　　刷**：北京中石油彩色印刷有限责任公司
**开　　本**：787 mm×1092 mm　1/16　　**印　　张**：11
**字　　数**：282 千字
**版　　次**：2022 年 12 月第 1 版　　**印　　次**：2022 年 12 月第 1 次印刷
**定　　价**：60.00 元

# 《福建茶叶气象》
# 编委会


**主　　编：**陈家金

**副 主 编：**黄川容　吴　立　孙朝锋　王加义

**参编人员：**卢冰冰　杨　凯　沈长华　张金超　肖秀珠

李丽容　施宗强　陈蔚琪　苏荣瑞　林瑞坤

孙蔡亮　林　雯　李仁忠

# 前　言

福建气候条件适宜茶树栽培，生产有乌龙茶、绿茶、红茶、白茶和茉莉花茶五个种类。福建是我国茶叶主产区，茶叶品质、产量、全产业链产值及产业整体竞争力保持全国前列，已成为福建现代农业的支柱产业，成为千亿元以上产值的产业链之一。在茶叶生产过程中，常遇到寒冻害、干旱、连阴雨和高温等气象灾害影响，是制约福建茶叶可持续发展的风险因素；同时不同的气候条件影响着茶叶品质。因此，围绕如何提高茶叶产量、减轻灾害影响、提高茶叶品质，为茶叶生产提供气象保障服务，是摆在气象部门面前的一个课题。

福建省"十四五"特色农业发展规划中明确提出，要打造特色现代农业集聚区，持续做强做优做大茶叶特色产业；坚持绿色发展方向，统筹做好茶文化、茶产业、茶科技这篇大文章。优化茶叶品种结构，大力推广高香型、制优率高、适制性好的茶树品种，扶持茶树良种繁育基地建设。建设一批绿色高效标准化茶叶生产基地，示范推广茶树高优良种配套栽培技术，着力提升安溪铁观音、武夷岩茶、福鼎白茶、坦洋工夫、福州茉莉花茶等茶叶区域公用品牌，形成一批具有全国影响的茶叶企业品牌，增强"福字号""多彩闽茶"知名度、美誉度。因此，为了满足福建茶产业发展的需求，做好茶气象科技这篇文章，气象部门应深化茶叶产前、产中和产后的气象关键技术保障服务。本书通过介绍福建茶叶基本概况、茶叶气候适宜性、主要气象灾害风险分布与应对，影响主要茶树种类茶青品质的关键气象因子与气候品质评估，如何设计茶叶气象指数保险产品等关键技术，以期为福建茶叶生产合理布局、气象灾害风险防控、提高茶叶产量和质量提供气象科技支撑，提升茶叶应对气象灾害能力，避免或减轻气象灾害造成的损失，为福建茶叶防灾减灾和提质增效发挥重要作用。

由于本人水平有限，编写时间仓促，书中难免存在不足之处，敬请广大读者批评指正。

陈家金

2022 年 10 月于福州

# 目　录

# 第一章　福建茶叶概况

## 第一节　茶叶栽培历史

茶树在植物学上属被子植物门，双子叶植物纲，原始花被亚纲，山茶目，山茶科，山茶属，为多年生常绿木本植物。

福建地处低纬亚欧大陆东南岸，居亚热带的南部，在23°33′～28°19′N，东临辽阔的太平洋，西临江西，南接广东，北连浙江。南北最大间距530 km，东西最大间距480 km；全省陆地面积12.14万 $km^2$，海域面积13.6万 $km^2$。福建属于典型的亚热带季风气候区，同时境内外山脉、河流纵横交错，既具备较充分的太阳辐射能量和丰富的水汽资源，又受海陆及不同尺度的地形影响，从而形成大气环流、天气系统在一年间消长变化的规律和气候时空分布的特色，因此，福建特殊地理位置形成的独特气候环境，为茶叶生产提供了得天独厚的气候条件。

福建是我国最古老的茶区，为乌龙茶、红茶、白茶和花茶的发源地，是茶之乡、茶之祖、茶之源、茶之韵，也是我国的茶叶主产区，福建早在晋代就开始产茶，到唐代已为中国主要茶区，至今已成为全国重要产茶省份之一。福建是我国第一产茶省，年产量、生产茶类和产品花色品种均居全国首位，在中国乃至世界产茶史上具有重要地位，福建产的乌龙茶、白茶及花茶以其独具特色的色、香、味、形和优异的品质，深受消费者欢迎。茶叶是福建省分布最广的经济作物，全省除偏远岛屿外几乎县县有茶，2020年茶叶种植面积达335.9万亩①，居全国第5位；总产量达到46.1万t，产量居全国第1位[1-3]。茶叶经济效益高，现已成为福建现代农业的支柱产业，并已形成闽南乌龙茶优势产区、闽北乌龙茶优势产区、闽东白茶和绿茶优势产区、闽西绿茶区。

## 第二节　茶叶主要种类与品种

中国是茶叶的故乡，制茶、饮茶已有几千年历史，名品荟萃，主要种类有绿茶、乌龙茶、红茶、花茶、白茶、黄茶和黑茶。福建茶叶种类按色泽工艺分类，主要有乌龙茶、绿茶、红茶、白茶、花茶五大茶类；按季节采制分类，可分为春茶、夏茶、暑茶、秋茶、冬茶。

(一)茶叶种类

福建省茶叶生产有乌龙茶、绿茶、红茶、白茶、花茶五大茶类，其中乌龙茶和绿茶为主导茶类。乌龙茶又称青茶，属半发酵茶，即制作时适当发酵，使叶片稍有红变，既有绿茶的鲜浓、又有红茶的甜醇；绿茶属于不发酵茶，具有香高、味醇、耐冲泡等特点；红茶属于全发酵茶，加工时不经杀青，而是凋萎，使鲜叶失去一部分水分，再揉捻，然后发酵，使所含的茶多酚氧化，变成红

① 1亩＝1/15 $hm^2$，下同。

色化合物；白茶属于轻度发酵茶，加工时不炒不揉，只将细嫩、叶背满茸毛的茶叶晒干或用文火烘干，而使白色茸毛保留下来；茉莉花茶一般是用绿茶做茶坯，少数也有用红茶或乌龙茶做茶坯，它根据茶叶容易吸附异味的特点，以茉莉花为窨料，将茉莉花和新茶一起闷，茶将香味吸收后再把干花筛除，采用窨制工艺制作而成。

从茶区茶树种类来看，基本上形成了 4 个茶区。①闽南乌龙茶区，以生产安溪铁观音、永春水仙、平和白芽奇兰、诏安八仙茶等为主。②闽北乌龙茶多茶类区，以生产武夷岩茶、闽北水仙、建瓯北苑贡茶、政和大白茶、正山小种等为主。③闽东北多茶类区，以生产福鼎大白茶、天山绿茶、特种造型工艺绿茶、工夫红茶、茉莉花茶等为主。④闽西绿茶区，以生产永安云峰螺毫、龙岩斜背茶、漳平水仙等为主[4-5]。

茶树按树型分为乔木、小乔木(半乔木)和灌木 3 种类型。乔木型茶树的特征是植株高大，主干明显，最低分枝高度一般在离地面 30 cm 以上；小乔木型茶树的特征是植株高大，主干尚明显，最低分枝高度一般都在地面以上；灌木型茶树特征是植株较矮小，且无明显的主干，最低分枝多从地下根茎处分生。

(二)茶树品种

一、主要品种

福建素有“茶树良种王国”之称，在茶树品种方面，各茶区栽培品种 100 多个，主栽茶树品种有铁观音、福云 6 号、福鼎大毫茶、福建水仙、金观音(茗科 1 号)、福安大白茶、白芽奇兰、毛蟹、本山、福鼎大白茶、黄旦、梅占、金牡丹、大叶乌龙、佛手、肉桂、黄观音、八仙茶、金萱等[6]。

茶树品种按越冬芽萌发期(即春芽鱼叶展开期)与春茶开采期(指 5%～10%的鱼叶展开期和一芽三叶展开期)时间分为特早芽、早芽、中芽与晚芽 4 种类型，通常特早芽种指惊蛰前鱼叶展开，春分前后开采者；早芽种指春分前后鱼叶展开，清明前后开采者；中芽种指春分至清明间鱼叶展开，清明后至谷雨前开采者；晚芽种指清明前后鱼叶展开，谷雨后至立夏前后开采者。

福建特早芽茶树品种有福云 6 号、霞浦元宵绿、霞浦春波绿、早春毫、早蓬春、乌牛早等；早芽品种有福鼎大白茶、福鼎大豪茶、福安大白茶、福云 595、黄旦、福云 10 号、八仙茶、黄奇、黄观音、金观音(茗科 1 号)、金牡丹、黄玫瑰、丹桂、春兰等品种；中芽品种有梅占、佛手、毛蟹、大叶乌龙、福云 7 号、福云 20 号、悦茗香、紫牡丹等；晚芽品种有铁观音、肉桂、福建水仙、白芽奇兰、本山、瑞香、政和大白茶等[7-8]。

1. 乌龙茶

福建乌龙茶是继绿茶之后，约在 16 世纪出现的，为半发酵茶，始于武夷山。武夷山是世界乌龙茶的发源地，之后乌龙茶传入建瓯市、安溪县等地，并传入台湾地区。福建是乌龙茶原产地，明末清初就开始产制乌龙茶，历史悠久，武夷岩茶、安溪铁观音等为历史传统名茶，典型的乌龙茶品种有肉桂、水仙、铁观音、大红袍等，其中以“大红袍”和“安溪铁观音”最负盛名[9]。

福建乌龙茶地位独特，是全国重点乌龙茶生产区域，也是全国茶叶优势发展区域中乌龙茶重点发展区域。福建乌龙茶产区分为闽北乌龙茶产区和闽南乌龙茶产区，闽北乌龙茶精品有“武夷岩茶”“大红袍”以及“武夷肉桂”“闽北水仙”；闽南乌龙茶精品有安溪“铁观音”、永春“佛手”、平和“白芽奇兰”、诏安“八仙茶”、漳平“水仙饼”等。福建乌龙茶产量约占全国乌龙茶总量的 85%。

“武夷岩茶”是中国十大名茶之一，是产于闽北武夷山市武夷山岩上乌龙茶类的总称。“武夷岩茶”历史悠久，据史料记载，唐代民间就已将其作为馈赠佳品，宋元时期已被列为“贡品”，品质具有“岩骨花香”的特点。“武夷岩茶”产于闽北“秀甲东南”的武夷山，根据茶青产地不同，还分为“正岩”“半岩”和“州茶”。“正岩”茶指茶青采自武夷山风景名胜区，品质最好，正岩茶园主要分布在丘陵低山与谷底岩壑之中，海拔主要在200～500 m;“半岩”茶指茶青采自武夷山风景名胜区周边;“州茶”指茶青采自武夷山风景名胜区附近的乡镇。“武夷岩茶”属半发酵茶，制作方法介于绿茶与红茶之间，具有绿茶之清香，红茶之甘醇，其品质独特，虽未经窨花，茶汤却有浓郁的鲜花香，饮时甘馨可口，回味无穷，是中国乌龙茶中之极品。“武夷岩茶”茶树品种很多，品种特征各异，按产品分为大红袍、名枞、肉桂、水仙、奇种五类。

(1)肉桂

“肉桂”也称“玉桂”，是灌木型的中叶类、晚生种，由于它的成品茶香气、滋味有似桂皮香，具有香气馥郁、滋味醇厚、回甘强烈等特点，因此习惯上称为“肉桂”，是武夷岩茶的当家品种，原产于武夷山马正峰。肉桂茶树抗寒性、抗旱性强，扦插繁殖力强，成活率高;芽叶生育力强，发芽密，持嫩性强，适制乌龙茶，品质优;枝条向上伸展略扩张，枝叶颇密，叶厚而脆，呈浓绿色，叶片光滑，叶缘内翻成瓦筒状，叶尖较钝，呈椭圆形;叶脉细而隐，萌芽力强，花甚多，花朵小;成品茶外形紧结，色泽青褐鲜润，香极高锐，有明显的桂皮香味，滋味醇厚甘爽，佳者带乳香，有诱人之感，香气久泡犹存。

根据肉桂茶树生长的地理位置，“武夷肉桂”分为牛栏坑肉桂(俗称“牛肉”)、马头岩肉桂(俗称“马肉”)、九龙窠肉桂(俗称“龙肉”)、虎啸岩肉桂(俗称“虎肉”)、天心岩肉桂(俗称“心头肉”)、青狮岩肉桂(俗称“狮肉”)、三仰峰肉桂(俗称“羊肉”)、竹窠肉桂(俗称“猪(竹)肉”)。肉桂茶是岩茶中的高香品种，颇具“岩韵”，具有奇香异质的特性。

(2)水仙

“水仙”茶属于小乔木型大叶类，茶树品种高大，属半乔木型。武夷水仙约在光绪年间(1875—1899年)传播开来，栽种历史为120多年。水仙茶是福建茶农创制的名茶，属于中国茶叶优良品种之一，是福建乌龙茶类中的一种，原产于闽北。

“闽北水仙”茶树有普通水仙和老枞水仙之分，老枞水仙一般指树龄达50年以上，而又具有特殊香气或有别于普通水仙的“枞味”的水仙。“水仙”茶的梗粗壮、节间长、叶张肥厚、含水量高且水分不容易散发，叶片大者发芽早，稍细长者发芽较迟，叶近圆者发芽最迟;叶面平滑，浓绿有油光，叶脉粗而隐，边缘锯齿较深;开花期早，花多、花朵大、红白色、不易结实。“水仙”成品茶条索肥壮，色泽绿褐油润而带宝色，部分叶背呈现沙粒;香浓辛锐、清长，有“兰花之香”;茶汤味浓醇厚，喉韵明显，回甘清爽，汤色浓艳呈橙黄色;耐冲泡，叶底软亮，边缘鲜红。

“闽南水仙”茶树属半乔木型，繁育方法均为压条或剪枝扦插的无性繁育。其主干明显，基部扁一，分枝稀疏，树冠高大;叶片肥厚，色呈深绿，表面光亮;梢芽壮实，且多毫茸，适制成乌龙茶。制成乌龙茶的闽南水仙，其形肥壮匀整，紧结曲卷，色泽光润，褐黄、黛绿交错。

“漳平水仙”茶树是水仙茶的一种，是漳平市的地方名茶，从元代开始种植，到明清时期已有相当规模，其加工制作的茶饼结合了闽北水仙与闽南铁观音的制法，用一定规格的木模压制成方形茶饼，是乌龙茶类唯一紧压茶，品质珍奇，风格独一无二，古色古香，极具浓郁的传统风味，有着天然的花香，滋味醇爽细润，经久藏，耐冲泡，茶色橙黄或金黄，口感清爽、回甘明显。

(3)大红袍

“大红袍”茶树产于福建省武夷山市，其母树位于武夷山东北部天心峰下永乐禅寺之西的九龙窠。“大红袍”茶是中国茗苑中的奇葩，素有“茶中状元”之美誉，乃岩茶之王，堪称国宝。

“大红袍”母树为千年古树，在九龙窠陡峭绝壁上仅存6株，产量稀少，被视为稀世之珍，属于品质特优的“名枞”；其成品茶香气浓郁，滋味醇厚，有明显“岩韵”特征，饮后齿颊留香，经久不退，冲泡9次犹存原茶的桂花香真味，被誉为“武夷茶王”。后经茶叶工作者采用无性繁殖的方式培育，大红袍茶树品种得以大面积推广种植，其品质保持了母树优异、独特的风格。

“大红袍”茶树为灌木型，树冠半展开，分枝较密集，叶梢向上斜生，叶近阔椭圆形，尖端钝略下垂，叶缘微向面翻，叶色深绿光泽，内质稍厚而发脆，嫩芽略壮，显毫，深绿带紫。“大红袍”产区，气候温和，冬暖夏凉，山峰岩壑之间，有幽涧流泉，山间常年云雾弥漫，独特的自然条件孕育出岩茶独特的韵味。

(4)铁观音

“铁观音”茶属乌龙茶类，原产于福建省安溪县西坪镇，是我国著名乌龙茶之一，素有茶王之称。安溪县是全国最大的乌龙茶主产区，“铁观音”茶种植历史悠久，据记载，“铁观音”茶起源于清雍正年间(1723—1735年)。安溪县境内多山，气候温暖，雨量充足，茶树生长茂盛，茶树品种繁多，“铁观音”茶树主要产地分布在安溪县西部的“内安溪”，包括祥华、感德、西坪、剑斗等乡镇。

“铁观音”茶树属灌木型，中叶类，晚生种，其树势披展，枝条斜生，叶片水平状着生；叶形椭圆，叶缘齿疏而钝，叶面呈波浪状隆起，具有明显肋骨形，略向背面反卷，叶肉肥厚，叶色浓绿光润，叶基部稍钝，叶尖端稍凹，向左稍歪，略显下垂，嫩芽紫红色，因此，有“红芽歪尾桃”之称，这是纯种特征之一。“铁观音”茶叶色深绿、叶肉厚、叶质脆、芽较壮、茸毛中等，抗寒、抗旱性较强，产量中等，适制乌龙茶，其品质优异，条索圆紧重实，色泽褐绿，香气馥郁悠长，滋味醇厚回甘，具有特殊的“观音韵”的品质风格。“铁观音”成品茶属于半发酵茶，依发酵程度和制作工艺，大致可以分为清香型、浓香型、陈香型三大类型。

(5)佛手

“佛手”茶树也称“雪梨”“大白”。“佛手”茶树略扩张，枝条软，性脆，叶特大，近似蛋形，皱曲不平，像梨树叶，叶片厚，蓝绿色，叶细有油光，主脉粗显，侧脉稍隐细；萌芽力较弱，花朵结果性差或不结果。“佛手”成品茶外形肥壮且粗实曲皱，状似春蚕；色褐绿鲜润，香浓而清，有明显的雪梨香；味极浓厚，较甘润，有梨味；汤色深橙泛红；叶底粗大黄亮，红边鲜艳，叶背有明显沙粒状。

(6)奇种

“奇种”茶树又名“菜茶”，其树丛矮小，枝干较细，是靠种子播种的有性繁育之品种，花盛籽多，可供播种。“奇种”成品茶外形紧结匀整，色泽铁青带褐，较油润，有天然花香，香不强烈，细而含蓄，味醇厚甘爽，喉韵明显，汤色橙黄清明。

(7)梅占

“梅占”茶树叶厚，呈椭圆形，色呈浓绿，深于肉桂，清于铁观音；叶面不平，两缘外展稍朝天，尖端钝圆而略长，锯边呈细浅，却锐坚；花蕊甚多，开花期迟。“梅占”成品茶比较粗紧，茶水金黄色，味浓厚耐泡；香形辛锐，但不够细长。

(8)白芽奇兰

“白芽奇兰”茶树原产于福建省平和县，是从地方茶树群体中单株选育成功的珍稀乌龙茶优良品种，属灌木型、中叶种，芽梢白毫明显，树势中等，树冠半张开，分枝较稠密，着生部位较低，芽叶持嫩性好，产量较高。“白芽奇兰”成品茶外形紧结匀整，色泽翠绿油润，香气清高持久，香味浓郁，滋味醇厚，鲜爽回甘，汤色杏黄清澈明亮，叶底肥软，具有独特的“兰花”香气。

(9)毛蟹

“毛蟹”茶树原产于安溪县大坪乡福美村，属灌木型、中叶类、中芽种，树姿半开张，分枝稠密，叶形呈椭圆形，叶片平展，叶色深绿，叶厚质脆，锯齿锐利，芽梢肥壮，茎粗节短，叶背白色茸毛多，育芽能力强，但持嫩性较差，适应性广，抗逆性强，产量较高。“毛蟹”成品茶的茶条紧结，茶汤呈现青黄或金黄色，味清纯略厚，香气高。

(10)本山

“本山”茶树原产于安溪县西坪镇尧阳村，属灌木型、中叶类、中芽种，树姿开张，枝条斜生，分枝细密，叶形呈椭圆形，叶薄质脆，叶面稍内卷，芽密且梗细长，长势和适应性比铁观音茶强，是安溪县四大名茶之一。“本山”成品茶色泽砂绿，条索紧结，汤色金黄明亮，香气沉稳持久，香高味醇。

(11)黄旦

“黄旦”茶树原产于安溪县虎邱镇罗岩村，属小乔木型、中叶类、早芽种，树姿半开张，分枝较密，节间较短，叶形呈椭圆形或披针形，叶齿较密，叶色黄绿，具有光泽，发芽率高，适应性广，抗逆性强，产量较高。“黄旦”由于茶树品种和加工制作上的特色，形成了独特的品种，其成品茶的商品名称为“黄金桂”，条索紧细，色泽润亮金黄，香气优雅鲜爽，略带桂花香味，滋味醇细甘鲜，具有“一早二奇”的特点，即萌芽采制早，一般在 4 月中旬采制，比铁观音早近 20 d，外形呈现“黄、均、细”，内质呈现“香、奇、鲜”。

(12)大叶乌龙

“大叶乌龙”茶树原产于安溪县长卿镇珊屏村，属灌木型、中叶类、中芽种，其根系发达，枞冠较大，树姿半开张，分枝较密，节间尚长，生长速度快，叶片呈椭圆形或近倒卵形，叶色深绿，叶厚质脆，嫩梢肥壮，芽叶生育力和持嫩性较强，枝梗比铁观音略细，适应性广，耐旱又耐寒，少受病虫危害，产量高。“大叶乌龙”制作的乌龙茶品质优良，其茶条瘦小，头尾尖，质轻，色泽褐，汤色青黄、浅黄或橙黄，香气高、滋味浓，耐冲泡。

(13)八仙茶

“八仙茶”曾名汀洋大叶黄旦，茶树属小乔木、大叶类、早芽种，由福建省诏安县科学技术委员会于 1965—1986 年育成，其植株较高大，根系发达，树姿半张开，分枝较密，叶片呈稍上斜状着生，叶片呈椭圆形，叶色黄绿，春季萌芽早、冬季封园迟，育芽能力强，芽梢抽生快，茸毛短而长，芽头较瘦小，梗细小，叶质较薄软，持嫩性强，喜阴湿，抗寒性较弱。“八仙茶”成品茶色泽乌绿，高香耐泡，滋味浓强甘爽，回甘持久。

(14)金牡丹

“金牡丹”茶树(代号 220)属灌木型、中叶类、早芽种，芽叶紫绿色，嫩梢肥壮，持嫩性强，杂种优势强，扦插繁殖能力强，成活率高，适应性强。“金牡丹”茶青加工的乌龙茶品质优异，条索紧结重实，香气馥郁悠长，滋味醇厚回甘。

(15)瑞香

“瑞香”茶树(代号 305)属小乔木、中叶类、中芽种，是福建省茶叶科学研究所从“黄旦”品种杂交后代中选育出来的，其适应性广，扦插繁殖能力强，成活率高，抗寒性和抗旱性强，产量高。“瑞香”成品茶色泽乌润，香气优雅，具有鲜甜的花果香，汤色橙黄明亮，滋味醇厚鲜爽，岩韵明显。

2. 绿茶

绿茶是以茶青为原料经过杀青、揉捻、干燥等工序加工而成，其干茶色泽和冲泡后的茶汤、叶底以绿色为主调，故名绿茶，属不发酵茶。绿茶保留了鲜叶的天然物质，其中茶多酚、咖啡碱保留了鲜叶的85%以上，叶绿素保留了50%左右，维生素损失也较少，色泽和茶汤较多保存了鲜叶的绿色格调，呈现外形绿、汤色绿、叶底绿，形成了"清汤绿叶，滋味收敛性强"的特点。加工绿茶的茶青是从茶树新梢上采摘的新鲜芽叶，一般包括单芽、一芽一叶、一芽二叶、一芽三叶等。

加工制作绿茶的茶青原料主要来自"福云6号""茗科1号"(金观音)以及"梅占""福鼎大毫茶""乌牛早"等茶树品种。其中"福云6号" 属小乔木型大叶类，特早生种，树姿半开张，分枝较密，叶片呈长椭圆形或椭圆形，叶面平，叶色绿，芽叶肥壮，茸毛多，持嫩性较强，抗寒性、抗旱性强，产量高，适合加工绿茶。

福建绿茶有烘青、炒青和蒸青绿茶，如宁德等地的"天山绿茶"属于烘青，南安"石亭绿"、龙岩"斜背茶"、武平"绿茶"等属于炒青。绿茶制作始于晋朝，自中唐以后，便有蒸青、炒青绿茶；炒青从宋、元、明、清，一直沿袭到当代。福建著名绿茶有罗源县的"七境堂绿茶"、龙岩市的"斜背茶"、宁德市的"天山绿茶"、南安市的"石亭绿"、福安市的"绿雪芽"、周宁县的"官思茶"以及全国采摘最早的霞浦县"元宵绿"等。

宁德市蕉城区生产的"天山绿茶"为福建烘青绿茶中的名茶，该茶以"香高、味浓、色翠、耐泡"四大特色著称，自唐代至清，历代均为贡品；1982年和1986年在全国名优茶评比中被商业部授予"全国名茶"称号，连续五届被选定为海峡两岸茶业博览会纪念茶；"鞠岭"牌天山绿茶连续三次被认定为"福建省名牌产品"。历史上"天山绿茶"的花色品名繁多，按采制季节分为雷鸣、明前、清明、谷雨等；按形状分为雀舌、凤眉、凤眼、珍眉、秀目、蛾眉等；按标号分为岩茶、天上丁、一生春、七杯茶、七碗茶等；其中以雷鸣、雀舌、珍眉、岩茶最为名贵。

武平县是福建省绿茶优势产区之一，是全省面积最大、产量最多、品种最优的炒青绿茶生产大县，武平县也被称为"福建炒绿之乡"。"武平绿茶"是中国历史名茶，曾经是明清时期朝廷贡品，其成品茶主要分为梁野翠芽(扁形)、梁野炒绿(条形)、梁野雪螺(螺形)三大炒青绿茶系列；先后有"武平绿茶""宏峰""仙岩""年年春""梁野山"5个茶叶商标被认定为福建省著名商标。茶青主要来自主栽茶树品种"福云6号""福云7号""梅占""茗科1号""福鼎大毫茶""乌牛早"等。

南安市的"石亭绿"，生产历史悠久，1952年被农业部定为历史悠久的名茶，2013年获得原产地地理标志证明商标，具有"三绿三香"的显著特征，"三绿"指外形银绿、汤色碧绿、叶底翠绿，"三香"指杏仁香、绿豆香、兰花香。加工制作"石亭绿"茶的茶树品种以当地有性繁殖的群体菜茶品种为主，茶园品种繁杂。

(1)"福云6号"

"福云6号"茶树品种是由福建省农业科学院茶叶研究所从福鼎大白茶和云南大叶茶自然杂交后代中培育而成的，属于小乔木大叶型，萌芽早，树姿半开张，分枝能力强，分枝较密，叶片多数呈水平状或稍下垂状着生，叶形呈长椭圆形或披针形，叶色绿，叶质柔软，叶面光滑，叶身内折，叶缘平直，嫩芽叶绿色、肥壮，茸毛较多，育芽能力强，但持嫩性较差，抗寒、抗旱能力较强，产量高。"福云6号"成品茶条索紧细，白毫显露，香气清高，汤色翠绿明亮，滋味醇和爽口。

(2)"茗科1号"

"茗科1号"茶树(代号204)又称"金观音"，属灌木型、中叶类、早生种，植株较为高大，树姿半开张，分枝较多，发芽密度大，持嫩性好，叶色深绿，芽叶色泽紫红，茸毛少，嫩梢肥壮，抗逆性强，适应性广，产量高。"茗科1号"成品茶色泽褐绿，汤色金黄清澈，叶底肥厚明亮，香气馥郁鲜爽，滋味醇厚回甘。

(3)"乌牛早"

"乌牛早"茶树也称"嘉茗1号"，原产于浙江省温州市永嘉县乌牛镇，是特早发芽的茶树品种，发芽密度大，芽叶肥壮，叶色碧绿，持嫩性较强，抗逆性较好，适合制绿茶。"乌牛早"成品茶外形扁平挺直，条紧显豪，色泽绿翠光润，香气浓郁持久，呈青草香、淡甜香，滋味甘醇鲜爽，汤色嫩绿明亮。

3. 白茶

白茶属于轻微发酵茶，是我国的六大茶类之一。福建是我国白茶的发源地和主产地，产量占全国白茶总产量的50%以上，白茶主产区位于福建的福鼎市、政和县、松溪县和南平市建阳区等地。其中，福鼎市的白茶种植面积、产量都位居全国第一，享有"中国白茶之乡""世界白茶在中国，中国白茶在福鼎"的美誉。福建白茶主要精品有福鼎市与政和县加工生产的"白毫银针"，政和县生产的"白牡丹"，建阳区生产的"水仙白"，其中福鼎市加工制作的"白毫银针"被定为中国白茶类标准样[9]。

制作白茶的主要茶树品种有福鼎大白茶、福鼎大毫茶、政和大白茶、福安大白茶、福云6号、福建水仙、歌乐茶、早逢春等。福鼎大白茶属小乔木型中叶类，早生种，原产于福鼎市点头镇翁溪村，树姿半开张，分枝较密，叶片呈椭圆形，叶色绿，芽叶肥壮，茸毛多，持嫩性好，产量高；福鼎大豪茶属小乔木型大叶类，早生种，原产于福鼎市点头镇汪家洋村，树姿较直立，分枝较密，叶片呈椭圆形，叶色绿，芽叶肥壮，茸毛多，持嫩性好，产量高。

依据原料茶树品种不同，白茶产品可分为大白、小白、水仙白茶，由大白茶茶树品种制成的茶叶为"大白"，由水仙品种制成的茶叶称"水仙白"，菜茶品种制成的茶叶为"小白"[10]；依据原料采摘标准不同，白茶加工产品分为"白毫银针""白牡丹""贡眉"和"寿眉"，是以大白茶、水仙或群体种茶树品种的嫩梢或叶片为原料，经萎凋、干燥、拣剔等特定工艺过程制成的白茶产品，以"银针"最为名贵。以大叶种为原料加工制作的为"白牡丹"茶，以小叶种为原料加工制作的为"贡眉"，以大叶种或小叶种片茶为原料加工制作的为"寿眉"，以新工艺加工制作的为"新工艺白茶"。

"白毫银针"的鲜叶原材料全部是茶芽，采制"白毫银针"的茶树，每年秋冬要加强肥培管理，以培育壮芽，次年采制以春茶头一、二轮的顶芽品质最佳，到三、四轮后多系倒芽，较瘦小；台刈更新后萌发的第一轮春芽特别肥壮，是制造优质"白毫银针"的理想原料；夏秋茶茶芽瘦小，不符合"白毫银针"原料的要求，一般不采制。"白毫银针"原料采摘标准为春茶嫩梢萌发一芽一叶时采摘，采摘要求极其严格，规定雨天不采，露水未干不采，细瘦芽不采，紫色芽头不采，风伤芽不采，人为损伤芽不采，虫伤芽不采，空心芽不采，开心芽不采，病态芽不采，号称"十不采"；只采肥壮的单芽头，如果采回的是一芽一、二叶的新梢，则只摘取芽心，俗称"抽针"，作为银针的原料，剩下的茎叶作其他花色的白茶或其他茶；制成成品茶后，形状似针，长约3 cm，白毫密被，色如白银，故而得名。"白毫银针"因产地和茶树品种不同，又分为"北路银针"和"南路银针"，福鼎市采用烘干方式生产加工的银针称"北路银针"，茶树品种为福鼎大白茶，其外形优美，芽头壮实，毫毛厚密，富有光泽，汤色碧清，呈杏黄色，香气清淡，滋味醇和；政和县、松溪县和建阳区采用晒干方式生产加工的银针称"南路银针"，茶树品种为政和大白茶，其外形粗壮，芽长，毫毛略薄，光泽不如“北路银针”，但香气清鲜，滋味浓厚。

“白牡丹”因其绿叶夹银白色毫心，形似花朵，冲泡后绿叶托着嫩芽，宛如蓓蕾初放，故而得名“白牡丹”。“白牡丹”制作的鲜叶原料有福鼎大白茶、福鼎大毫茶、政和大白茶和福建水仙的茶树芽叶，要求茶青原料白毫显、芽叶肥嫩。采摘标准是春茶的一芽一叶、一芽二叶，芽与二叶的长度基本相等，并要求“三白”，即芽、一叶、二叶均披满白色茸毛；加工“白牡丹”的茶青坚持“三不采”，即季节未到不采、雨天不采、露水未干不采。“白牡丹”成品茶经传统工艺加工而成，其叶张肥嫩，叶态伸展，毫心肥壮，色泽灰绿，毫色银白，毫香浓显，清鲜纯正，滋味醇厚清甜，汤色杏黄明净。

“贡眉”属于白茶的一个品种，是以小叶菜茶、福鼎大白茶的一芽二叶至一芽三叶为鲜叶原料加工制作的白茶。

“寿眉”是以福鼎大白茶、福鼎大毫茶、水仙或群体种茶树的一芽四叶、五叶或开面茶、粗老茶为原料加工制作的白茶。

“白牡丹”采摘时间较“寿眉”早，萌芽至采摘期间气温较低，叶片生长较为缓慢，叶片狭长，采摘期也短，主要集中在春季，清明前后开始采摘，采摘期约 10 d；而“寿眉”春茶生育期较长，生长期积温高，叶片更大更舒展，茶梗更为粗壮，同时“寿眉”不仅在春季能采摘，采摘期从谷雨前后开始直至立夏(4 月下旬至 5 月上旬)，也可以在秋季采摘，采摘期从立秋开始直至寒露前后(8 月上旬至 10 月上旬)，采摘期长。

(1)福鼎大白茶

“福鼎大白茶”茶树为小乔木型，中叶类，早芽种，树势半开张，分枝较密，节间尚长，树皮灰色，叶片呈椭圆形，叶色黄绿，侧脉明显，叶肉略厚，发芽期通常在 3 月上旬，生长势旺盛，抗旱性和抗寒性强，繁殖力强，压条、扦插发根容易，成活率高。

(2)福鼎大毫茶

“福鼎大毫茶”茶树属小乔木型，大叶类，早芽种，原产于福鼎市点头镇翁溪村，树势高大，树姿较直立，基部主干明显，分枝较密，枝条粗壮，叶片水平或下垂状着生，叶片呈椭圆形或近长圆形，叶色浓绿带光泽，侧脉明显，萌芽期通常在 3 月上中旬，芽叶黄绿色且肥壮，茸毛粗且多；扦插繁殖发根能力强，耐旱且耐寒。

(3)政和大白茶

“政和大白茶”茶树属小乔木型，大叶类，晚生种，原产于政和县铁山乡，已有 100 多年的栽培历史，植株高大，树姿直立，分枝较稀，叶色深绿，叶片呈椭圆形，叶面隆起，叶质较厚，芽叶肥壮，茸毛特多，抗寒性较强。

4. 红茶

中国是世界红茶的发源地，武夷山市星村镇桐木村是世界红茶的起源地。红茶按制作方法不同，可分为小种红茶、工夫红茶和红碎茶，福建红茶种类有小种红茶和工夫红茶。适制红茶的茶树品种有福鼎大白茶、政和大白茶、福云 6 号、茗科 1 号(金观音)、丹桂、茗科 2 号、瑞香、黄旦、毛蟹、本山、梅占、乌龙、黄观音、地方菜茶等。

小种红茶是福建省的特产，有“正山小种”和“外山小种”之分，正山小种表明的是真正“高山地区所产”之意。“正山小种”红茶原产于福建省武夷山市星村镇桐木村、邵武市和平镇坪上村的光音坑、光泽县司前乡干坑村、建阳区黄坑镇坳头村；其他地方生产的小种红茶，统称为“外山小种”。

原产于武夷山市桐木关的“正山小种”，是世界红茶的鼻祖，之后还逐渐演变产生了“三大工夫”红茶，即“坦洋工夫”“政和工夫”“白琳工夫”，它们与“正山小种”一起被统称为“闽红”[9]。

“工夫红茶”是我国特有的传统红茶品种，因做工精细而得名，它多以产地命名。福建“工夫红茶”品类包括“坦洋工夫”“政和工夫”“白琳工夫”“金骏眉”等，其中，“坦洋工夫”红茶起源于福安市境内白云山麓的坦洋村，产地分布于福安市、柘荣县、寿宁县、周宁县、霞浦县及屏南县北部等地，制作“坦洋工夫”红茶的茶树品种有福鼎大白茶、福安大白茶、福云系列等；“政和工夫”红茶产区主要分布在政和县和松溪县，按品种分为大茶、小茶两种，大茶采用政和大白茶制成，小茶采用小叶种制成；“白琳工夫”红茶主产于福鼎市太姥山的白琳镇、蟠溪镇湖林村一带；“金骏眉”红茶原产于武夷山桐木关国家级自然保护区内海拔千米的高山地区，在春分与清明时节之间采摘小叶种茶树的幼嫩芽梢，应用工夫红茶传统工艺制作而成[11]。

红茶是以茶青为原料经萎凋、揉捻、发酵、干燥等工序加工而成，属前发酵的全发酵茶。其茶青应以茶多酚类化合物含量较高的夏茶为好，除小种红茶要求茶青具有一定成熟度外，工夫红茶和红碎茶都要求有较高的嫩度，采摘的鲜叶一般为一芽二叶或一芽三叶[12]。

（1）黄观音

“黄观音”茶树（代号 105）属小乔木型、中叶类、早芽种，植株较高大，树姿半开张，分枝较密，叶片呈水平状着生，呈椭圆形或长椭圆形，叶色黄绿，茸毛少，叶质尚厚脆，芽叶生育力强，发芽密，持嫩性较强；茶树抗旱性和抗寒性强，且扦插繁殖能力强，成活率高，茶青适制乌龙茶、红茶、绿茶。“黄观音”茶青加工的红茶，条索紧细，香高爽，味醇厚。

（2）丹桂

“丹桂”茶树（代号 304）属灌木型、中叶类、早芽种，茶树抗旱性和抗寒性强，茶青适制乌龙茶、红茶。“丹桂”茶青加工的红茶，形美色优，香高味醇，叶底红亮，品质独特，如南靖县加工生产的丹桂茶。

（3）菜茶

所谓“菜茶”，通常是将本地区不知道的茶树名字，或者知道茶树名字但不再是当家品种的茶树统称为菜茶。福建地方菜茶属于当地土生土长的中小叶晚生群体树种，是通过茶树种子繁殖的茶树群体，菜茶植株小，以灌木类为主，小乔木也有，菜茶在闽北、闽东地区广泛分布，且有很多地方分支，如武夷菜茶、福鼎菜茶、坦洋菜茶、松溪菜茶、天山菜茶等。

5. 花茶

花茶是一种再加工茶类，是在成品茶的基础上，加入鲜花窨制而成；即以成品的绿茶（红茶或青茶）为原料（又称茶坯），经复火干燥、窨制、提花、再复火干燥等主要工序加工而成的再制茶。花茶主要以窨制的鲜花命名或将窨制的鲜花与茶名组合在一起命名，如茉莉花茶等[12]。

茉莉花茶，又叫茉莉香片，属于花茶，茶胚为绿茶，成品将茉莉花去除，已有 1000 多年历史。福建是茉莉花茶主要生产省份，茉莉花茶原产于福州市，是以绿茶茶坯经茉莉鲜花窨制而成，具有茶的清香和茉莉花的芬芳。福建花茶产品主要有：福州“茉莉闽毫”和“茉莉大白毫”、宁德“天山茉莉银毫”、福安北门茶厂“莲岳”牌茉莉花茶、政和“茉莉花茶”、寿宁“福寿”牌特种花茶，还有福安天香茶业有限公司产制的特种新工艺花茶；传统的外销产品主要有茉莉银毫、春风、春毫、特级至六级花茶等[9,13]。

福建省茉莉花茶原料主要来自于闽东、闽北两大产区，一般特种茉莉花茶采用的茶青原料嫩度要好，采摘的鲜叶常为一芽一叶、二叶或嫩芽多，芽毫显露。闽东产区茉莉花茶主要以福云 6 号、福安大白茶、福鼎大白茶、福鼎大毫茶及当地有性群体菜茶等茶树品种进行加工制坯，窨制而成的茉莉花茶外形色泽较黄绿，毫显，香气高，品质好，但茶身稍轻；闽北产区茉莉花茶主要以福安大白茶、政和大白茶、福云6号、当地有性群体菜茶等茶树品种为原料，加工而成的茉莉花茶色泽稍偏暗绿，肥壮重实，滋味重，较闽东花茶味浓耐泡[13]。

(二)茶叶大小叶种的划分

福建茶树主栽品种以大、中叶种为主，小叶种栽培面积较少；全省茶树大叶种和中小叶种的种植面积比例大致为3∶7，其中闽北茶区大叶种和中小叶种比例约为4∶6，闽南茶区中小叶种占比几乎为100%，闽东茶区大叶种和中小叶种比例约为6∶4。

茶树特大、大、中、小叶种的分类是根据茶树成熟叶片的大小进行区分的，按叶面积大小或按叶长、叶宽进行标准划分(表1.1、表1.2)。

表1.1 按叶面积划分茶叶大、中、小叶种的标准

| 种类 | 叶面积($cm^2$) |
|---|---|
| 特大叶种 | La>60 |
| 大叶种 | 40≤La≤60 |
| 中叶种 | 20≤La<40 |
| 小叶种 | La<20 |

表1.2 按叶长、叶宽划分茶叶大、中、小叶种的标准

| 种类 | 叶长(cm) | 叶宽(cm) |
|---|---|---|
| 特大叶种 | $L>14$ | $w>5$ |
| 大叶种 | $10\leq L\leq 14$ | $4\leq w\leq 5$ |
| 中叶种 | $7\leq L<10$ | $3\leq w<4$ |
| 小叶种 | $L<7$ | $w<3$ |

叶面积计算公式为：

叶面积(La)＝叶长(不含叶柄和叶尖)×叶宽(叶基和叶尖对折后的中间部位宽度)×0.7(叶面积系数)。

1. 大叶种

茶树大叶种有福鼎大毫茶、福安大白茶、政和大白茶、福建水仙、福云6号、福云7号、佛手、福云595、早春毫等。其中适制乌龙茶、红绿茶和白茶的大叶种有：

(1)乌龙茶：佛手、水仙、八仙。

(2)红绿茶：福云6号、福云7号、福安大白茶、政和大白茶。

(3)白茶：福鼎大毫茶、福安大白茶、政和大白茶、福云595。

2. 中叶种

茶树中叶种有福鼎大白茶、梅占、毛蟹、铁观音、黄旦、本山、大叶乌龙、福云10号、黄观音、金观音、丹桂、春兰、瑞香、金牡丹、黄玫瑰、紫牡丹、白芽奇兰、大红袍、九龙袍、肉桂、紫玫瑰等。其中适制乌龙茶、红绿茶和白茶的中叶种有：

(1)乌龙茶：铁观音、肉桂、毛蟹、黄旦、本山、白芽奇兰、金观音、丹桂、金牡丹、梅占、紫牡丹等。

(2)红绿茶：大红袍、九龙袍、福鼎大白茶、黄观音等。

(3)白茶：福鼎大白茶、福云10号等。

（三）适制品种

茶叶适制性是指茶树在当地气候生态条件下，所采摘的鲜叶原料更适合制作某种茶类，从而获得品质最佳的成品茶。在茶叶生化成分中，以茶多酚、氨基酸对茶叶品质影响较大，这两种成分的含量和比值是茶树品种重要的特性，并在一定程度上决定了茶类的适制性，此外，芳香物质、酶学特性、茶叶色素作为茶树品种的化学特性，对茶叶品质也有重要的影响。不同茶树品种的适制性不同，适制乌龙茶、绿茶、白茶和红茶的主要茶树品种如下[9]：

(1)适制乌龙茶的品种有：铁观音、福建水仙、毛蟹、白芽奇兰、黄旦、肉桂、本山、丹桂、黄观音和金观音等。其中，早芽种有黄旦、茗科一号(金观音)、丹桂等品种；中芽种有铁观音、佛手、白芽奇兰等品种；晚芽种有肉桂、本山等品种。

(2)适制绿茶的品种有：福云 6 号、福云 7 号、福云 595、福云 10 号、福云 20 号、福鼎大毫茶、福鼎大白茶、政和大白茶、福安大白茶、九龙大白茶、歌乐茶、早逢春、梅占等。

(3)适制白茶的品种有：福鼎大毫茶、福鼎大白茶、政和大白茶、福安大白茶、九龙大白茶、福云 6 号、福云 7 号、福云 595、福云 10 号、福云 20 号、福建水仙、歌乐茶、早逢春等。其中，适制白毫银针、白牡丹的茶树品种，主要为福鼎大白茶、福鼎大毫茶、福安大白茶、政和大白茶，其中以福鼎大毫茶、福鼎大白茶、政和大白茶生产的白茶产品产量较高[14]。

(4)适制红茶的品种有：福鼎大毫茶、福鼎大白茶、政和大白茶、福安大白茶、九龙大白茶、福云 6 号、福云 7 号、福云 595、福云 10 号、福云 20 号、早春豪、黄观音、金观音、丹桂、金牡丹、梅占等[15]。

## 第三节　茶叶时空分布

### 一、种类分布

福建茶叶种类主要有乌龙茶、绿茶、红茶、白茶。2006 年以前，全省茶叶产量从大到小的顺序为绿茶＞乌龙茶＞红茶，2007 年开始，乌龙茶上升为福建第一大茶类，产量从大到小的顺序为乌龙茶＞绿茶＞红茶＞白茶；此外，还有少量其他类茶叶。2020 年福建省茶叶总产量 46.1 万 t，占全国茶叶总产量的 15.7％，其中，乌龙茶产量达 23.8 万 t，占全省茶叶总产量的 51.6％，位居第 1 位；绿茶产量达 12.9 万 t，占全省茶叶总产量的 28.0％，位居第 2 位；红茶产量达 5.5 万 t，占全省茶叶总产量的 11.9％，位居第 3 位；白茶产量达 3.8 万 t，占全省茶叶总产量的 8.2％，位居第 4 位；其中，乌龙茶和绿茶产量合计占全省茶叶总产量的 79.6％(图 1.1)。

### 二、空间分布

2020 年福建省茶叶总种植面积为 335.9 万亩，占全国茶园总面积的 7％；其中安溪县茶叶种植面积达 65.48 万亩，占全省茶叶总面积的 19.5％，为全国最大产茶县，被农业部授予“中国乌龙茶之乡”；面积在 10 万～30 万亩的县市有福安市(25.0 万亩)、福鼎市(22.7 万亩)、武夷山市(18.6 万亩)、寿宁县(16.2 万亩)、上杭县(15.0 万亩)、漳平市(11.3 万亩)和建瓯市(11.2 万亩)；面积在 5～10 万亩的县市有华安县(9.9 万亩)、大田县(9.7 万亩)、宁德市辖区(9.3 万亩)、政和县(9.2 万亩)、建阳区(8.2 万亩)、永春县(7.8 万亩)、霞浦县(7.6 万亩)、尤溪县(7.5 万亩)、周宁县(7.3 万亩)、平和县(5.4 万亩)和诏安县(5.4 万亩)；其余县市茶叶面积在 5 万亩以下，以惠安县 784 亩为最小[16]。福建除平潭综合实验区、东山县外，其余各县(市)均有茶叶种植(图 1.2)。

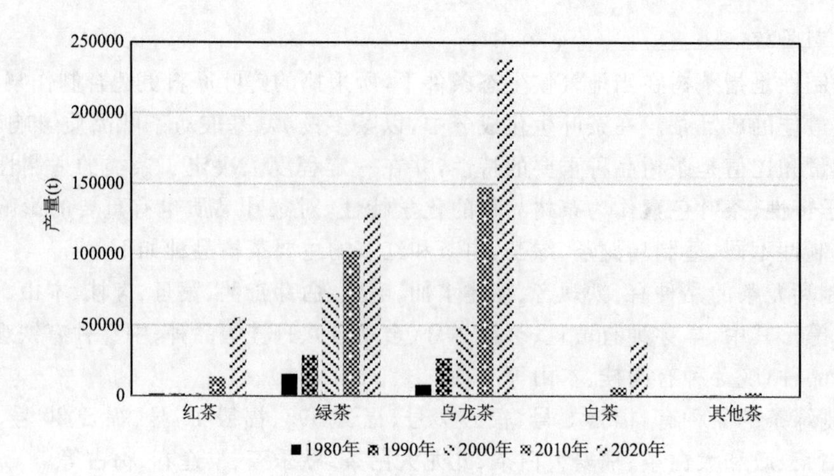


图 1.1 福建省不同种类茶叶产量时间变化

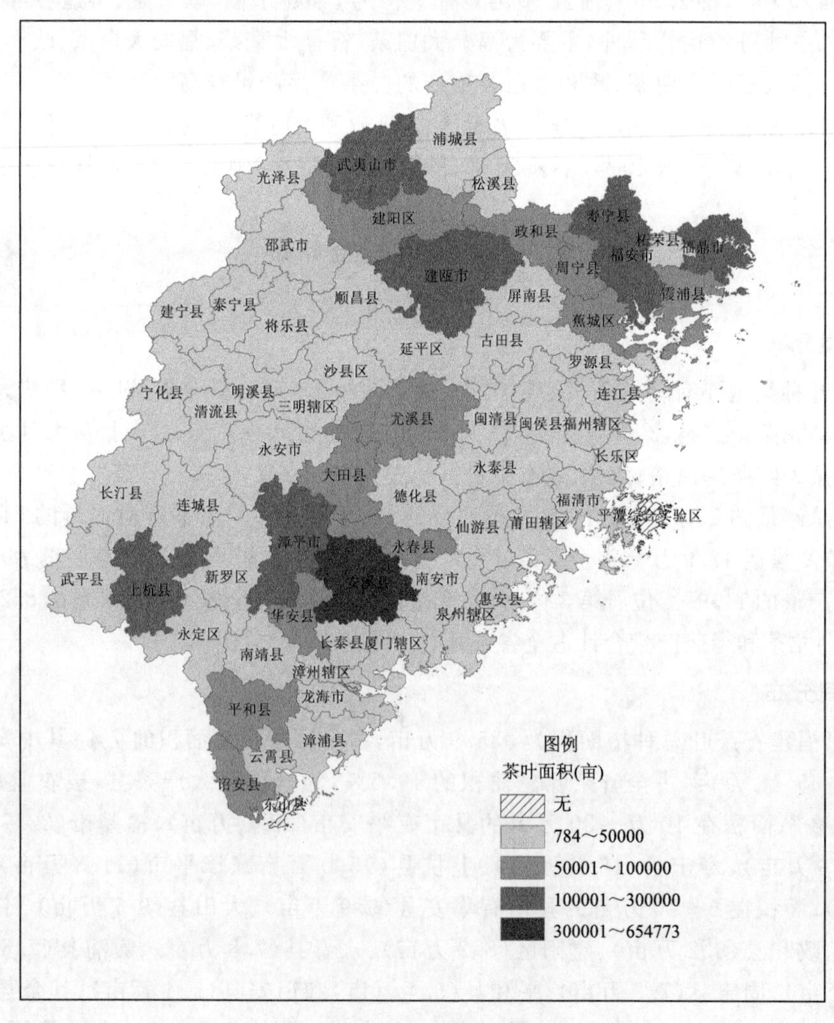


图 1.2 2020 年福建省茶叶种植面积空间分布

2020年福建省茶叶总产量46.1万t，占全国茶叶总产量的15.7%；产量大于3万t的县市有安溪县和福鼎市，其中安溪县茶叶产量达7.56万t，占全省茶叶总产量的16.4%，为产茶第一大县，其次为福鼎市，茶叶产量为3.2万t；产量在1.5万～3.0万t的县市有福安市、武夷山市、寿宁县、华安县、建瓯市、永泰县；产量在0.5万～1.5万t的县市有诏安县、大田县、尤溪县、漳平市、连江县、政和县、平和县、永春县、邵武市、宁德市辖区、罗源县、松溪县、周宁县、南靖县、霞浦县、建阳区、柘荣县和宁化县；其余县市茶叶产量在0.5万t以下，以惠安县为最小(图1.3)[16]。

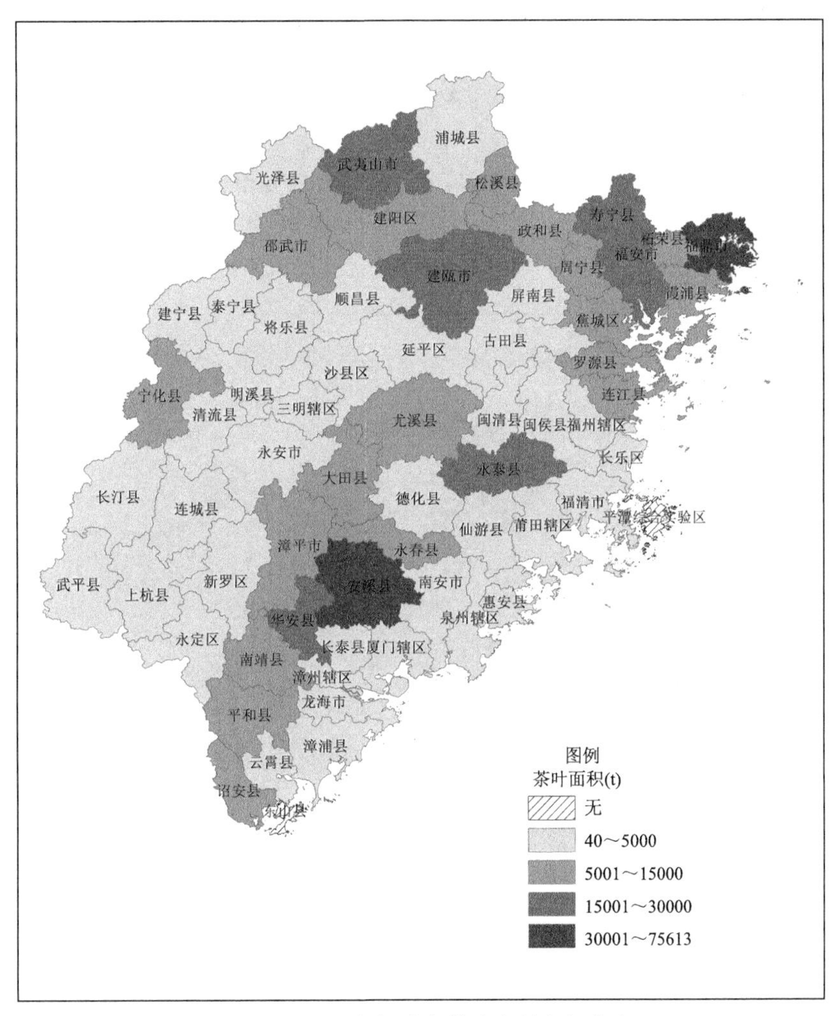


图1.3　2020年福建省茶叶产量空间分布

(一)乌龙茶

福建是乌龙茶的原产地，明末清初就开始产制乌龙茶，历史悠久，安溪铁观音、武夷岩茶等为历史传统名茶。福建是全国重点乌龙茶生产区域，也是全国茶叶优势发展区域中乌龙茶重点发展区域，乌龙茶地位独特。

福建乌龙茶产区分为闽南乌龙茶产区和闽北乌龙茶产区，集中于武夷山脉、戴云山脉和博平岭三大山脉。闽南乌龙茶产于福建南部，其中安溪铁观音最负盛名，此外，还有黄金桂、佛手、毛蟹、本山、奇兰、梅占、桃仁等，均是闽南乌龙茶的珍品；闽北乌龙茶产于武夷山一带，主要有武夷岩茶、闽北水仙、闽北乌龙。

福建南北地域有别，地貌复杂多样，水热条件时空差异较大，因此，茶叶种植品种也因地而异。福建东南沿海地区，属南亚热带季风气候区，冬温高，茶树萌芽时间长，适宜种植八仙茶、佛手、丹桂、黄观音等高产优质的茶树良种，其中闽东南海拔 500 m 以下的丘陵地，适宜种植以产量和质量均较高的毛蟹、本山、白芽奇兰、黄旦等良种；海拔 500～800 m 的区域，以种植铁观音、黄旦和水仙、本山等品种为主；海拔 800 m 以上的区域，适宜种植抗寒能力较强的黄旦等品种。闽西北内陆和闽东北地区属中亚热带季风气候区，冬季气温较低，降水量较大，适宜种植水仙、肉桂、九龙袍、春兰等优质抗寒的茶树品种。

2020 年福建省乌龙茶总产量 23.8 万 t，占全省茶叶总产量的 51.6%，占全国乌龙茶总产量的 85.7%；其中安溪县乌龙茶产量达 7.56 万 t，占全省乌龙茶总产量的 31.8%，为乌龙茶第一大县；产量在 1.0 万～2.0 万 t 的县市有华安县、武夷山市、福安市、建瓯市、诏安县、漳平市、平和县、永春县和大田县；产量在 0.2 万～1.0 万 t 的县市有南靖县、永泰县、寿宁县、明溪县、长泰县、建阳区、沙县区、仙游县和尤溪县；其余县市茶叶产量在 0.2 万 t 以下或没有生产乌龙茶(图 1.4)[16]。

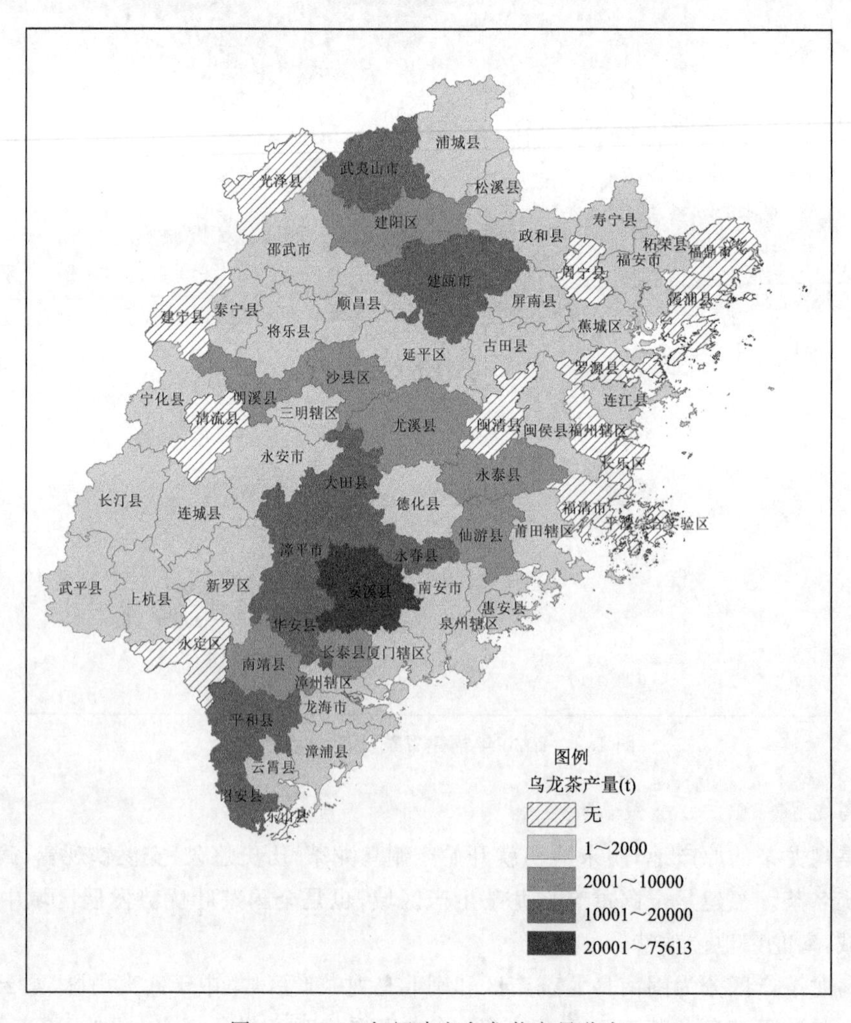


图 1.4　2020 年福建省乌龙茶产量分布

(二)绿茶

福建绿茶产区主要分布在中北部和西部地区，其中闽东地区是福建省最大的绿茶主产区，宁德市绿茶茶园面积、产量、产值均占全省绿茶总量的 1/3 以上；主栽福云 6 号、福鼎大白茶、福安大白茶和茗科 1 号等绿茶茶树品种。

2020 年福建省绿茶总产量 12.9 万 t，占全省茶叶总产量的 28.0%，占全国绿茶总产量的 7%；产量在 1.0 万～1.5 万 t 的县市有福安市、连江县和寿宁县，其中福安市绿茶产量最大，达 1.47 万 t，占全省绿茶总产量的 11.4%，为绿茶第一大县；产量在 0.5～1.0 万 t 的县市有尤溪县、罗源县、永泰县、蕉城区、霞浦县、政和县和周宁县；产量在 0.1 万～0.5 万 t 的县市有福鼎市、邵武市、宁化县、武平县、松溪县、闽清县、福州辖区、大田县、建宁县、浦城县、柘荣县、上杭县、沙县区、清流县、武夷山市；其余县市绿茶产量在 0.1 万 t 以下或没有生产绿茶(图 1.5)[16]。

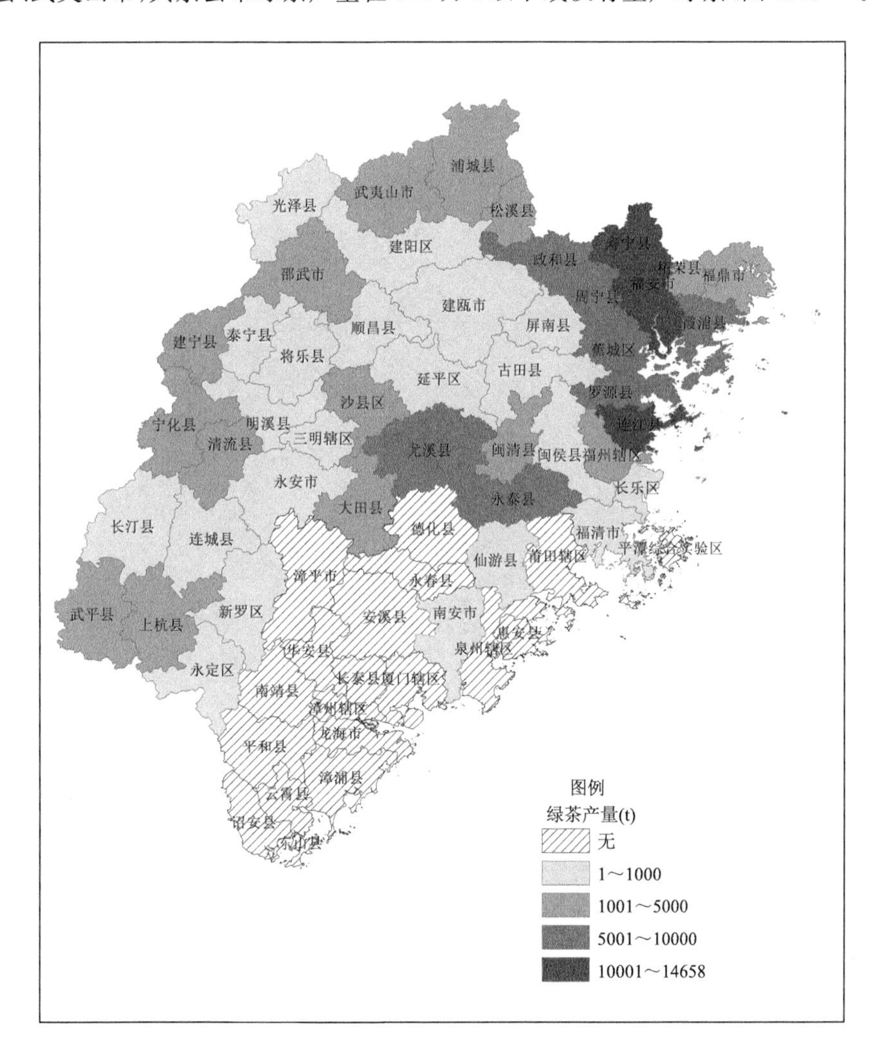


图 1.5　2020 年福建省绿茶产量分布

(三)白茶

福建白茶产区主要分布在闽东和闽北茶区。闽东地区白茶主产地在福鼎市，福安市、柘荣县、寿宁县等地也有生产；闽北地区白茶主产地在政和县，建阳区、松溪县等地也有生产。其中，福鼎市白茶主要分布在白琳、磻溪、秦屿、点头、湖林等乡镇，主栽福鼎大毫茶、福鼎大白茶等茶树品种，加工成白毫银针、白牡丹和新工艺白茶；政和县白茶主要分布在铁山、星溪、石屯、东平、熊山等乡镇，主栽福安大白茶、政和大白茶、福云6号等茶树品种，加工成白牡丹、白毫银针和新工艺白茶；建阳区白茶主要分布漳墩、回龙和水吉等乡镇，主栽福建水仙、福安大白茶、政和大白茶、菜茶等茶树品种，加工成白牡丹、贡眉和寿眉的成品白茶[14]。

2020年福建省白茶总产量3.8万t，占全省茶叶总产量的8.2%，占全国白茶总产量的51.7%；产量超过1.0万t的县(市)只有福鼎市，达2.47万t，占全省白茶总产量的65%，为白茶生产第一大县；产量在0.2万～1.0万t的县(市)有政和县(0.39万t)和柘荣县(0.31万t)；产量在0.05万～0.2万t的县(市)有福安市、建阳区、寿宁县、霞浦县、周宁县；茶叶产量在0.05万t以下的县市有松溪县、蕉城区、宁化县、福清市、大田县和尤溪县；其余县(市)没有生产加工白茶(图1.6)[16]。

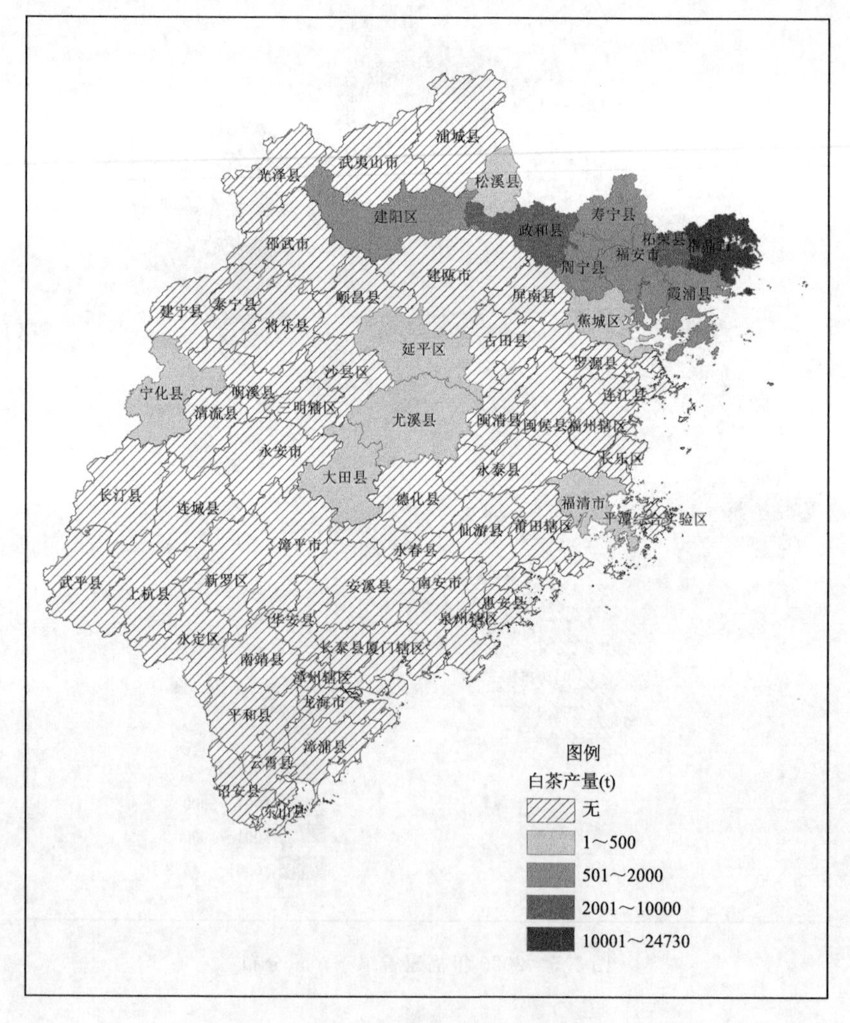


图1.6　2020年福建省白茶产量分布

(四)红茶

福建红茶产区主要分布在中北部和西部地区。2020年福建省红茶总产量5.5万t,占全省茶叶总产量的12.0%,占全国红茶总产量的13.6%;产量超过0.5万t的县市只有福安市和寿宁县,其中福安市红茶产量达0.92万t,占全省红茶总产量的16.7%,寿宁县红茶产量达0.84万t,占全省红茶总产量的15.3%;产量在0.2万~0.5万t的县市有永泰县、邵武市、松溪县、尤溪县、福鼎市和政和县;产量在0.05万~0.2万t的县市有武夷山市、周宁县、大田县、建阳区、蕉城区、永定区、闽清县、清流县、新罗区、柘荣县、长汀县和罗源县;其余县市红茶产量在0.05万t以下或没有生产加工红茶(图1.7)[16]。

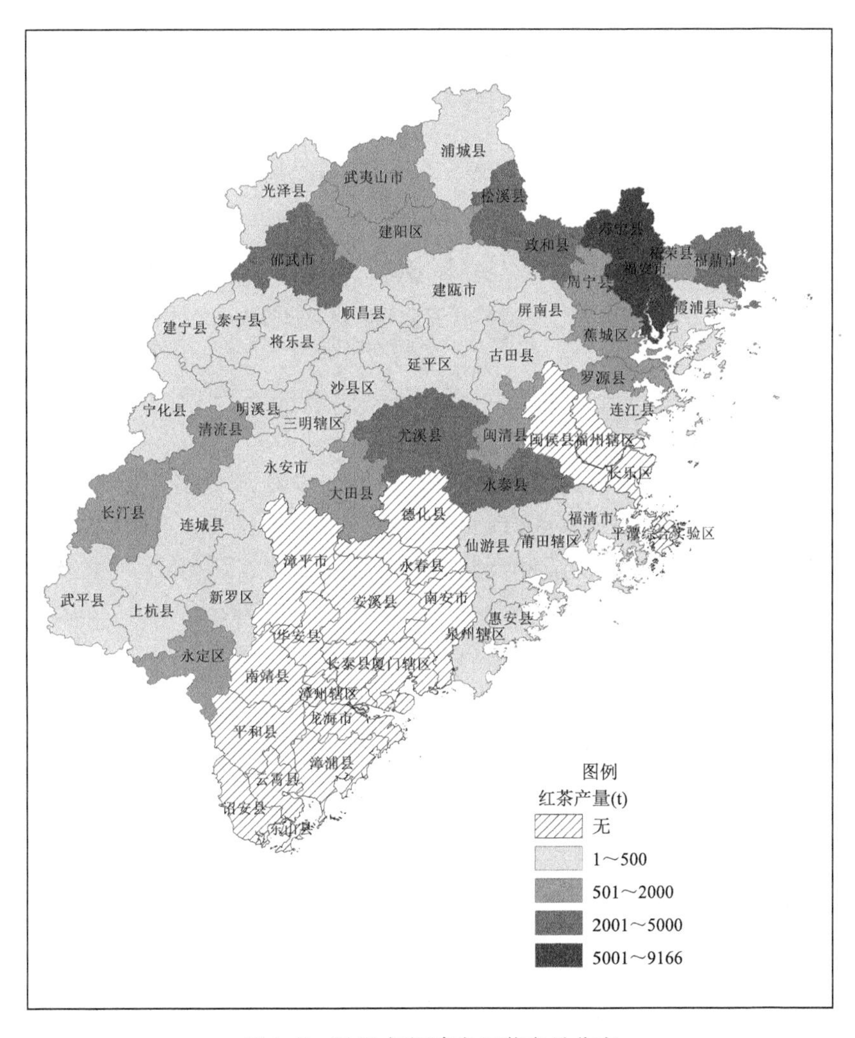


图1.7 2020年福建省红茶产量分布

## 三、时间分布

(一)茶叶面积年际分布

从福建省1972—2020年茶叶面积的年变化(图1.8)来看,全省茶叶种植面积呈现逐年上升的趋势,其中1972—1982年茶叶种植面积增长幅度较大,1972年茶叶面积只有86万亩,到

1982 年增长到 194 万亩，10 年间增长幅度达 1.25 倍；1982—2002 年的茶叶种植面积波动相对较为平缓，到 2002 年种植面积为 200.1 万亩，波动区间在 175 万～200 万亩；从 2003 年开始到 2020 年，茶叶种植面积出现第二波的快速上升，到 2020 年茶叶面积已达历史高位的 335.9 万亩。

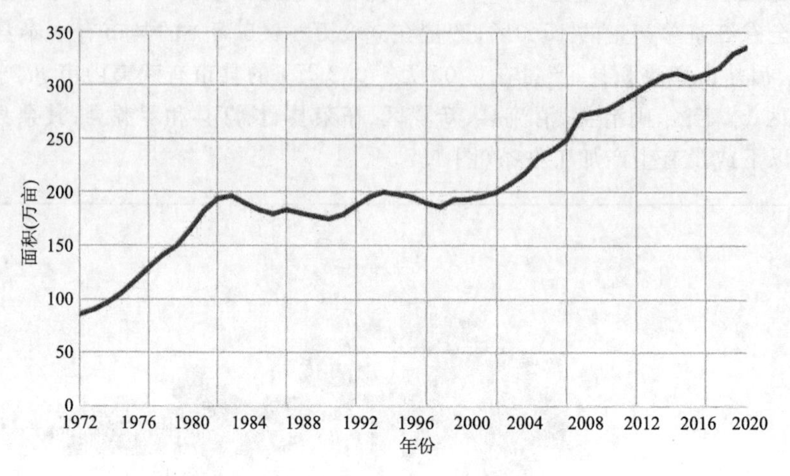


图 1.8　福建省历年茶叶面积变化趋势

(二)茶叶产量年际分布

1. 茶叶总产量年际分布

从福建省 1972—2020 年茶叶产量的年变化(图 1.9)来看，全省茶叶产量呈现逐年上升的趋势，1972 年茶叶产量只有 1.3 万 t，到 1988 年突破 5 万 t，增长到 5.5 万 t，到 1996 年突破 10 万 t，达到 10.2 万 t；2000 年之后，茶叶产量年增幅明显加大，到 2006 年突破 20 万 t，达到 20.01 万 t，到 2012 年突破 30 万 t，达到 32.1 万 t；到 2015 年突破 40 万 t，达到 40.2 万 t，2020 年达历史高位的 46.1 万 t，较 1972 年增幅达 34.5 倍。

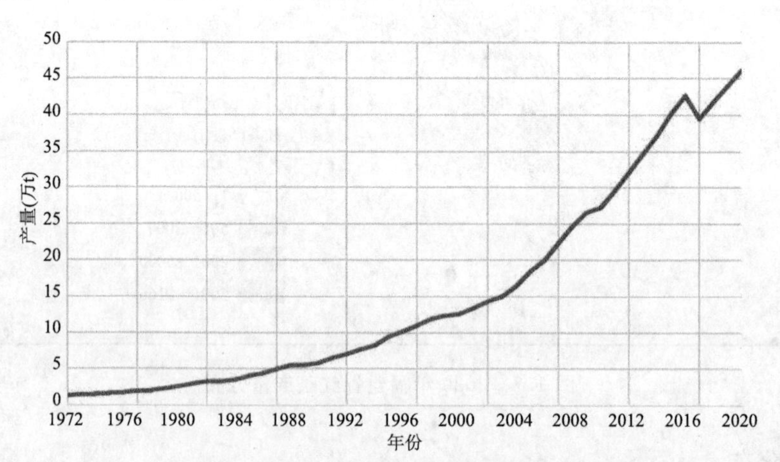


图 1.9　福建省历年茶叶产量变化趋势

2. 乌龙茶产量年际分布

从福建省 1980—2020 年乌龙茶产量的年变化(图 1.10)来看，全省乌龙茶产量呈现逐年上升的趋势，尤其是2000年之后，茶叶产量年增幅明显加大。1980年乌龙茶产量只有0.82万t，到2000年突破5万t，增长到5.07万t，到2007年突破10万t，达到11.1万t，并首次超过全省绿茶产量；到2015年突破20万t，达到21.6万t，2020年达历史高位的23.8万t，较1980年增幅达28.0倍。

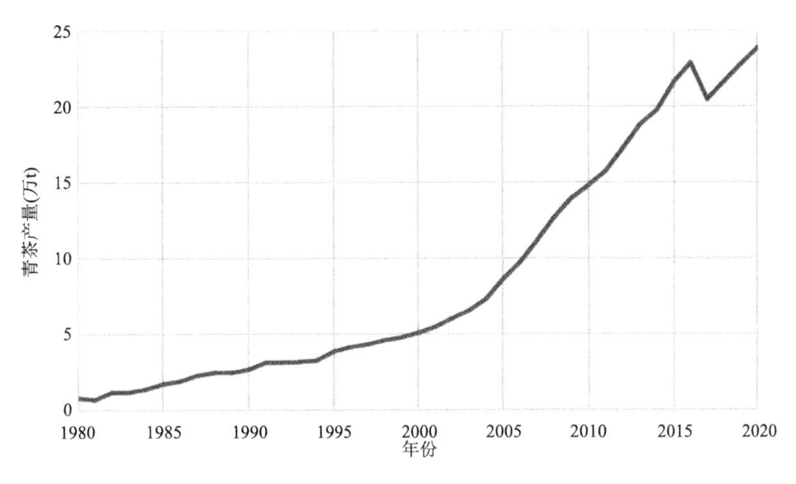


图1.10　福建省历年乌龙茶产量变化趋势

3. 绿茶产量年际分布

从福建省1980—2020年绿茶产量的年变化（图1.11）来看，全省绿茶产量呈现逐年上升的趋势。1980年绿茶产量为1.56万t，到1995年突破5万t，增长到5.2万t，到2007年突破10万t，达到10.2万t；到2020年达历史高位的12.9万t，较1980年增幅达7.3倍。

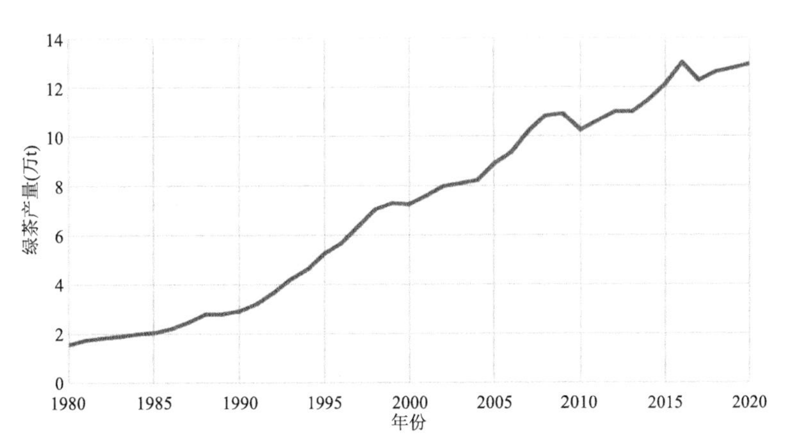


图1.11　福建省历年乌龙茶产量变化趋势

4. 白茶产量年际分布

从福建省2010—2020年白茶产量的年变化（图1.12）来看，全省白茶产量呈现逐年上升的趋势，尤其是2017年之后，白茶产量年增幅明显加大。2010年全省白茶产量只有0.63万t，到2013年突破1万t，达到1.07万t，到2018年突破2万t，达到2.58万t；到2020年达3.8万t，较

2010 年增幅达 5 倍。

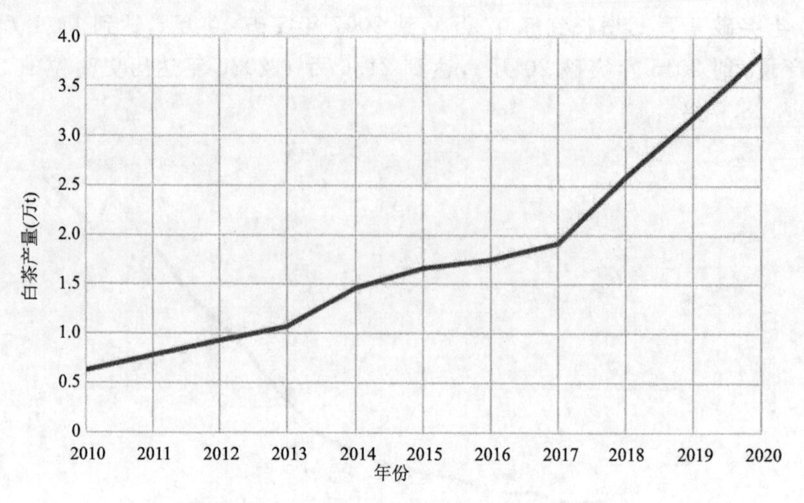


图 1.12　福建省历年白茶产量变化趋势

5. 红茶产量年际分布

从福建省 1980—2020 年红茶产量的年变化(图 1.13)来看,全省红茶产量在 1980—2008 年呈现较为平缓的走势,年产量在 750～2765 t 波动,变化幅度相对较小,到 2008 年之后呈现明显上升趋势,年产量增幅加大。1980 年全省红茶产量只有 1600 t,到 2010 年才突破 1 万 t,达到 1.35 万 t;到 2014 年突破 4 万 t,达到 4.33 万 t;到 2019 年突破 5 万 t,达到 5.25 万 t;2020 年达 5.54 万 t,较 1980 年增幅达 33.6 倍。

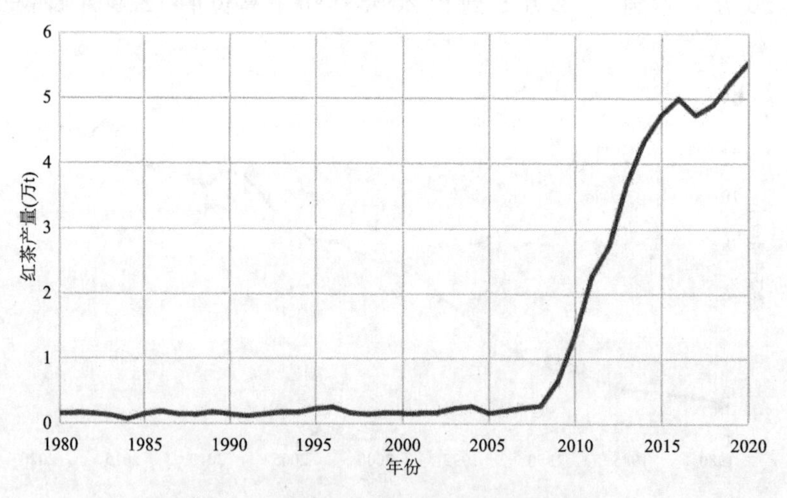


图 1.13　福建省历年红茶产量变化趋势

## 第四节　茶树生长发育期

### 一、茶树生长发育周期

茶树有一生的总生长发育周期,又有一年当中生长发育周期。

（一）总生长发育周期

茶树总生长发育周期指从种子形成、发芽，形成茶苗后逐渐生长发育、开花结果，生长盛期后逐渐趋于衰老，直至死亡的全过程；茶树一生可达 100 年以上，而经济生长年限通常只有 40～60 年。

从茶树一生生物学特点来看，一般分为幼苗期、幼年期、成年期和衰老期。幼苗期指种子萌发到茶苗出土、第 1 次生长休止的时间段，通常经历 3～7 个月，或扦插苗成活到形成完整独立的植株、第 1 次生长休止的时间段，通常经历 4～8 个月；幼年期指茶树第 1 次生长休止到第 1 次孕育花果，或到正式投产的时间段，通常经历 3～4 年；成年期指茶树正式投产到第 1 次进行更新改造时为止的时间段，也是茶树青壮年时期，通常维持 20～30 年，是茶树最有经济价值的时期；衰老期指茶树第 1 次更新到植株死亡的时间段，持续时间因管理水平、环境条件和品种而异[17]。

（二）年生长发育周期

茶树一年生长发育周期中，从营养芽的萌发、生长、休眠以及开花、结实一系列生长发育过程，称为年生长发育周期。茶树的年物候期分为芽膨大期、鱼叶展开期、一真叶期、二真叶期、三真叶期、采摘期、开花期、果实成熟期、种子采摘期、年终休止期。各生育期的标准如下：

（1）芽膨大期：芽体膨大，鳞片分离，芽尖吐露。

（2）鱼叶展开期：鱼叶（不完全叶、俗称胎叶、奶叶）平展或与发育芽体分离成一定角度。

（3）一真叶期：第一片真叶平展或与芽体完全分离。

（4）二真叶期：第二片真叶平展或与芽体完全分离。

（5）三真叶期：第三片真叶平展或与芽体完全分离。

（6）采摘期：茶园实际采摘日期。

（7）开花期：花瓣完全展开。

（8）果实成熟期：约有半数以上的果实出现微小裂缝，种壳硬脆呈棕褐色，籽粒饱满呈乳白色。

（9）种子采摘期：实际采摘种子的日期。

（10）年终休止期：秋后有 80％的茶芽形成蛀芽。

**二、茶树物候期**

不同地域、不同茶树品种、不同年份气候条件下的茶叶物候期不同。下面阐述福建不同地域典型茶树品种的物候期。

1. 乌龙茶

（1）肉桂

根据武夷山市茶园（海拔 220.6 m）肉桂品种的茶树历年物候期观测资料，其春茶各生长发育期集中出现时间见表 1.3。肉桂茶树春茶芽膨大期从 2 月下旬开始，3 月中旬鱼叶开始展开，一真叶至三真叶期出现在 3 月下旬至 4 月下旬，采摘期集中在 4 月下旬至 5 月上旬，同时随着海拔高度的增加，物候期会有所推迟。

（2）铁观音

根据安溪县铁观音茶园（海拔 68 m）茶树历年物候期观测资料，其春茶和秋茶生长发育期出现时间见表 1.4。可见安溪县低海拔茶园不同年份的春茶芽膨大期出现在 3 月，芽膨大后 10 d 左右鱼叶展开，一真叶至三真叶期出现在 3 月中旬至 4 月中旬，采摘期集中在 4 月下旬至 5 月中旬；秋茶芽膨大期出现在 8 月下旬至 9 月中旬，芽膨大后鱼叶很快展开，一真叶至三真叶期出现在 9 月，采摘期集中在 9 月下旬至 10 月中旬；不同海拔的茶叶物候期出现时间有所差异，随着海拔的升高，物候期会相应推迟。

**表 1.3　武夷山市肉桂春茶物候期**

| 生育期 | 春茶物候期出现时间(海拔 220.6 m 茶园) |
|---|---|
| 芽膨大期 | 2 月下旬至 3 月下旬 |
| 鱼叶展开期 | 3 月中旬至 4 月上旬 |
| 一真叶期 | 3 月下旬至 4 月中旬 |
| 二真叶期 | 4 月上旬至 4 月中旬 |
| 三真叶期 | 4 月中旬至 4 月下旬 |
| 采摘期 | 4 月下旬至 5 月上旬 |

**表 1.4　安溪县铁观音茶物候期**

| 生育期 | 春茶物候期出现时间(海拔 68 m 茶园) | 秋茶物候期出现时间(海拔 68 m 茶园) |
|---|---|---|
| 芽膨大期 | 3 月上旬至 3 月下旬 | 8 月下旬至 9 月中旬 |
| 鱼叶展开期 | 3 月中旬至 4 月上旬 | 8 月下旬至 9 月中旬 |
| 一真叶期 | 3 月中旬至 4 月上旬 | 9 月上旬至 9 月中旬 |
| 二真叶期 | 3 月下旬至 4 月中旬 | 9 月上旬至 9 月下旬 |
| 三真叶期 | 3 月下旬至 4 月中旬 | 9 月上旬至 9 月下旬 |
| 采摘期 | 4 月下旬至 5 月中旬 | 9 月下旬至 10 月中旬 |

2. 绿茶

根据福安市和尤溪县汤川乡“福云 6 号”茶树品种的历年物候期观测资料，其生长发育期出现时间见表 1.5。“福云 6 号”属早芽种，茶树不同年份春茶芽膨大期在 2 月中旬至 3 月上旬，芽膨大后 10 d 左右鱼叶展开，一真叶至三真叶期出现在 3 月上旬至 4 月上旬，开采期在 3 月上中旬，采摘期集中在 3 月上旬至 4 月上旬。

**表 1.5　福安市和尤溪县汤川乡“福云 6 号”茶树物候期**

| 生育期 | 福安市春茶物候出现时间(海拔 50.5 m 茶园) | 尤溪县汤川乡春茶物候出现时间(海拔 867.5 m 茶园) |
|---|---|---|
| 芽膨大期 | 2 月中旬至 3 月上旬 | 2 月中旬至 3 月上旬 |
| 鱼叶展开期 | 2 月下旬至 3 月中旬 | 2 月下旬至 3 月下旬 |
| 一真叶期 | 3 月上旬至 3 月下旬 | 3 月上旬至 3 月下旬 |
| 二真叶期 | 3 月上旬至 3 月下旬 | 3 月中旬至 3 月下旬 |
| 三真叶期 | 3 月中旬至 4 月上旬 | 3 月中旬至 4 月上旬 |
| 采摘期 | 3 月上旬至 4 月上旬 | 3 月中旬至 4 月上旬 |

3. 白茶

“福鼎大白茶”和“福鼎大毫茶”品种属早芽种，春茶生长发育期集中出现时间见表 1.6。

可见,“福鼎大白茶”和“福鼎大毫茶”不同年份春茶芽膨大期在2月下旬至3月上旬,芽膨大后10 d左右鱼叶开始展开,一真叶至三真叶期出现在3月下旬至4月下旬,采摘期根据成品茶加工要求不同而不同,集中在3月下旬至5月上旬。

**表1.6 福鼎市“福鼎大白茶”和“福鼎大毫茶”物候期**

| 生育期 | 春茶物候出现时间 |
|---|---|
| 芽膨大期 | 2月下旬至3月上旬 |
| 鱼叶展开期 | 3月上旬至3月中旬 |
| 一真叶期 | 3月下旬至4月上旬 |
| 二真叶期 | 4月上旬至4月中旬 |
| 三真叶期 | 4月中旬至4月下旬 |
| 采摘期 | 3月下旬至5月上旬 |

## 三、茶叶采摘期及采摘标准

### (一)开采标准

茶叶采摘期安排得是否适当,直接影响茶叶产量和品质。根据“早采三天是个宝,迟采三天是把草”的经验,茶叶开采标准一般为春茶新梢在树冠面上达10%~15%,夏秋茶由于新梢萌发不整齐,一般有新梢在树冠面上达到10%即可开采,加工细嫩名茶在新梢达到5%时就要开采。茶叶开采后,春茶一般隔3~5 d采摘1次,夏秋茶隔5~8 d采摘1次。采用机械采摘的,当春茶有80%新梢达到采摘标准,夏、暑茶有60%新梢达到采摘标准,秋茶有40%新梢达到采摘标准就可以进行机械采摘;机采的批次,可根据茶树种类、品种、新梢生长发育情况灵活掌握,一般春茶机采2次,夏、暑茶机采1次,秋茶机采2~3次。

### (二)采摘期与采摘标准

福建茶叶采摘一般可采3~4个茶季,但主要是采摘春茶和秋茶2季茶,年平均气温较高、生长期较长的茶区甚至可采5季茶,即采摘春茶、夏茶、暑茶、秋茶和冬茶。关于茶季节在茶树栽培学科上没有统一的划分标准,有的以时令分,清明至小满(4月上旬至5月中旬)为春茶,小满至小暑(5月下旬至7月上旬)为夏茶,小暑至寒露(7月上旬至10月上旬)为秋茶;有的以时间分,5月底以前为春茶,6月初至7月上旬为夏茶,7月中旬以后为秋茶。表2.7列出了福建不同茶叶种类不同季节的集中采摘时间。

**表1.7 福建茶叶集中采摘期及种类占比**

| 分类 | 采摘时间 | | 占全年茶叶比例(%) |
|---|---|---|---|
| | 乌龙茶 | 红、白、绿茶 | |
| 春茶 | 4月下旬至5月上旬 | 3月下旬至4月下旬 | 35~40 |
| 夏茶 | 6月 | 5月中旬至下旬 | 20~30 |
| 暑茶 | 8月上旬至中旬 | 7月下旬至8月中旬 | 10~15 |
| 秋茶 | 9月下旬至10月中旬 | 9月中旬至10月中旬 | 20~25 |
| 冬茶 | 11—12月 | 11—12月 | 5~10 |

1. 乌龙茶

(1)肉桂

根据肉桂品种营养生长较强、蛀芽新梢形成较慢的特性，在生产中为了及时采摘，前期少量采小开面，中期大量采中开面，后期少量采大开面，因此，肉桂茶通常在驻芽中开面 3～4 叶采摘，采摘时间一般在 10—15 时，以晴天 15 时采摘，当天完成晒青，制茶质量最好。

(2)铁观音

铁观音茶的采制技术特别，不是采摘非常幼嫩的芽叶，其采摘标准是待新梢长到 3～5 叶快要成熟，而顶叶六七成开面时采下 2～4 叶梢，俗称“开面采”。所谓“开面采”，是指叶片已全部展开，形成蛀芽时采摘，按新梢伸长程度不同又有小开面、中开面、大开面之分，小开面指驻芽梢顶部第一叶的面积相当于第二叶的 1/2；中开面指驻芽梢顶部第一叶的面积相当于第二叶的 2/3；大开面指顶叶面积与第二叶的相似。春、秋茶“开面采”，即待顶叶展开，出现驻芽，采摘一芽二、三叶；夏、暑茶适当嫩采，采摘“小开面”；丰产茶园茶叶茂盛，持嫩性强，则采摘一芽三、四叶[18]。

安溪铁观音采制季节性较强，俗语说“三天不采变树叶”，当茶树芽梢生长到中、大开面，不得不采。铁观音茶对采摘时间要求较严格，一年中可分 4～5 批开采。谷雨至立夏(4 月中下旬至 5 月上旬)为春茶，产量达到全年的 1/3；夏至至小暑(6 月中下旬至 7 月上旬)为夏茶；立秋至处暑(8 月上旬至下旬)为暑茶；秋分至寒露(9 月下旬至 10 月上旬)为秋茶；在 11 月至 12 下旬间制作的为冬茶。全年以春、秋两季茶叶品质最好，春茶以立夏前后采摘质量为好，秋茶以寒露前后采摘为好。由于采摘鲜叶的时间不同，影响鲜叶晒青时间及内含物的转化等，对铁观音品质的形成也造成影响。早青为 10 时前采摘的茶青，鲜叶大多带有露水，其制成的茶品质较差；10—12 时采摘的茶青，因茶树经过一段时间阳光的照射，露水已消失，制作茶叶品质优于早、晚青；晚青为 16 时后所采的茶青，因采摘完鲜叶后，无法利用阳光晒青萎凋，错过晒青的最佳时机，制茶品质欠佳；在一日中，以下午青即 12—16 时采摘的鲜叶，品质最好，所以应尽量选择下午青作为制作原料。此外，北风天气所采茶叶品质较佳，制作优质铁观音，应选择连续晴朗天气的下午青鲜叶制作，才能达到上乘品质[19]。安溪县春茶和秋茶集中采摘期：春茶在每年 4 月下旬至 5 月中旬，秋茶在 9 月下旬至 10 月中旬，即在“五一”和“十一”两节前后。

**表 1.8　安溪县铁观音茶不同季节采摘期**

| 类别 | 采摘时间 | 占全年比例(%) |
|---|---|---|
| 春茶 | 4 月 10 日—5 月 15 日 | 40 |
| 夏茶 | 5 月 20 日—6 月 25 日 | 10 |
| 暑茶 | 6 月 25 日—8 月 20 日 | 15 |
| 秋茶 | 9 月 10 日—10 月 15 日 | 30 |
| 冬茶 | 11 月 15 日—11 月 25 日 | 5 |

2. 绿茶

不同茶树品种、不同地理位置种植的绿茶茶树采摘期不同。如霞浦县特早芽品种“元宵绿”的春茶开采期可提前至 2 月中旬，比早芽品种提早 30 d 左右，头轮茶于 3 月底至 4 月初结束；特早芽品种“霞浦春波绿”“早春毫”等，常年春茶开采期（一芽一、二叶）在2月下旬至3月中旬，“霞浦春波绿”开采期与特早芽品种“福云6号”相近，而“早春毫”是一个比特早生种“福云6号”更早的无性系品种，越冬芽常年在2月上中旬萌发，一芽一叶开采期在2月下旬，一芽二叶开采期分别在2月下旬至3月中旬，开采期可比“福云6号”早半个月左右。

罗源县绿茶特早芽品种“榕春绿”表现出芽梢生育特早生性状，芽萌动期在2月上旬，一芽一叶期在2月下旬至3月上旬，一芽二叶期出现在3月上中旬，一芽三叶期出现在3月中下旬，开采期比“福云6号”提早10 d左右，比“元宵绿”迟10 d左右[20]。

武平县绿茶主栽的茶树品种有特早芽种“福云6号”“乌牛早”，早芽种“福鼎大毫茶”“福安大白茶”“福云7号”“金观音”“龙井43”，中芽种“梅占”和“鄂茶1号”等，以特早芽和早芽种为主。武平绿茶的采摘标准为一芽二、三叶和幼嫩对夹叶，其中梁野翠芽要求采摘单芽和少量一芽一、二叶；春茶采摘期在3月初至4月底，夏暑茶在5月中旬至7月下旬，秋茶在8月中旬至10月上旬。从不同品种春茶物候期来看，“乌牛早”萌芽期在2月上旬，开采期（一芽二叶）在3月上中旬；“茗科1号”萌芽期在2月中下旬，开采期（一芽二叶）在3月中下旬；“福鼎大毫茶”萌芽期在3月上旬，开采期（一芽二叶）在3月下旬至4月上旬；“黄观音”萌芽期在3月上旬，开采期（一芽二叶）在4月上旬；“丹桂”萌芽期在3月上中旬，开采期（一芽二叶）在4月上旬；“梅占”萌芽期在3月中旬，开采期（一芽二叶）在4月上旬[21-22]。

闽侯县绿茶茶树一般在2月下旬至3月初就开始萌发，4月初开采，早的年份3月下旬就有春茶上市，分批采一芽二、三叶及同等嫩度的对夹叶[23]。

3. 白茶

白茶采摘期根据采摘标准，其采摘时间有所不同。其中“白毫银针”的原料采摘标准为春茶嫩梢萌发一芽一叶时采摘，采摘时间通常在3月下旬至4月上旬；“白牡丹”采摘标准是春茶的一芽一叶至一芽二叶时采摘，通常在清明前后开始采摘，采摘期约10 d；“贡眉”采摘标准是春茶的一芽二叶至一芽三叶时采摘，春季采摘时间在4月中下旬；“寿眉”采摘标准是茶树的一芽四叶至五叶时采摘，春季采摘时间从谷雨前后开始直至立夏（4月下旬至5月上旬），秋季采摘时间从立秋开始直至寒露前后（8月上旬至10月上旬）。

此外，不同白茶品种由于生育特性不同、不同地理位置种植的白茶由于小气候条件不同，其采摘期也不同。如“白云特早”特早芽茶树品种开采期在3月上中旬；而福鼎市海拔200 m以下地区的特早芽品种，一般在3月下旬开采，福鼎大白茶和福鼎大毫茶等茶叶开采期一般在4月上旬；福鼎市中部海拔200 m以下地区（福鼎城关、点头、白琳、贯岭、前岐等乡镇），绝大部分在清明前后开采春茶；而海拔200～400 m的中高山地区气温稳定通过10 ℃的时间在3月下旬至4月上旬，开采期相应推迟，4月上旬末至4月中旬初才可开采；潘溪、叠石和管阳等乡镇400 m以上地区气温稳定通过10 ℃的时间在4月5日之后，开采期则更迟[24]。

（三）一日当中的采摘时间

在一日当中，由于鲜叶采摘的时间不同，对茶叶品质的形成也有一定影响。

(1)早青：10时以前采摘的鲜叶。此时采摘的鲜叶大多带有露水，其制茶品质较差。

(2)上午青：10时以后至12时以前所采鲜叶。因茶树经过一段时间的阳光照射，露水已消失，其茶叶品质优于早晚青。

(3)下午青:12—16时所采鲜叶。此时采摘的鲜叶新鲜清爽,具有诱人的清香,又有充分的晒青时间,制茶品质优异。

(4)晚青:16—17时所采鲜叶。鲜叶采后下山时间较迟,大多错过了晒青的最佳时机,不能利用阳光晒青萎凋,制茶品质也欠佳,但优于早青。

总之,制优质茶叶,应选择连续几天晴朗天气的午青鲜叶制作。

# 第二章　茶叶气候适宜性

茶叶生产与气候条件密切相关，福建省地处亚热带，属季风性气候，一年四季气候变化差异大，与采制茶叶关系密切。春茶生长发育期间雨量较充足，空气湿润，气候温和，茶叶生长旺盛，芽梢持嫩性较长，产量高，质量优；而夏、暑茶生长发育期间，气温高，相对湿度小，芽梢易老化，在加工过程中，茶叶内含物难以趋向适宜比例，多酚类物质偏高，茶芳香类偏低，茶叶香气低淡，味偏苦涩，质量较差；到秋冬季，气候又较为凉爽，茶叶质量也较好，但由于秋冬季雨水少，气候较为干燥，影响茶树生长，最终使茶树进入休眠，故秋冬茶产量低，甚至无冬片茶可采[25]。

茶树栽培适宜的气候条件要求年平均气温在 15 ℃以上，最适宜栽培地区的年平均气温为 15～25 ℃；不同茶树品种所需积温不同，中、小叶种茶树要求≥10 ℃年积温达到 4500 ℃以上，大叶种茶树对热量要求更严，需 6000 ℃以上；中、小叶种能忍受的极端最低气温＞－10 ℃，大叶种能忍受的极端最低气温＞－5 ℃(或多年平均极端最低气温＞－3 ℃)；一般在茶树生长期中，平均每月降水量有 100 mm 就能满足茶叶生长发育的需要，最适宜的年降雨量在 1500 mm 以上，1000 mm 为适宜下限；空气相对湿度一般要求在 70％以上；日照百分率小于 45％，生产的茶叶质量较优，若小于 40％，质量更好；年干燥度在 0.7 以下的地区，可以作为主要产茶区，在此区内茶树可以进行大面积的经济栽培；海拔选择 100 ～1000 m 的山坡地，坡度不超过 25°，土壤呈酸性或微酸性，pH 在 4.5～6.5[26]。

罗京义等[27]总结了茶树生长的农业气候指标(表 2.1)。

**表 2.1　茶树生长的农业气候指标**

| 要素 | 适生条件 | 可生条件 | 有害条件 |
|---|---|---|---|
| 年平均气温(℃) | 15～25 | 13～15 或 25～35 | ＜13 或＞35 |
| $\sum T \geqslant 10$ ℃(活动积温，℃) | ≥5000 | 3000～5000 | ＜3000 |
| 多年平均极端最低气温(℃) | ≥－8 | －10～－8 | ＜－10 |
| 年降水量(mm) | ≥1500 | 1000～1500 | ＜1000 |
| 生长期内月降水量(mm) | ≥100 | 50～100 | ＜50 |
| 相对湿度(％) | ≥78 | 60～78 | ＜60 |
| 日照百分率(％) | ＜45 | 45～60 | ＞60 |
| 干燥度 | ＜0.7 | 0.7～1.0 | ＞1.0 |

## 第一节　温度

### 一、茶树生长的温度指标

温度是影响茶树地理分布的重要指标。一般年平均气温在 13 ℃以上，≥10 ℃的年活动积温在 4000 ℃以上，年最低气温的多年平均值在－10 ℃以上的地区，适宜茶树栽培。

茶树以 10 ℃为生物学最低温度，茶树萌发起始温度为日平均气温稳定通过 10 ℃，最适宜新梢（即茶芽）生长的日平均气温为 18～30 ℃，当气温在 20～25 ℃时，茶树生长旺盛，在 22 ℃左右时，新梢生长最快，气温达到 35 ℃以上时，茶树生长会受到抑制；秋冬季气温下降到 10 ℃以下，茶树停止生长，地上部分进入休眠。

不同茶树种类对热量的要求有所不同，大叶种茶树最适宜种植气候带要求≥10 ℃的活动积温≥6500 ℃，适宜种植气候带要求积温 6000～6500 ℃，＜6000 ℃为不适宜种植气候带；中、小叶种最适宜种植气候带要求≥10 ℃的活动积温≥6000 ℃，适宜种植气候带要求积温 4500～6000 ℃，次适宜种植气候带要求积温 4000～4500 ℃，＜4000 ℃为不适宜种植气候带[28]。活动积温低于 3000 ℃，茶树年生长量小，冬季应加强防冻；活动积温愈高，春茶开采期越早，采摘次数越多，产量越高[7]。

春暖促进了春茶的生长发育，使春茶采摘期逐步提前，春茶生长时段加长，春茶产量提高，而品质也相对提高。如果是暖冬连着暖春，那么春茶的开采期特早且产量高，经济效益好，但是暖冬过后若遇“倒春寒”，对春茶的开采期和产量影响很大[29]。

（一）生长起点温度

引起茶树萌芽的平均温度称为生长起点温度，在生物学上称此温度为下限温度。多数茶树品种日平均气温需要稳定在 10 ℃以上，茶芽开始萌动，但也有少数品种或者由于其生态环境的不同，在不到 10 ℃时已开始萌动，这类茶属早芽品种，开采期可比其他品种提早。

（二）最适温度

茶芽萌发以后，当气温继续升高到 14～16 ℃时，茶芽逐渐展开嫩叶。茶树在 15～20 ℃生长较快，20～30 ℃时生长最旺盛，茶梢加速生长，每天平均可伸长 1～2 cm，甚至 2 cm 以上，但易老化。茶树生长季节生长适宜的≥10 ℃活动积温在 4000 ℃以上，有效积温越多，年生长期越长。

就品质而论，茶树生长的温度应在 25 ℃以下为好，日温差较大的，茶叶品质较好；温度过高，制成的茶叶色泽青黄，香气不高，苦涩味重；温度过低，色泽青绿，苦涩味轻，茶叶品质也不好[30]。

（三）低温

茶树树体耐最低临界温度因品种而异，当冬季负积温总值超过－100 ℃，极端最低气温低于－10 ℃，日平均气温低于 0 ℃的最长连续天数大于 14 d，绝大多数茶树品种都会发生冻害[31]。一般灌木型中、小叶种耐低温能力强，而乔木型大叶种茶树品种耐低温能力弱，灌木型的中小叶种茶树最耐寒，在－10 ℃时，树体才开始受冻，－12～－13 ℃时，嫩梢、芽叶受冻较重，叶缘发红变枯，－15 ℃以下的低温，将使地上部分大部或全部冻枯；乔木型或半乔木型的大叶种茶树最不耐寒，气温低于 0 ℃时，即受冻害，－2 ℃时，芽叶冻害明显，－5 ℃以下时，将受冻枯死。而茶叶幼嫩器官低温耐受能力较弱，在春季 2 月下旬至 4 月间，持续 10 d 以上的日平均气温 10 ℃以上突然降至日平均气温 5 ℃以下，就会对萌动的芽和嫩叶造成不同程度的寒害，出现 0 ℃以下低温，芽叶受冻非常严重，同时，降温速度越快，低温持续时间越长，芽叶受冻也越严重[30,32]。

（四）高温

茶树能耐的最高温度为 35～40 ℃，在自然条件下，日平均气温高于 30 ℃，茶树新梢生长就会缓慢或停止，如果气温持续几天超过 35 ℃，新梢就会枯萎、落叶，茶树生长便会受到抑制，此时，若空气湿度低，茶树生育将逐渐停止，持续高温还会灼伤枝叶，如遇干旱叠加影响，高温延续 1 周以上，茶树会出现旱热害[30-31,33-34]。日极端最高气温超过 39 ℃，有的茶树丛面成叶出现灼伤焦变和嫩梢萎蔫，即出现茶树热害；茶树在叶温 35 ℃时，净光合作用最高，叶温达 39～42 ℃时，净光合作用几乎为 0，叶温上升到 48 ℃时，叶片将受致命伤害[35]。

（五）温差

昼夜温差对茶树光合作用有着明显的影响，温度日较差越大，越有利于物质的形成和积累，有利于茶叶品质的提高。高山茶区，日夜温差大，茶树新梢生育较为缓慢，持嫩性好，同化产物累积多，对茶叶品质的提高非常有利。

（六）地温

茶树根系生长发育的适宜土壤温度为 10～25 ℃，最适宜的土壤温度为 25～30 ℃，土壤温度低于 10 ℃，茶树根系生长发育缓慢；新梢生长发育的适宜地温在 14～28 ℃，地温低于 14 ℃或高于 28 ℃，茶树新梢生长缓慢，受 5～25 cm 地温影响最大[17]。

## 二、茶树生长的温度适宜性分析

（一）年平均气温

福建省各县站年平均①气温在 15～21.7 ℃，最小值出现在周宁县，最大值出现在云霄县。从福建省年平均气温区划图（图 2.1）可以看出，长乐区以南沿海地区和龙岩市南部地区

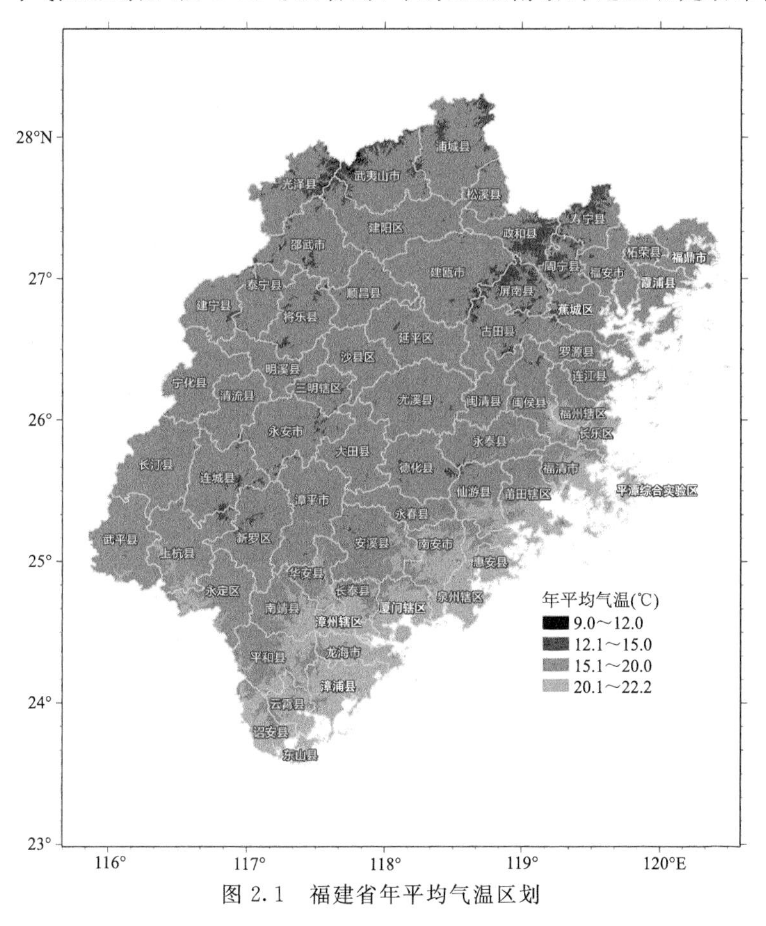


图 2.1　福建省年平均气温区划

① 年平均为 1991—2020 年的平均，下同。

海拔在 300 m 以下的地区年平均气温处于 20～25 ℃，较适宜茶叶生长，但温度偏高对优质茶叶的形成较为不利；鹫峰山脉、武夷山脉、戴云山脉高海拔区域年平均气温处于 12～15 ℃，适宜茶叶生长发育；武夷山脉海拔在 1500 m 以上的区域，年平均气温处于 12 ℃以下，热量条件不足，不利于茶叶生长发育；其余大部分地区的年平均气温在 15～20 ℃，热量条件最适宜茶叶生长发育和生产优质茶。

（二）≥10 ℃年活动积温

福建省各县站≥10 ℃年活动积温在 4981.7～7887.6 ℃，最小出现在周宁县，最大出现在云霄县。从福建省≥10 ℃年活动积温区划图（图 2.2）可以看出，东部和南部以及部分内陆沿江低海拔区域年活动积温在 6500 ℃以上，热量条件有利茶叶生长，但温度偏高对优质茶的形成有一定影响；中北部靠内陆中低海拔地区年活动积温在 5500～6500 ℃，最适宜茶叶生长发育和优质茶的形成；鹫峰山区、武夷山区、戴云山脉及博平岭等高海拔地域的年活动积温在 4000～5500 ℃，能满足茶叶生长发育需要；北部海拔在 1500 m 以上的高海拔地区年活动积温在 4000 ℃以下，热量条件不足，易遭受寒冻害。

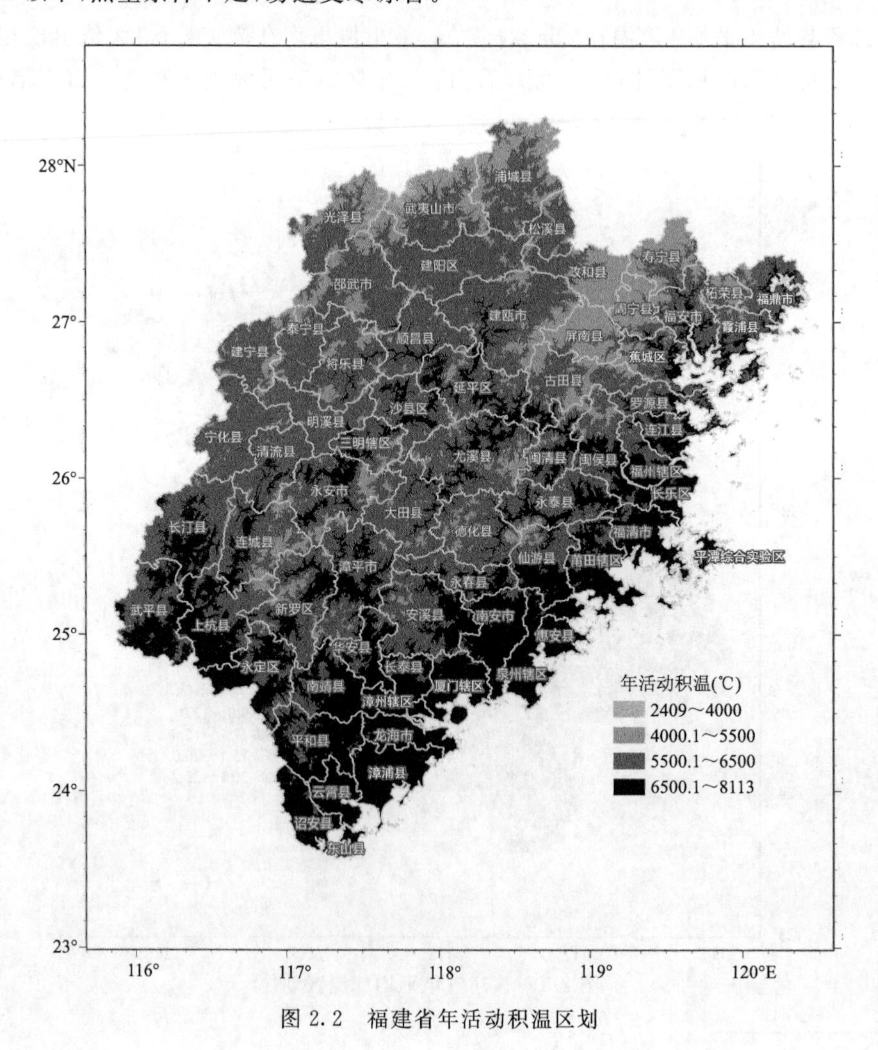


图 2.2　福建省年活动积温区划

（三）春季极端最低气温

福建省各县站 3—4 月极端最低气温≤4 ℃出现的年平均频次在 0～11.3 次，最小值出现在惠安县、厦门市、东山县，最大值出现在寿宁县。从福建省 3—4 月极端最低气温≤4 ℃出现的年平均频次区划图（图 2.3）可以看出，长乐区以南沿海地区春季极端最低气温≤4 ℃出现的年平均频次在 1 次以下，武平县、上杭县、永定县内海拔在 200 m 以下的地区极端最低气温出现的年平均频次也在 1 次以下，春季茶叶萌芽至采摘期间寒冻害发生概率低；其余内陆县市海拔 500 m 以上的地区极端最低气温≤4 ℃出现的年平均频次在 5～15 次，春季寒冻害会不同程度对茶叶造成危害；内陆县市海拔在 500 m 以下的地区极端最低气温≤4 ℃出现的年平均频次在 1～5 次，春季寒冻害对茶叶的影响相对较轻。

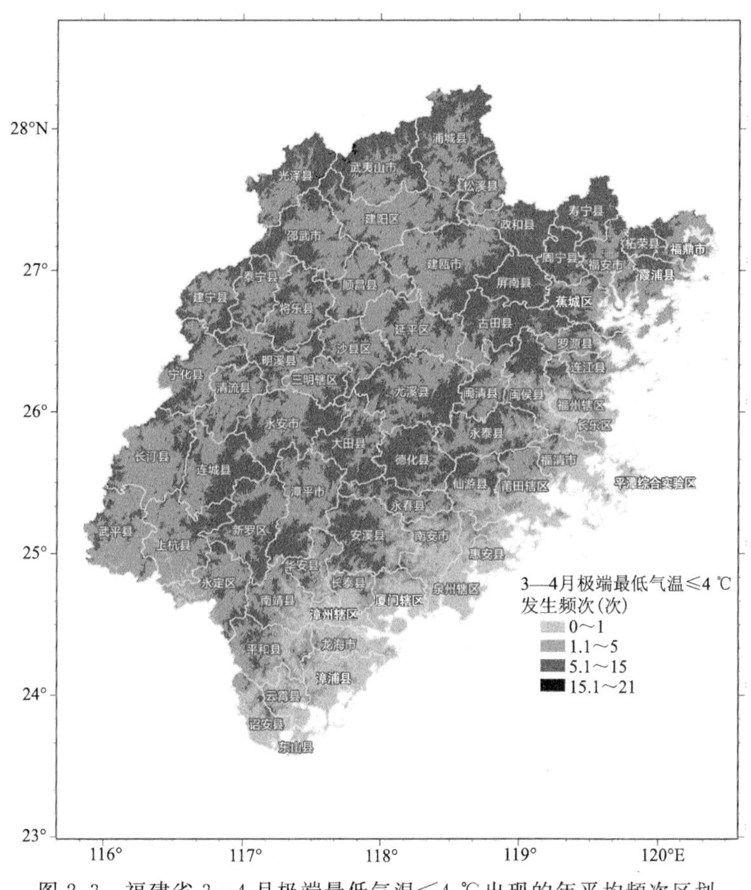


图 2.3　福建省 3—4 月极端最低气温≤4 ℃出现的年平均频次区划

## 第二节　水分

### 一、茶树生长的水分指标

茶树具喜湿怕涝的特性。水分是茶树有机体的重要组成部分，直接影响着茶树生长发育和茶叶产量、品质。茶树体内的水分含量一般占全株重量的 60%左右，在旺盛的生长季节，嫩芽叶的含水量可高达 75%～80%。

水分对茶树生育的影响，主要是降水量和空气湿度[30]。适宜栽培茶树的地区，一般年降水量应保持在 1000 mm 以上，最适宜的年降水量在 1500 mm 左右，茶树生长季节的月降水量应保持在 100 mm 以上[34]，茶园全年的可能蒸散量可达 1400～1500 mm，如果年降水量不足 1000 mm，而茶树主要生长发育期间雨量分布均匀(一般月雨量不少于 100 mm，且大于月蒸散量)，茶树仍能正常生长，水分过多或过少，都不利于茶树生长发育。水分过少，会使茶树体内有机质分解过程超过合成过程，茶树新梢生长缓慢，发芽量减少，叶形变小，叶色失去光泽，叶质粗糙而硬，很快形成对夹叶，如果连续几个月降水量小于 50 mm，且未采取人工灌溉，茶叶生长发育就会受影响，若出现严重干旱，茶树新梢顶点停止生长，叶片失水萎蔫下垂，甚至脱落，重者枝叶枯焦、甚至导致植株死亡；降水过多且土壤排水不良，会使茶园土壤水分呈饱和状态，土壤通气不良，甚至出现积水，从而严重影响根系发育，阻碍了根系的吸收和呼吸，致使茶树根部受害，造成地上部分叶色变黄、落叶严重的湿害；同时细根不能进行正常呼吸作用，阻碍养分和水分的吸收，会造成茶味淡薄，香气不高，若茶树生长期间月降水量大于 300 mm，且出现暴雨过程，则不利于茶叶生长发育[30]。如夏秋季的降水量直接影响夏秋茶的产量，不同降水强度对茶树的生育影响不同，小雨、中雨对茶树生育有利，大雨、暴雨对茶树生育不利。

茶树生长发育期间对湿度的要求较高，以空气相对湿度在 80%～90%为宜，日最低相对湿度最好也在 70%以上，空气湿度高，不仅能促进茶树生长发育，并能防止日光直射，抑制茶叶中纤维组织的增加，促进茶叶中芳香物质增加，新梢内含物丰富，持嫩性好[34,36]；如果空气湿度低，幼芽生长停止，叶片变粗糙，对夹叶多，易受病虫害侵袭，品质变坏，当日平均气温高于 30 ℃，最高气温大于 35 ℃，相对湿度在 60%以下，茶树生长受到抑制，如果这种气象条件持续 8～10 d，茶树将遭受旱害[37]。空气相对湿度小于 50%，茶树新梢生长受抑制，40%以下时，则将受害[7]。茶树要求土壤相对湿度保持在 60%～90%，土壤湿度在 75%左右时茶树生育最旺盛，土壤湿度降至 40%～50%时，茶树生育缓慢，降至 30%以下时，芽叶生长完全停止；水分过多或不足，都会对茶树的生命活动带来不利影响，甚至导致植株死亡[38]。

### 二、茶树生长的水分适宜性分析

#### (一)年降水量

福建省各县区气象站年降水量在 1088.4～2081.9 mm，最小值出现在惠安县，最大值出现在周宁县。从福建省年降水量区划图(图 2.4)可以看出，年降水量总体呈现从东南沿海到西北内陆逐渐增多的趋势，高海拔山区由于降水受地形抬升作用的影响，年降水量普遍大于低海拔地区；平潭综合实验区至泉州市辖区的沿海一带年降水量最小，年降水量在 1232～1400 mm，西北部县市和鹫峰山脉的高海拔县市年降水量最高，年降水量在 1850～2034 mm。全省大部分地区年降水量在 1400 mm 以上，适宜茶树生长发育。

#### (二)生长发育期间年平均相对湿度

茶树主要生长发育期在 3—10 月，福建省各县站 3—10 月平均相对湿度在 68.1%～83.3%，最小值出现在政和县，最大值出现在泰宁县。从福建省 3—10 月平均相对湿度区划图(图 2.5)可以看出，政和县平均相对湿度最小，为 68.1%，其余各县市相对湿度均在 70%以上，西部大部县市、鹫峰山区及戴云山区县、漳州市内陆县及部分沿海县市的相对湿度达到 80%以上。全省优良的湿度条件适宜优质茶叶的形成，尤其是海拔较高区域的高湿条件最适宜生产优质茶。

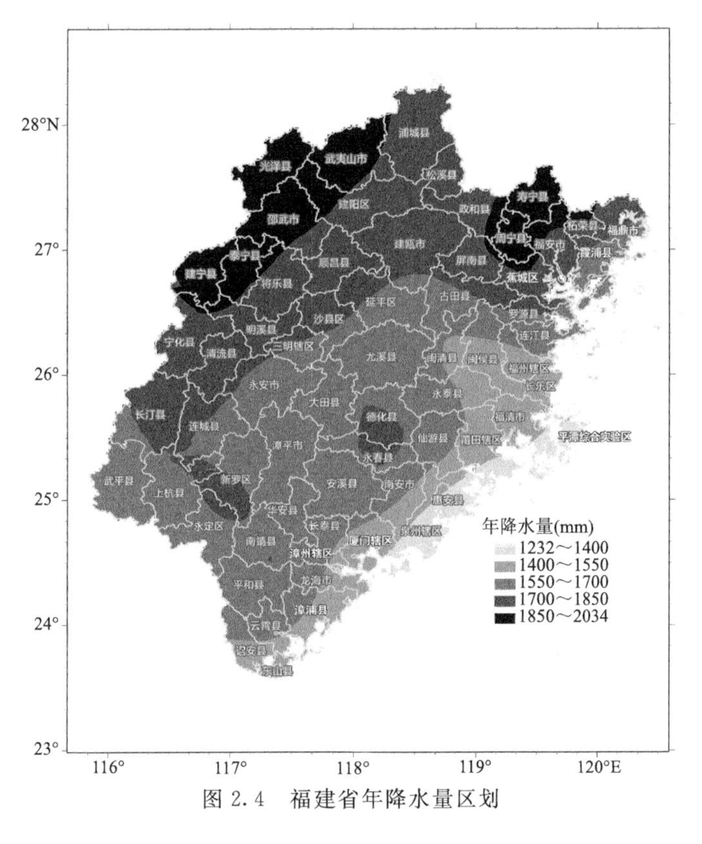


图 2.4 福建省年降水量区划

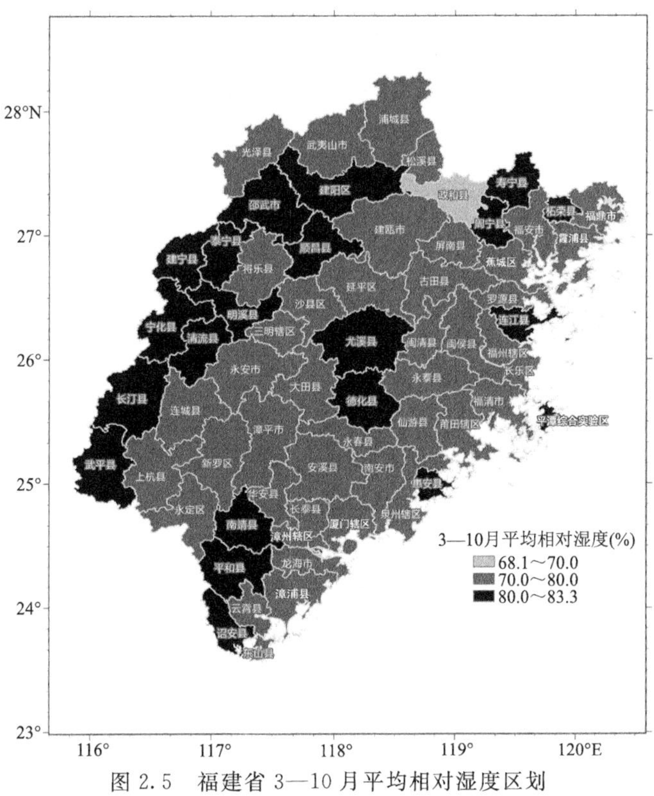


图 2.5 福建省 3—10 月平均相对湿度区划

## 第三节　光照

### 一、茶树生长发育的光照指标

光照是茶树生长发育所需的基本气候条件之一，光照强度、光质和光照时间对茶树生长发育和茶叶质量有很大影响。茶树是耐荫植物，喜弱光照射和漫射光，具有喜光怕晒的特性，忌强光直射，适应在漫射光多的环境下生长。一定条件下，随着光照强度的增加，通过光合作用积累的产物也增加，超过一定强度后，光合积累量就不再增加了，甚至因光照过强，温度高，茶树处于失水状态，叶片枯萎受伤害，使茶树处于不利的生长条件下[7]。

茶树有机体中90%～95%的干物质是靠光合作用合成的。光照对于茶树的影响，主要是光的强度和性质，茶树有耐荫的特性，喜弱光照射和漫射光，从叶绿素的吸收光谱分析，光波较短的蓝紫光部分最多，而漫射光主要是波长较短的蓝紫光，所以茶树在漫射光条件下生长良好是有依据的。茶树生长期间，日照百分率若小于45%，生产的茶叶质量较优，若小于40%，茶叶质量更好，但若大于60%，则抑制茶叶生长[34-35]。

光照强度不仅与茶树光合作用和茶叶产量有关，而且对茶叶品质也有一定影响。据研究，光照强度小于5000 lx，茶树光合作用强度随光照强度增加而增加，但当光照强度增强到大于光饱和点时，茶树光合作用强度会受到不利的光波长影响而下降，从而造成茶树停止生长或出现萎蔫现象；反之，当光强低于光饱和点，且减弱到光补偿点时，光合强度和呼吸强度处于平衡状态，此时茶树不与外界进行气体交换。茶树的光补偿点一般在1000 lx以上，过低的光照强度，光合作用强度就会出现负值。因此，合适的光照强度对于茶树的生长至关重要，过高或过低的光照强度对茶树生长都是不利的，长期处于不良光照条件下，茶树的生长发育会受到严重抑制。

光质对于茶叶品质也有较大的影响，通常红光、黄光容易被茶树吸收，有利于生产高品质的茶叶，而漫射光中含有红光和黄光比直射光多，几乎可全部被茶树利用，因此，漫射光条件下，茶树新梢嫩绿，持嫩度好，原料优质，而在直射光下则相反。在海拔500～800 m的中山区，随着高度的增加，云雾、降雨日也相应增多，因而多漫射光，且所含红、黄光多，有利于氨基酸、维生素的形成，茶叶芽嫩、叶肥，香味浓。据研究发现，在适当减弱光照时，芽叶中的氮化物明显提高，而碳水化合物（可溶性糖和茶多酚等）相对减少，特别是在重要的含氮物质氨基酸的组成中，作为茶叶特征物质的茶氨酸含量，以及与茶叶品质密切相关的谷氨酸、天门冬氨酸、丝氨酸等，在遮光条件下有明显的增加趋势[33]。

光照时间的长短，对茶树生长发育影响也较大。茶树是一种短日照作物，喜欢弱光照射和散射光照射的环境，每日最好能够保证6 h以上的照射时间。此外，光照时间还与茶树休眠有关，冬季日照时数越少，休眠期越长，如冬季连续6周每天日照时间少于11 h，即使温度、水分和营养条件都能满足，茶树也会有一个相对的休眠期；同时日照时数长短影响温度高低，从而影响茶芽萌发，越冬芽的萌发时间与日照时数呈现正相关，日照时间越长，春茶萌芽期越早。

### 二、茶树生长的光照适宜性分析

#### （一）年日照时数

福建省各县站年日照时数在1476.4～2202.6 h，最小值出现在邵武市，最大值出现在东山县。从福建省年日照时数区划图（图2.6）可以看出，南部地区年日照时数大于中北部地区，武平—上杭—龙岩辖区—安溪—永春—德化—永泰—福清一线以南地区年日照时数大于 1700 h,以北地区年日照时数小于 1700 h,其中莆田市以南的东南沿海县区的年日照时数较长,大于 1800 h;武夷山区、鹫峰山区和戴云山区的部分县市年日照时数小于 1600 h。

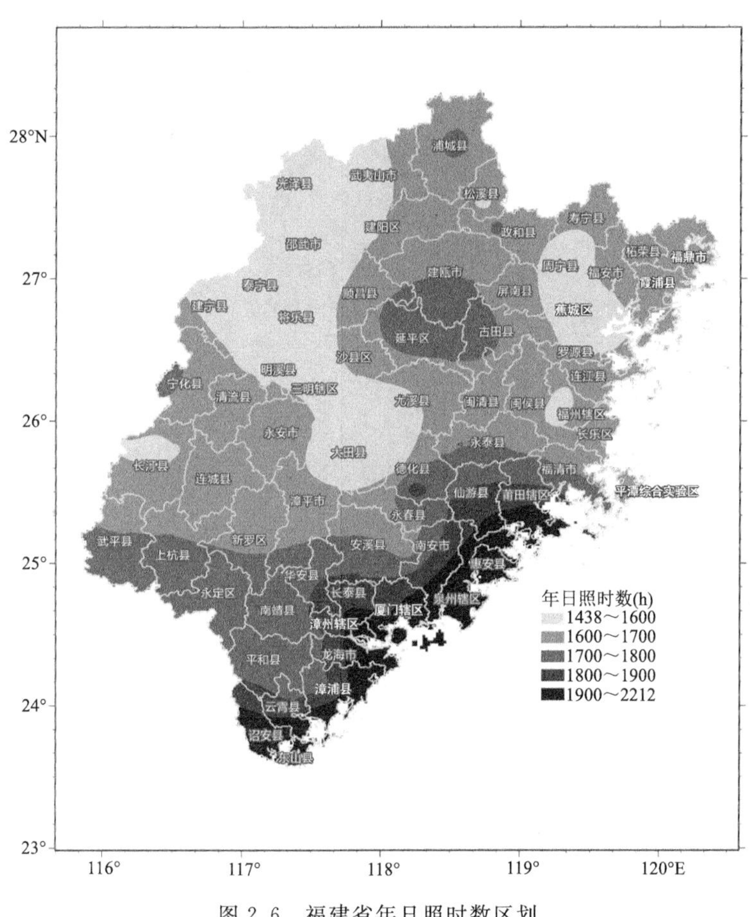


图 2.6　福建省年日照时数区划

(二)年日照百分率

福建省各县站年日照百分率在 33%～50%,最小值出现在邵武市,最大值出现在东山县。从福建省年日照百分率区划图(图 2.7)可以看出,莆田—仙游—南安—厦门—长泰—华安—南靖—龙海—漳浦—云霄—诏安一线的东南区域的年日照百分率在 40%以上,此线以北和以西的区域年日照百分率则在 40%以下。可见,福建除闽东南沿海区域外,大部分地区的年日照百分率适宜生产优质茶叶。

## 第四节　茶树综合气候适宜性

### 一、茶树气候适宜性区划指标

结合福建省茶叶生长气候条件分析以及走访茶叶专家,确定影响茶叶生长发育的 5 个气候适宜性区划指标,并分为最适宜、适宜、次适宜与不适宜 4 个等级(表 2.2)。表 2.2 中 $t$、

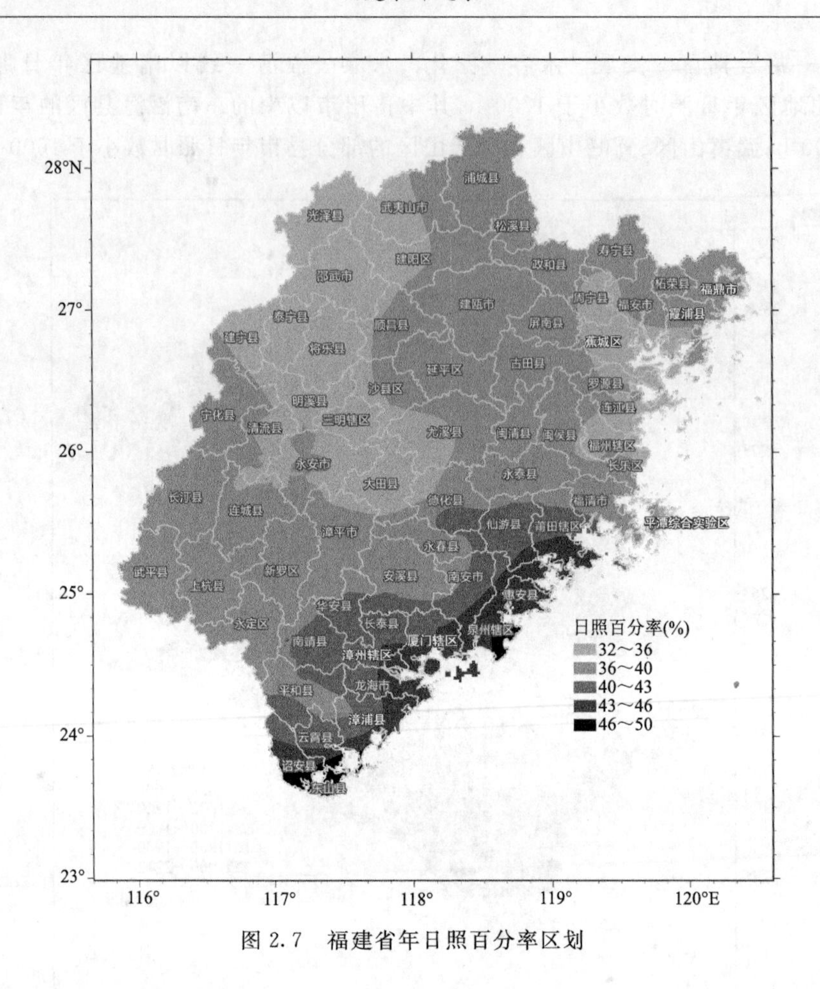


图 2.7　福建省年日照百分率区划

$\sum t$、$f$、sr、ft 分别代表年平均气温、≥10 ℃年活动积温、3—10 月平均相对湿度、年日照百分率、3—4 月极端最低气温≤4 ℃年平均发生频次。

**表 2.2　茶叶气候适宜性区划指标**

| 指标 | 最适宜 | 适宜 | 次适宜 | 不适宜 |
|---|---|---|---|---|
| 年平均气温($t$,℃) | $15 \leqslant t \leqslant 20$ | $12 < t < 15$ | $20 < t < 25$ | $t \leqslant 12$ |
| ≥10 ℃年活动积温($\sum t$,℃) | $5500 \leqslant \sum t \leqslant 6500$ | $4000 < \sum t < 5500$ | $6500 < \sum t < 8000$ | $\sum t \leqslant 4000$ |
| 3—10 月平均相对湿度($f$,%) | $f \geqslant 80$ | $70 \leqslant f < 80$ | $60 < f < 70$ | $f \leqslant 60$ |
| 年日照百分率(sr,%) | sr≤40 | 40<sr<50 | 50≤sr<60 | sr≥60 |
| 3—4 月极端最低气温≤4 ℃年平均发生频次(ft,次) | ft≤1 | 1<ft<5 | 5≤ft<15 | ft≥15 |

## 二、气候适宜性区划指标权重

应用层次分析法(AHP)确定各茶叶气候适宜性区划指标权重(表 2.3)。可见在区划指标体系中,年平均气温和≥10 ℃年活动积温占的权重最大,是决定茶叶种植适宜程度的最主要气象因子;3—10 月平均相对湿度次之,是影响茶叶生长发育和品质形成的关键气象因子;3—4 月极端最低气温≤4 ℃出现的年平均频次和年日照百分率所占的权重较小,对茶叶种植适宜程度的影响相对较小。

**表 2.3　茶叶气候适宜性区划指标权值向量及一致性检验**

| 权值向量 | | | | | $\lambda_{max}$ | CI | CR | 一致性检验 |
|---|---|---|---|---|---|---|---|---|
| $t$ | $\sum t$ | $f$ | ft | sr | | | | |
| 0.3638 | 0.3638 | 0.1588 | 0.0753 | 0.0383 | 5.135675 | 0.03392 | 0.303029 | 基本符合 |

## 三、气候适宜性指数

在确定各指标的权重后，根据式(2.1)计算公式得到福建各气象监测站点的茶叶气候适宜性指数值(表 2.4)。

$$\lambda_j = \sum_{i=1}^{m} \sigma_i P_{ij} \tag{2.1}$$

式中，$\lambda_j$ 为茶叶气候适宜性指数，$i$ 为评价指标个数，$j$ 为评估单元数，$m$ 为评价指标个数，$\sigma_i$ 为第 $i$ 项指标的权重系数，$P_{ij}$ 为每个指标 $i$ 在评估单元 $j$ 出现的特征值比重。

**表 2.4　茶叶气候适宜性归一化指数**

| 站名 | 气候适宜性指数 | 站名 | 气候适宜性指数 | 站名 | 气候适宜性指数 |
|---|---|---|---|---|---|
| 福州市辖区 | 0.74 | 浦城县 | 0.96 | 永安市 | 0.84 |
| 福清市 | 0.75 | 光泽县 | 0.96 | 明溪县 | 0.98 |
| 长乐区 | 0.84 | 松溪县 | 0.96 | 清流县 | 0.98 |
| 闽侯县 | 0.83 | 政和县 | 0.87 | 宁化县 | 0.98 |
| 连江县 | 0.91 | 宁德市辖区 | 0.88 | 大田县 | 0.94 |
| 罗源县 | 0.91 | 福安市 | 0.87 | 尤溪县 | 0.93 |
| 闽清县 | 0.75 | 福鼎市 | 0.97 | 沙县区 | 0.89 |
| 永泰县 | 0.83 | 霞浦县 | 0.96 | 将乐县 | 0.94 |
| 平潭综合实验区 | 0.83 | 古田县 | 0.95 | 泰宁县 | 0.97 |
| 龙岩市辖区 | 0.74 | 屏南县 | 0.78 | 建宁县 | 0.96 |
| 漳平市 | 0.64 | 寿宁县 | 0.76 | 厦门市区 | 0.53 |
| 长汀县 | 0.99 | 周宁县 | 0.76 | 同安区 | 0.31 |
| 永定区 | 0.76 | 柘荣县 | 0.85 | 漳州市辖区 | 0.27 |
| 上杭县 | 0.75 | 莆田市辖区 | 0.59 | 龙海市 | 0.30 |
| 武平县 | 0.88 | 仙游县 | 0.57 | 云霄县 | 0.25 |
| 连城县 | 0.93 | 泉州市辖区 | 0.50 | 漳浦县 | 0.40 |
| 延平区 | 0.90 | 南安市 | 0.34 | 诏安县 | 0.28 |
| 邵武市 | 0.98 | 惠安县 | 0.73 | 长泰县 | 0.36 |
| 武夷山市 | 0.96 | 安溪县 | 0.39 | 东山县 | 0.38 |
| 建瓯市 | 0.96 | 永春县 | 0.64 | 南靖县 | 0.42 |
| 建阳区 | 0.99 | 德化县 | 1.00 | 平和县 | 0.38 |
| 顺昌县 | 0.99 | 三明市辖区 | 0.87 | 华安县 | 0.49 |

## 四、气候适宜性区划模型

（一）地理推算模型

应用多元回归方法建立茶叶气候区划指标与地理因子（经度 $X$、纬度 $Y$、海拔 $H$）关系的地理模型，基于 GIS 制作适宜性指标区划图。表 2.5 中 $t$、$\sum t$、ft、sr 分别代表年平均气温、年活动积温、3—4 月极端最低气温出现的年平均频次、年日照百分率；$X$ 为经度公里网 $X$ 坐标值，$Y$ 为纬度公里网 $Y$ 坐标值，$H$ 为海拔高度（单位：m）。与地理因子关系不大的湿度指标直接采用气象站点数据代表县域面上数据。

**表 2.5　茶叶气候区划指标的地理推算模型**

| 区划指标 | 地理推算模型 | 相关系数 | $F$ 值 |
|---|---|---|---|
| $t$ | $t=40.882527+1.601\times10^{-9}X-7.184\times10^{-6}Y-0.004494H$ | 0.967 | 304.2** |
| $\sum t$ | $\sum t=17252.010493+0.000206X-0.003549Y-1.861018H$ | 0.970 | 339.1** |
| ft | $\mathrm{ft}=-18.103722+2.331\times10^{-6}X+5.889\times10^{-6}Y+0.008911H$ | 0.897 | 85.1** |
| sr | $\mathrm{sr}=0.953192+4.6191\times10^{-8}X-2.0445\times10^{-7}Y-4.032\times10^{-6}H$ | 0.731 | 23.8** |

注：** 表示通过信度为 0.001 的显著性检验。

（二）区划模型

由于区划指标当中年平均气温、年活动积温值与气候适宜性指数不是线性相关关系，因此，利用正态分布函数进行数值转换，将转换好的指标数值进行归一化处理，其他与适宜性指数呈现线性相关的区划指标直接进行归一化处理，得到气候适宜性各区划指标的归一化指数值。

分别将计算得出的年平均气温、≥10 ℃年活动积温、3—10 月平均相对湿度、3—4 月极端最低气温≤4 ℃出现的年平均频次、年日照百分率的归一化指数值进行加权，得出茶叶气候适宜性区划模型。表 2.6 中 $I_t$、$I_{\sum t}$、$I_{sr}$、$I_f$、$I_{ft}$、$I$ 分别代表年平均气温、≥10 ℃年活动积温、年日照百分率、3—10 月平均相对湿度、3—4 月极端最低气温≤4 ℃出现的年平均频次的归一化指数和茶叶气候适宜性指数。

**表 2.6　茶叶气候适宜性指数区划模型**

| 评价指标 | 区划模型 |
|---|---|
| 气候适宜性指数 | $I=0.3638I_t+0.3638I_{\sum t}+0.1588I_f-0.0753I_{ft}-0.0383I_{sr}$ |

## 五、气候适宜性等级划分

采用自然断点法和生长实际调查相结合的方法，将茶叶气候适宜性归一化指数划分为 4 个等级（表 2.7）。

**表 2.7　茶叶气候适宜性指数等级划分**

| 分级指标 | 最适宜区 | 适宜区 | 次适宜区 | 不适宜区 |
|---|---|---|---|---|
| 气候适宜性指数($I$) | $0.9<I\leqslant1.0$ | $0.6<I\leqslant0.9$ | $0.2<I\leqslant0.6$ | $I\leqslant0.2$ |

## 六、气候适宜性区划结果

根据计算得出的全省各气象监测站点的茶叶气候适宜性指数，基于 GIS 技术和茶叶气候适宜性指数区划模型，制作茶叶气候适宜性区划图，并按照气候适宜性指数等级划分标准，将福建茶叶气候分为最适宜区、适宜区、次适宜区和不适宜区（图 2.8）。

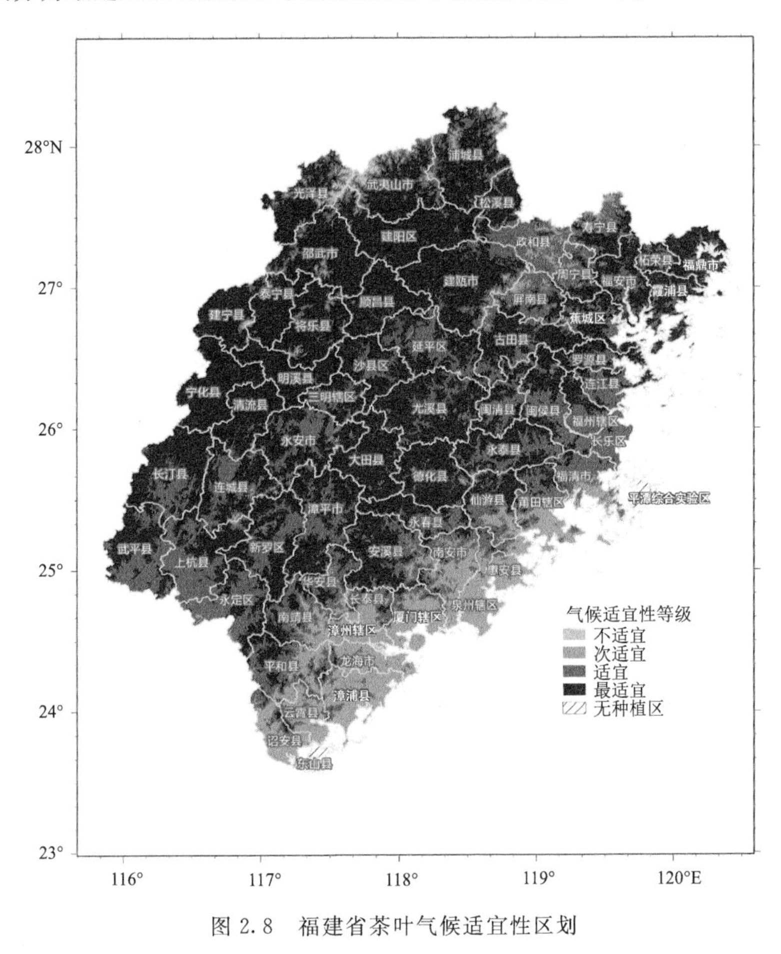


图 2.8　福建省茶叶气候适宜性区划

（1）最适宜区

茶树生长发育最适宜气候区主要分布在西部海拔低于 700 m 和北部海拔低于 450 m 的地区；该区域年平均气温在 15～20 ℃，年活动积温处于 5500～6500 ℃，3—10 月平均相对湿度在 80%以上，年日照百分率在 40%以下，3—4 月极端最低气温≤4 ℃出现的年平均频次在 1 次以下，光温水条件均有利于茶叶的生长发育和优质茶叶的形成，属于茶叶气候最适宜区。

（2）适宜区

茶树生长发育适宜气候区主要分布在西部海拔 700～1100 m 和北部海拔 450～900 m 的地区；该区域年平均气温在 15～20 ℃，年活动积温处于 4000～5500 ℃，3—10 月平均相对湿度在 70%～80%，年日照百分率在 40%以下，3—4 月极端最低气温≤4 ℃出现的年平均频次在1～5 次，热量和湿度条件较为适宜，光照条件优良，属于茶叶气候适宜区。

（3）次适宜区

茶树生长发育次适宜气候区主要分布在福清市以南沿海低海拔地区、鹫峰山脉和武夷山脉高海拔地区；该区域有两个部分，其一是福清市以南沿海低平地区的年平均温度均在 20 ℃

以上，年活动积温处于 6500～8000 ℃，平均相对湿度在 80% 以下，过高的热量条件对优质茶叶的形成较为不利；其二是鹫峰山脉和武夷山脉海拔 1000～1500 m 的地区，年平均气温在 15 ℃以下，年活动积温在 4000～5500 ℃，热量条件稍差，3—4 月极端最低气温≤4 ℃出现的年平均发生频次在 5～15 次，萌芽至展叶期容易出现寒冻害；因此该区域属于茶叶气候次适宜区。

(4)不适宜区

茶树生长发育不适宜气候区主要分布在武夷山脉海拔 1500 m 以上的少数地域，该区域年平均气温在 12 ℃以下，年活动积温在 4000 ℃以下，3—4 月极端最低气温≤4 ℃出现的年平均发生频次在 15 次以上，海拔过高导致热量不足，不利于茶叶生长发育，且萌芽至展叶期容易产生冻害，属于茶叶气候不适宜区。

## 第五节　典型茶区的茶叶气候适宜性

### 一、武夷山市肉桂种植气候适宜性

(一)年平均气温

从武夷山市年平均气温区划图(图 2.9)可以看出，年平均气温总体呈现自东南部向西北部递减的分布特征。全市绝大部分地区年平均气温在 15.1～18.4 ℃，热量条件最适宜肉桂茶生长发育和生产优质茶；星村镇西北部、洋庄乡北部、岚谷乡西北部、吴屯乡东南部和北部、上梅乡东北部的年平均气温在 12～15 ℃，适宜肉桂茶的生长发育；星村镇北部、洋庄乡西部的高海拔局部区域，年平均气温在 12 ℃以下，热量条件不适宜肉桂茶生长发育。

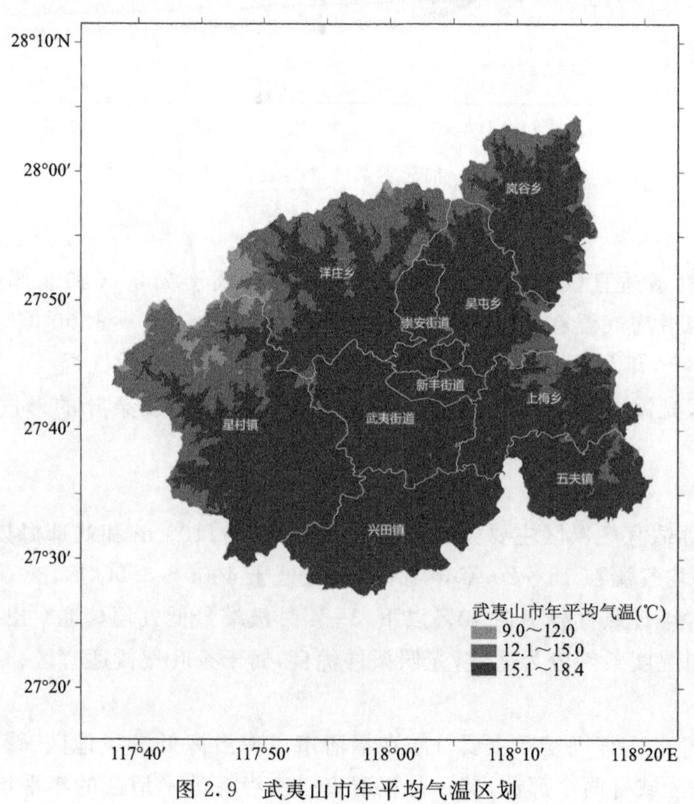


图 2.9　武夷山市年平均气温区划

（二）≥10 ℃年活动积温

从武夷山市≥10 ℃年活动积温区划图（图 2.10）可以看出，≥10 ℃年活动积温总体呈现自南向北递减的分布特征，大部分地区年活动积温在 4000 ℃以上，适宜茶树生长发育；其中岚谷乡中南部、吴屯乡中部、城东乡大部、洋庄乡东南部、星村镇东南部、上梅乡西部、五夫镇西部以及崇安街道、武夷街道、兴田镇≥10 ℃年活动积温在 5500～6500 ℃，热量条件非常适宜肉桂茶的生长发育和优质茶的形成；星村镇西北部、洋庄乡西部等高海拔局部区域≥10 ℃年活动积温低于 4000 ℃，热量条件不适宜肉桂茶的生长发育；其余地区的≥10 ℃年活动积温在 4000～5500 ℃，热量条件适宜肉桂茶生长发育。

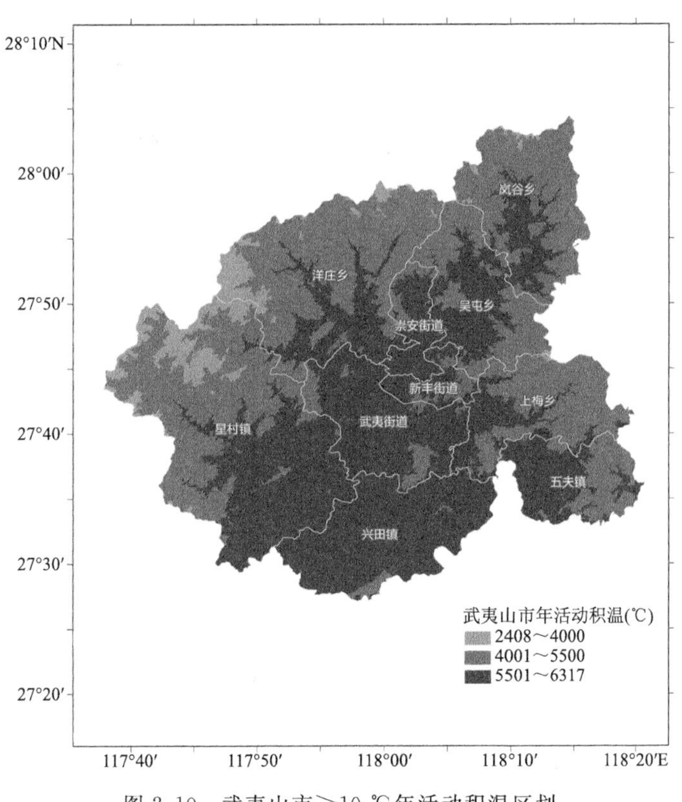


图 2.10　武夷山市≥10 ℃年活动积温区划

（三）3—10 月平均相对湿度

从武夷山市历年 3—10 月平均相对湿度区划图（图 2.11）可以看出，年平均相对湿度总体呈现自西南部向东北部递减的趋势，全市 3—10 月平均相对湿度在 78.2%～79.8%，湿度条件适宜武夷肉桂茶的生长发育和品质的提高。

（四）3—4 月极端最低气温≤4 ℃年平均发生频次

从武夷山市 3—4 月极端最低气温≤4 ℃年平均频次区划图（图 2.12）可以看出，极端最低气温≤4 ℃年平均发生频次总体呈现自北向南递减的趋势。岚谷乡中间地带、吴屯乡中部、城东乡中南部、洋庄乡南部、星村镇东南部、上梅乡西部、五夫镇西部以及崇安街道、武夷街道、兴田镇等地的年平均发生频次在 1～5 次，春季寒冻害相对较轻；星村镇北部、洋庄乡西部等局部高海拔区域的年平均发生频次超过 15 次，春季寒冻害严重，不适宜肉桂生长发育；其余地区年

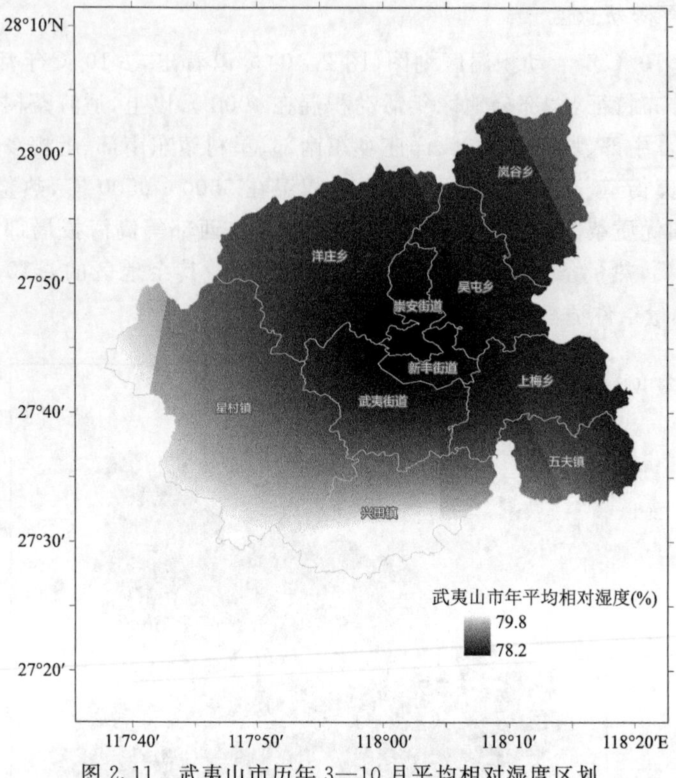


图 2.11　武夷山市历年 3—10 月平均相对湿度区划

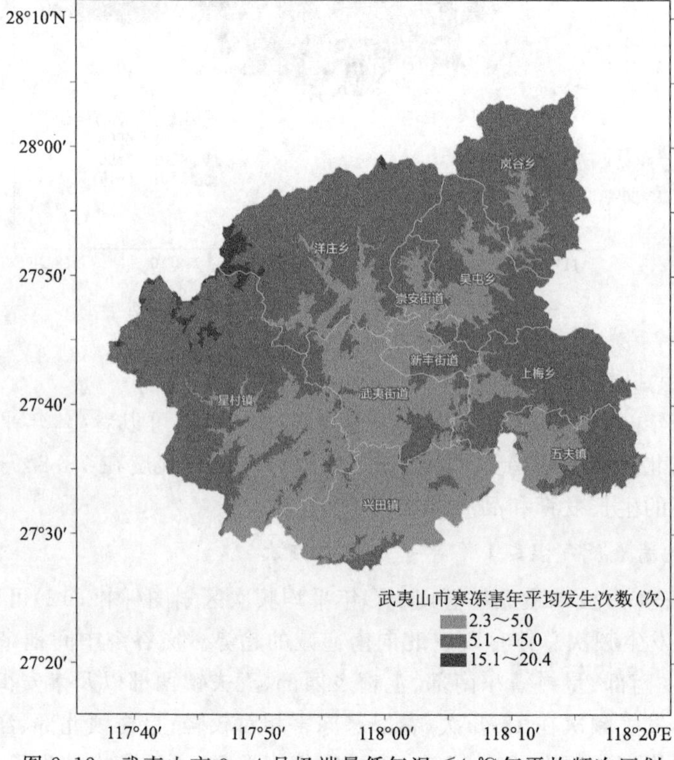


图 2.12　武夷山市 3—4 月极端最低气温≤4 ℃年平均频次区划

平均频次在 6～15 次，春季寒冻害会不同程度对萌芽至展叶期的肉桂春茶芽叶造成危害。

（五）年日照百分率

从武夷山市年日照百分率区划图（图 2.13）可以看出，年日照百分率总体呈现自南向北递减的趋势，全市年日照百分率在 34%～35.8%，日照百分率均在 40%以下，光照条件非常适宜肉桂茶的生长发育，有利于生产优质茶叶。

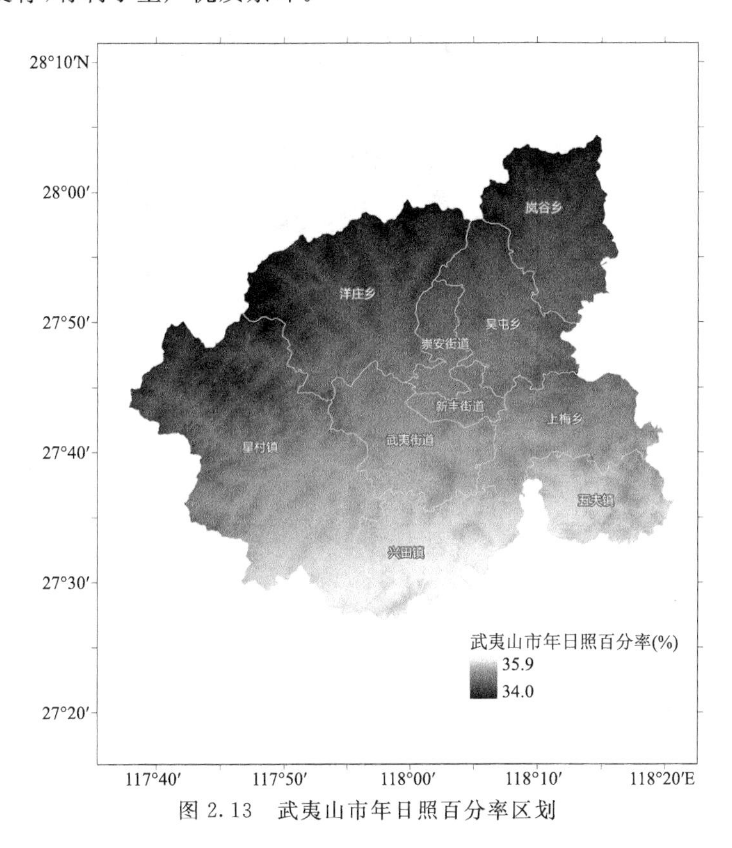

图 2.13 武夷山市年日照百分率区划

（六）武夷山市肉桂种植气候适宜性

根据影响武夷山市肉桂茶生长发育的年平均气温、≥10 ℃年活动积温、3—10 月平均相对湿度、年日照百分率、3—4 月极端最低气温≤4 ℃年平均发生频次的气象指标及影响权重，计算武夷山市不同乡镇的肉桂茶气候适宜性指数，基于 GIS 制作得出武夷山市肉桂茶气候适宜性区划图（图 2.14），可以看出，武夷山市的大部分地区属于肉桂种植的气候最适宜区，最适宜区主要分布在武夷山市中南部地区，该区域热量条件好、湿度适宜、日照适宜、春季寒冻害发生频次较少，非常适宜武夷肉桂的生长发育；不适宜和次适宜区主要分布在西部和北部的 1000 m 以上的高海拔地区，该区域虽然光照和湿度条件良好，但热量条件差，春季寒冻害严重，不适宜茶树的生长发育；其余地区是茶叶生长的气候适宜区。

## 二、安溪县铁观音种植气候适宜性

（一）年平均气温

从安溪县年平均气温区划图（图 2.15）可以看出，年平均气温总体呈现东部高、其余地区低的分布特征。湖头镇、蓬莱镇、官桥镇、龙门镇一线以东的低海拔地区年平均气温超过 20 ℃，

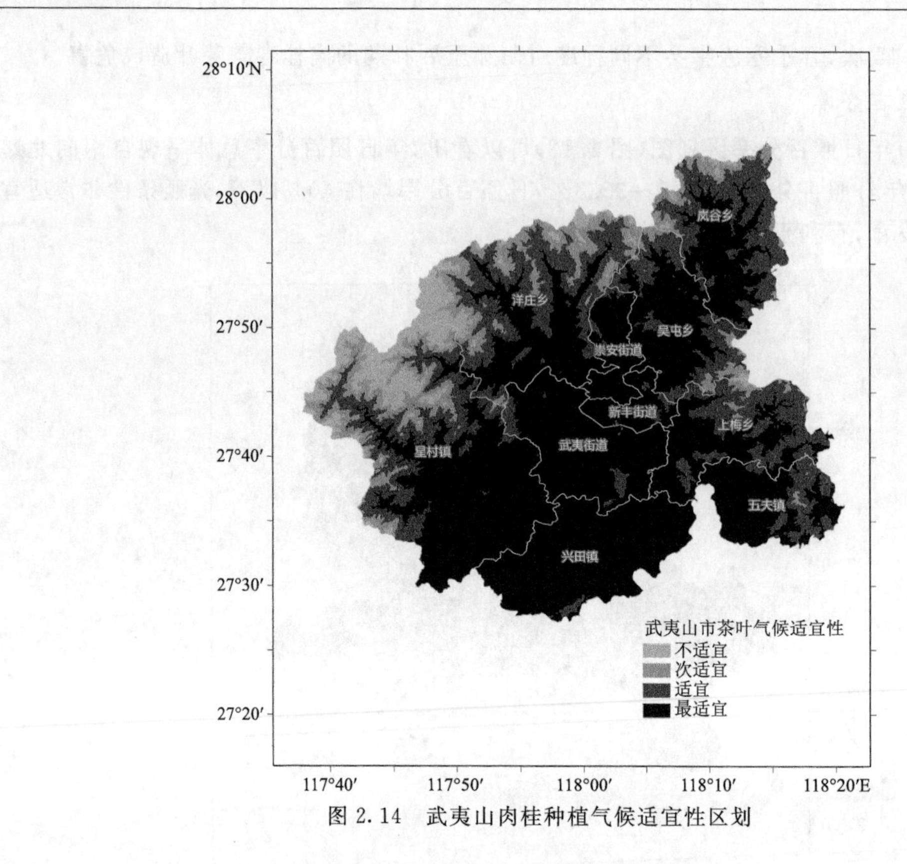


图 2.14　武夷山肉桂种植气候适宜性区划

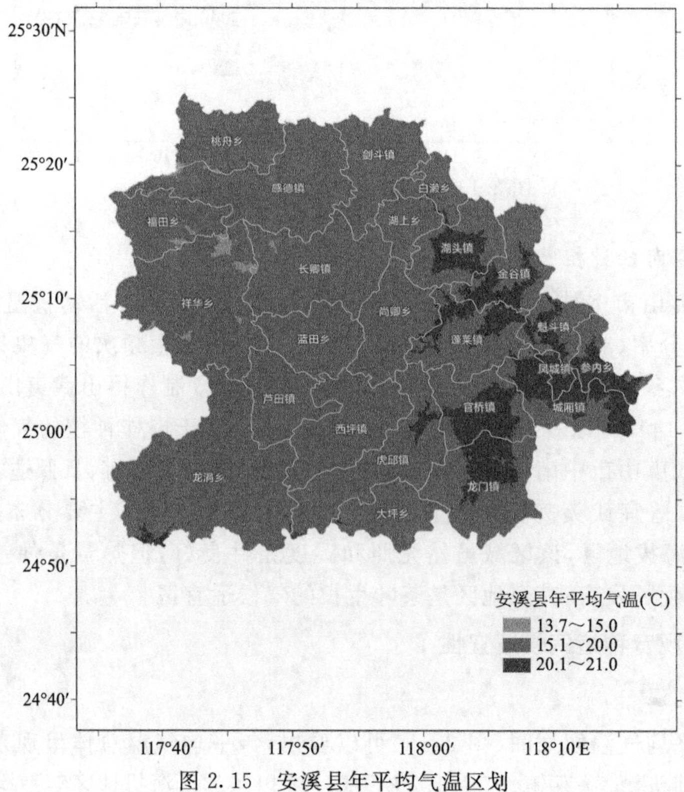


图 2.15　安溪县年平均气温区划

热量条件较适宜铁观音茶生长发育，但温度偏高对优质茶叶的形成较为不利；安溪县西北部高海拔的零星地区年平均气温在 12～15 ℃，热量条件适宜铁观音茶的生长发育；其余大部分地区年平均气温在 15～20 ℃，热量条件非常适宜铁观音茶生长发育和生产优质茶。

（二）≥10 ℃年活动积温

从安溪县≥10 ℃年活动积温区划图（图 2.16）可以看出，≥10 ℃年活动积温总体基本呈现自东向西递减的分布特征。东部的大部分地区以及福田乡中部、桃舟乡东部部分地区、祥华乡西北部和南部部分地区、龙涓乡西南部和东部、大坪乡西南部等地的≥10 ℃年活动积温超过 6500 ℃，较适宜铁观音茶生长发育，但温度偏高对优质茶叶的形成较为不利；桃舟乡与感德镇交界处、福田乡南部、祥华乡北部、西南部和东南部、感德镇中部、长坑乡西北部等地的≥10 ℃年活动积温在 4000～5500 ℃，热量条件适宜铁观音茶生长发育；其余地区≥10 ℃年活动积温在 5500～6500 ℃，热量条件非常适宜铁观音茶生长发育和优质茶的形成。

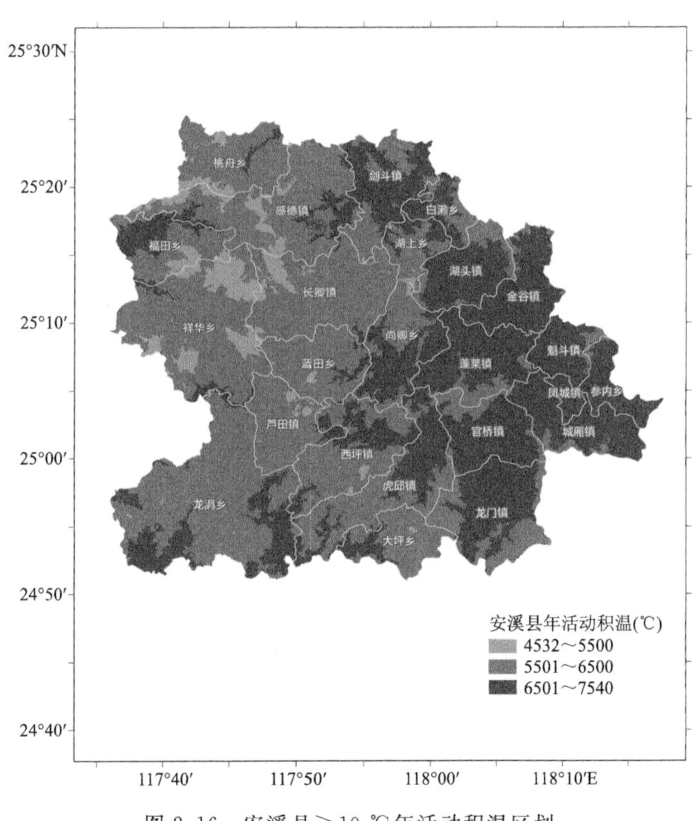


图 2.16　安溪县≥10 ℃年活动积温区划

（三）3—10 月平均相对湿度

从安溪县历年[①] 3—10 月平均相对湿度区划图（图 2.17）可以看出，3～10 月平均相对湿度总体呈现自西北部向东南部递减的趋势，全县 3—10 月平均相对湿度在 70%～80%，湿度条件适宜铁观音茶的生长发育和品质提高。

① 历年指 1991—2020 年，下同。

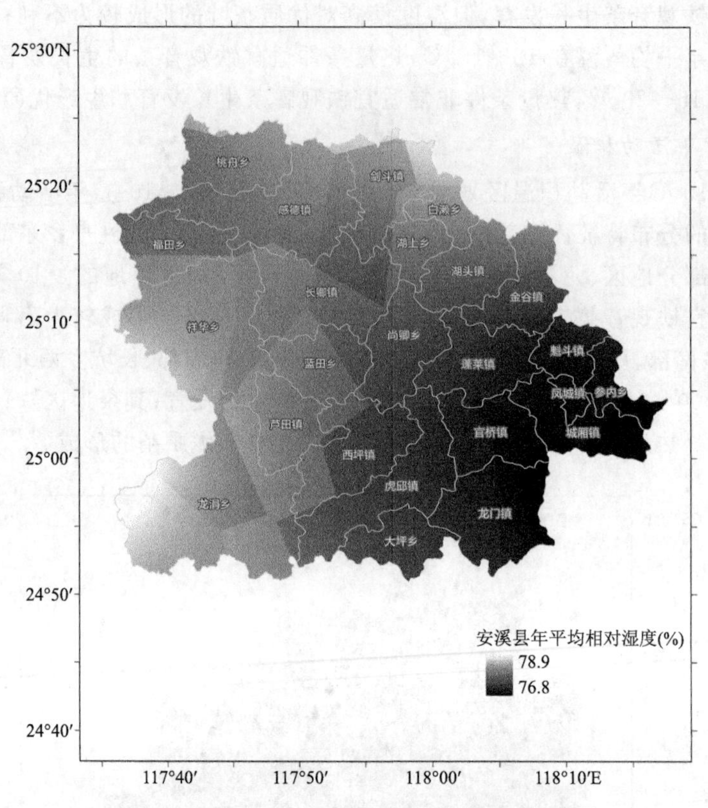

图 2.17　安溪县历年 3—10 月平均相对湿度区划

(四)3—4 月极端最低气温≤4 ℃年平均发生频次

从安溪县 3—4 月极端最低气温≤4 ℃年平均发生频次区划图(图 2.18)可以看出,极端最低气温≤4 ℃年平均发生频次总体呈现自西向东递减的趋势。湖头镇中部、金谷镇西南部、蓬莱镇北部、魁斗镇中西部、参内乡中南部、凤城镇大部、城厢镇中北部和东南部、官桥镇中部、龙门镇北部等地的 3—4 月极端最低气温≤4 ℃年平均发生频次在 1 次以下,春季寒冻害的发生概率低;安溪县西部的大部分地区 3—4 月极端最低气温年平均频次在 5～15 次,春季寒冻害会不同程度对铁观音茶造成危害;其余地区 3—4 月极端最低气温≤4 ℃年平均发生频次在 1～5 次,春季寒冻害相对较轻。

(五)年日照百分率

从安溪县年日照百分率区划图(图 2.19)可以看出,年日照百分率总体呈现自东南向西北递减的趋势。全县年日照百分率在 40%～41.7%,日照百分率均在 50%以下,光照条件总体适宜铁观音茶的生长发育;尤其是西北部部分地区的年日照百分率低于 40%,光照条件非常适宜铁观音茶的生长发育和优质品质的形成。

(六)安溪县铁观音种植气候适宜性

根据影响安溪铁观音茶生长发育的年平均气温、≥10 ℃年活动积温、3—10 月平均相对湿度、年日照百分率、3—4 月极端最低气温≤4 ℃年平均发生频次的气象指标及贡献权重,计算安溪县不同乡镇的气候适宜性指数，基于 GIS 制作得出安溪县铁观音茶气候适宜性区划图

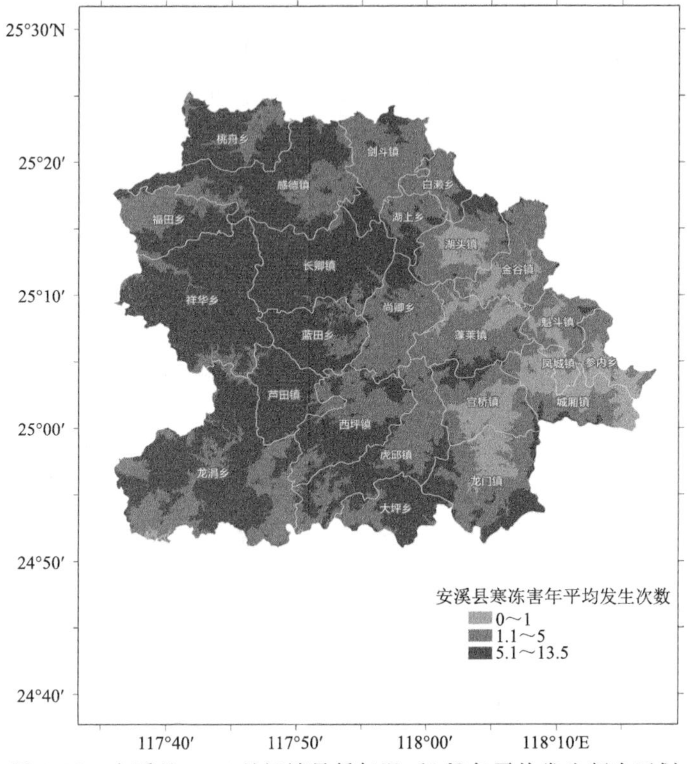


图 2.18　安溪县 3—4 月极端最低气温≤4 ℃年平均发生频次区划

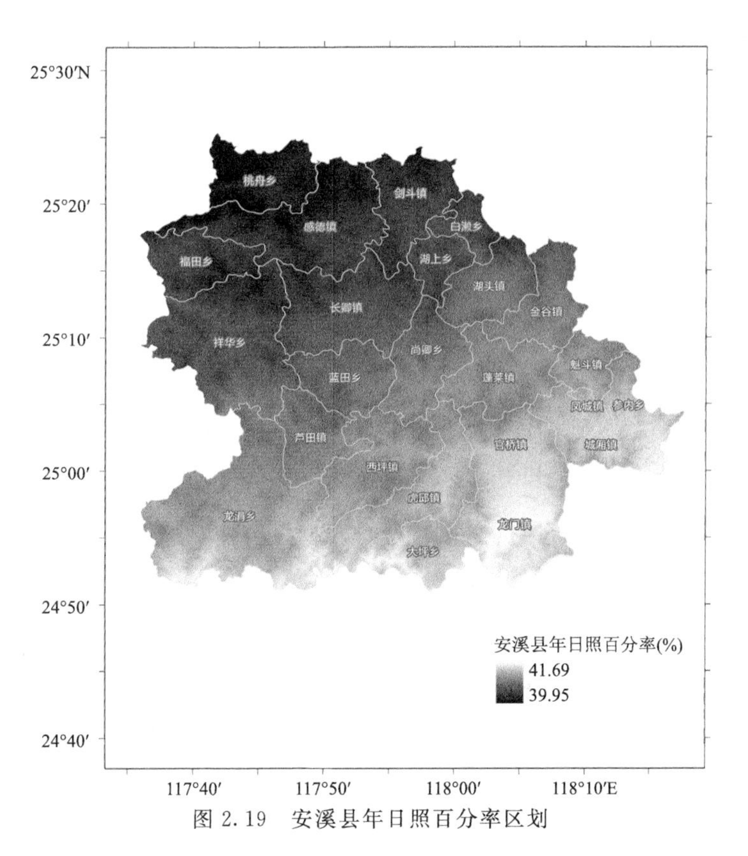


图 2.19　安溪县年日照百分率区划

(图 2.20),可以看出,安溪县除东部部分地区外,绝大部分地区属于铁观音种植的气候最适宜区,该区域虽然春季寒冻害发生次数较多,但热量条件总体适宜,湿度和光照条件优良,总体非常适宜茶叶的生长发育;适宜区和次适宜区主要集中在安溪县东部,该区域春季寒冻害发生概率低,热量条件较好,光照和湿度条件达到适宜以上,总体较适宜茶叶的生长发育;同时无铁观音茶种植不适宜区。

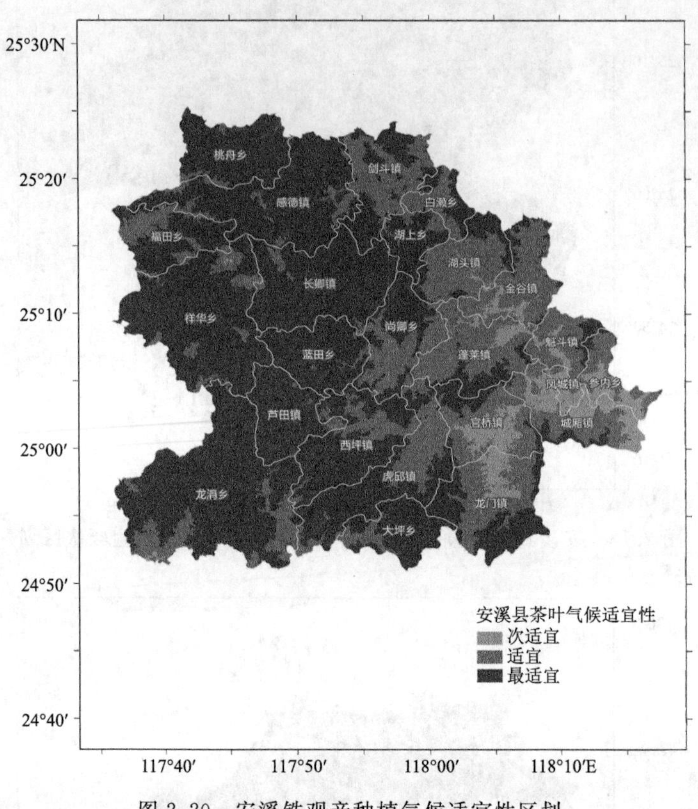


图 2.20　安溪铁观音种植气候适宜性区划

### 三、福鼎市白茶种植气候适宜性

#### (一)年平均气温

从福鼎市年平均气温区划图(图 2.21)可以看出,福鼎市年平均气温在 15～20 ℃,热量条件非常适宜白茶的生长发育,有利于优质白茶的形成。

#### (二)≥10 ℃年活动积温

从福鼎市≥10 ℃年活动积温区划图(图 2.22)可以看出,≥10 ℃年活动积温总体呈现出自中部沿海和西南部沿海地区向四周递减的趋势。中部沿海、西南部沿海、磻溪镇南部、嵛山镇沿海等地的≥10 ℃年活动积温超过 6500 ℃,热量条件较适宜白茶生长发育,但温度偏高对优质白茶的形成较为不利;管阳镇中部、磻溪镇西部等地的≥10 ℃年活动积温在 4000～5500 ℃,热量条件适宜白茶生长发育;其余地区≥10 ℃年活动积温在 5500～6500 ℃,热量条件最适宜白茶的生长发育和优质茶的形成。

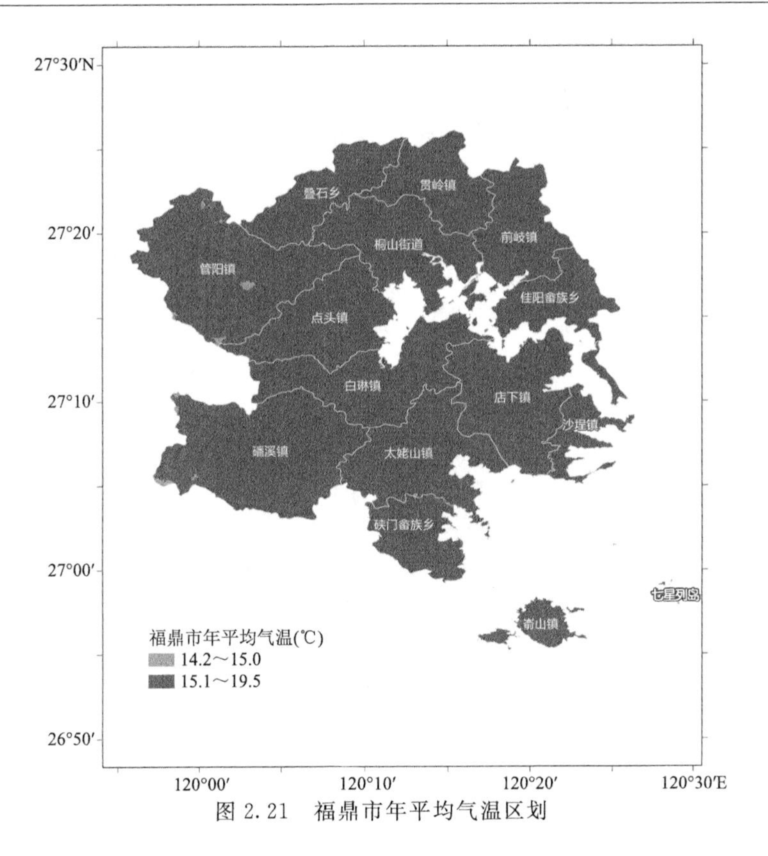


图 2.21　福鼎市年平均气温区划

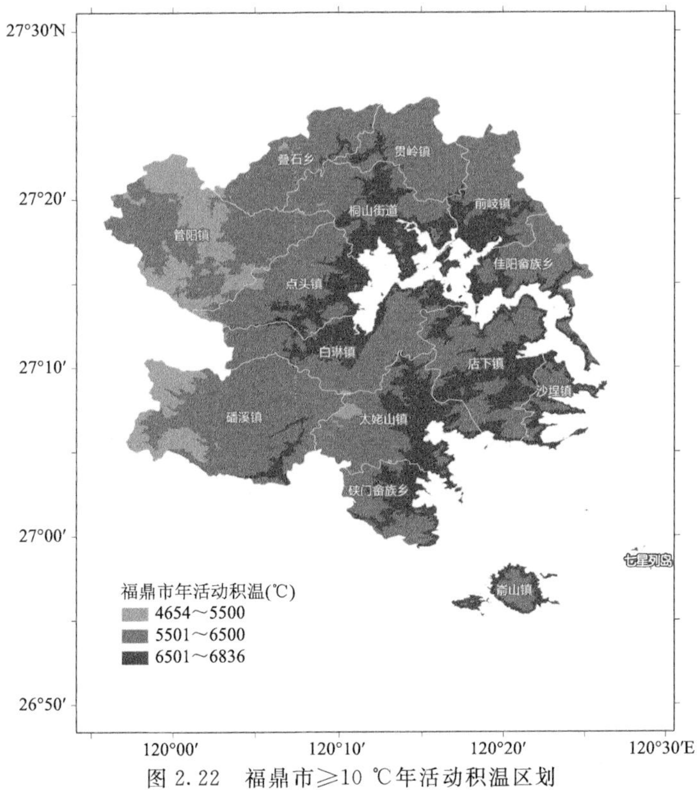


图 2.22　福鼎市≥10 ℃年活动积温区划

(三)3—10 月平均相对湿度

从福鼎市历年 3—10 月平均相对湿度区划图(图 2.23)可以看出,3—10 月平均相对湿度以管阳镇西部、磻溪镇西北部最高,3—10 月平均相对湿度超过 80%,湿度条件非常适宜白茶的生长发育和优质茶的形成;其余地区的 3—10 月平均相对湿度在 70%~80%,湿度条件适宜白茶的生长发育。

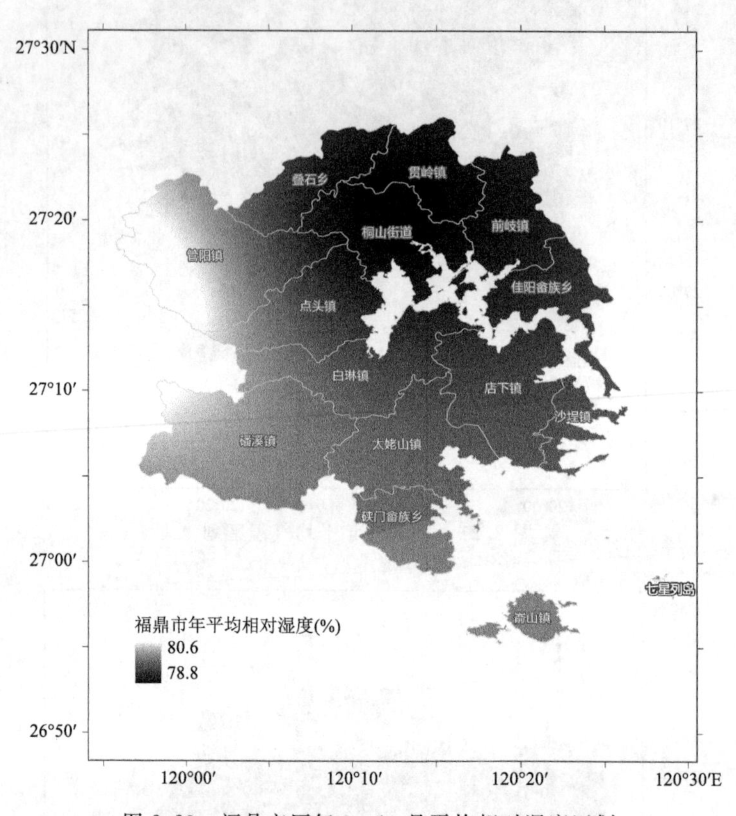


图 2.23 福鼎市历年 3—10 月平均相对湿度区划

(四)3—4 月极端最低气温≤4 ℃年平均发生频次

从福鼎市 3—4 月极端最低气温≤4 ℃年平均频次区划图(图 2.24)可以看出,极端最低气温≤4 ℃年平均发生频次以管阳镇大部、叠石乡西部和北部、贯岭镇东北部、前岐镇东南部、磻溪镇中西部、秦屿镇西部、白琳镇南部等地为最高,年平均发生频次在 5~15 次,春季寒冻害会不同程度对白茶造成危害;其余地区 3—4 月极端最低气温≤4 ℃年平均频次在 1~5 次,春季寒冻害对白茶的影响相对较轻。

(五)年日照百分率

从福鼎市年日照百分率区划图(图 2.25)可以看出,年日照百分率总体呈现自东南向西北递减的趋势。全市年日照百分率在 36.6%~38.2%,日照百分率均在 40%以下,光照条件非常适宜白茶生长发育和优良品质的形成。

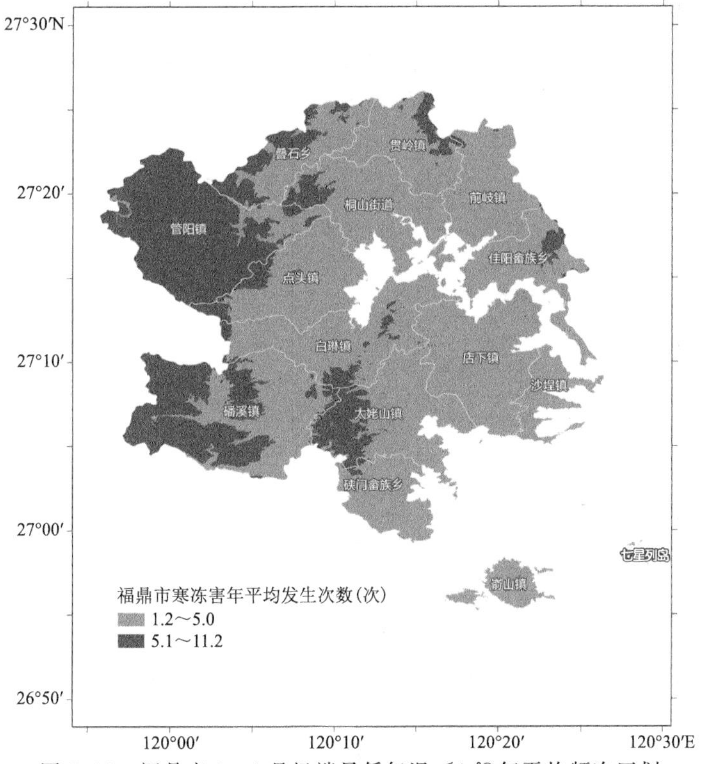


图 2.24　福鼎市 3—4 月极端最低气温≤4 ℃年平均频次区划

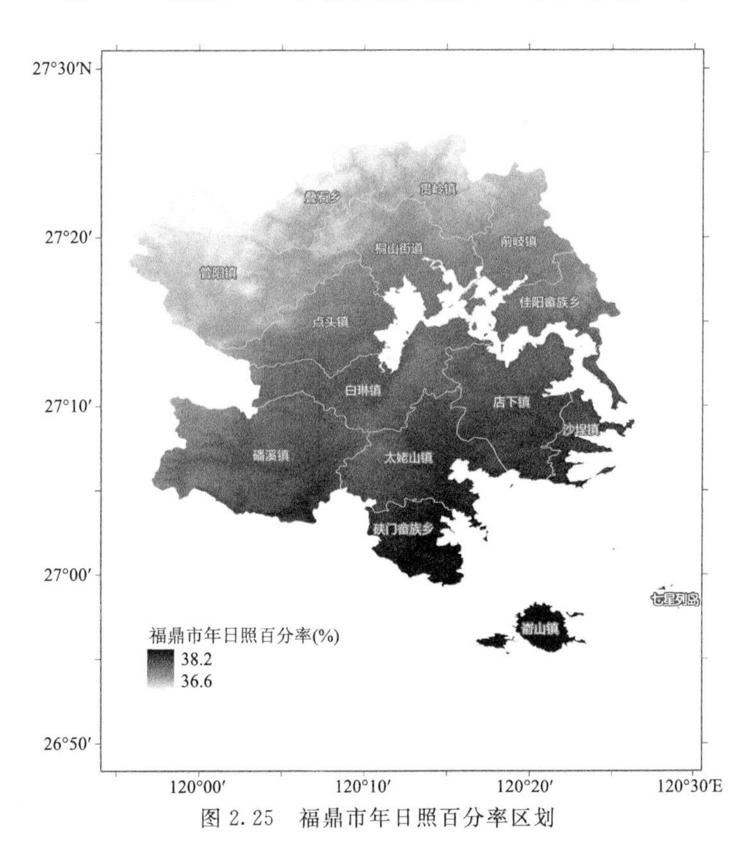


图 2.25　福鼎市年日照百分率区划

(六)福鼎市白茶种植气候适宜性

根据影响福鼎白茶生长发育的年平均气温、≥10 ℃年活动积温、3—10月平均相对湿度、年日照百分率、3—4月极端最低气温≤4 ℃年平均发生频次的气象指标及影响权重，计算福鼎市不同乡镇的气候适宜性指数，基于GIS制作的福鼎白茶气候适宜性区划图(图2.26)，可以看出，福鼎市热量和光照条件非常适宜、湿度高、春季寒冻害发生频率较低，白茶种植气候适宜性等级都在适宜以上，大部分地区属于白茶气候最适宜区，非常适宜白茶的生长发育和优质品质的形成。

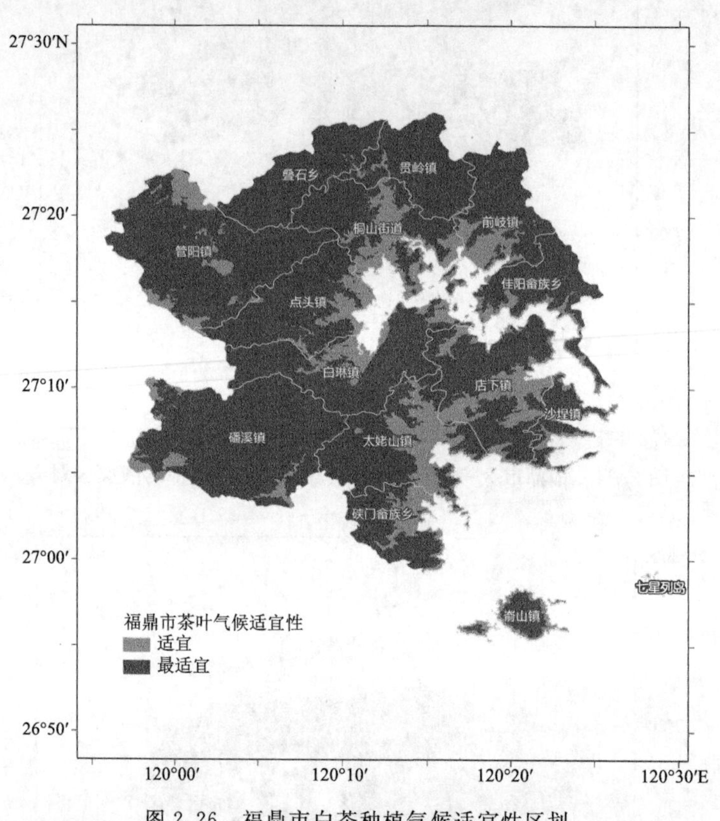


图2.26 福鼎市白茶种植气候适宜性区划

## 四、福州市绿茶种植气候适宜性

(一)年平均气温

从福州市年平均气温区划图(图2.27)可以看出，年平均气温总体呈现自东南部向西北部递减的趋势。闽侯县中东部、福州市辖区东部和西南部、长乐区大部、永泰县中东部、福清市大部的年平均气温在20～25 ℃范围内，较适宜绿茶茶树生长发育，但温度偏高对优质绿茶的形成较为不利；其余绝大部分地区的年平均气温在15～20 ℃，热量条件最适宜"福云6号"等绿茶茶树的生长发育和优质茶的形成。

(二)≥10 ℃年活动积温

从福州市≥10 ℃年活动积温区划图(图2.28)可以看出，≥10 ℃年活动积温总体呈现自东南部向西北部递减的趋势，福州市西北部地区的年活动积温较东南部地区更适宜绿茶品质

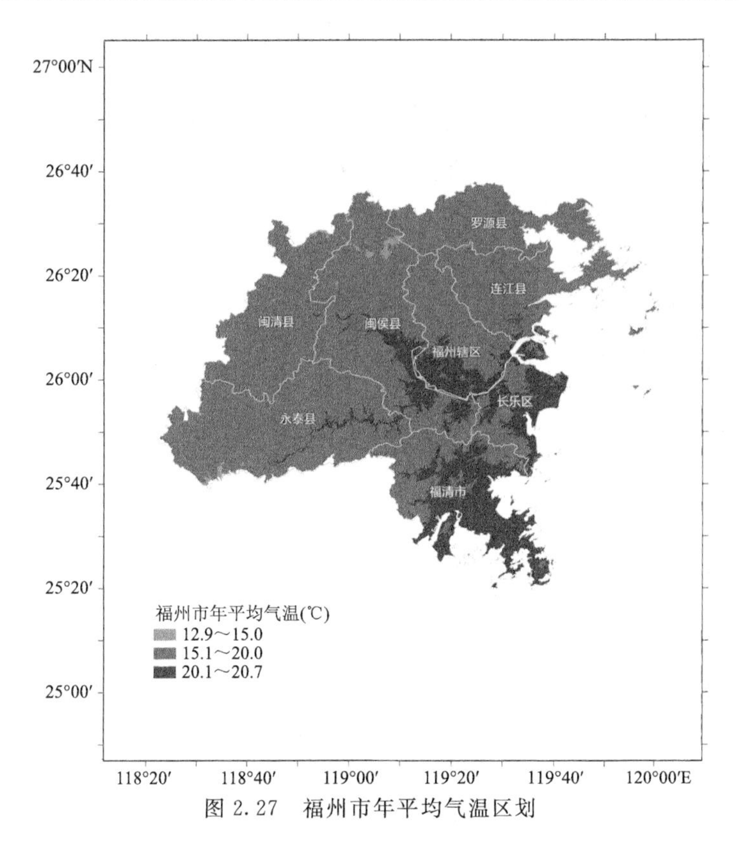


图 2.27　福州市年平均气温区划

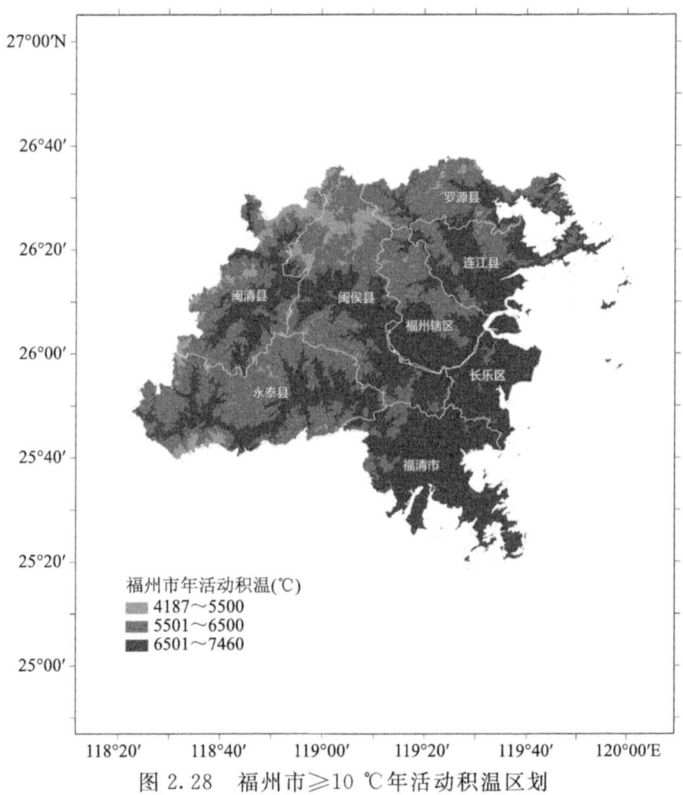


图 2.28　福州市≥10 ℃年活动积温区划

的提高。罗源县西部和东部、连江县大部、闽侯县中南部、闽清县中部、永泰县大部、福清市大部、福州市辖区南部和长乐区等地≥10 ℃年活动积温超过 6500 ℃，属于绿茶生长次适宜区，较适宜绿茶生长，但温度偏高对优质绿茶的形成较为不利；闽清县西部和北部、闽侯县中部、永泰县西南部等地的零星地区≥10 ℃年活动积温在 4000～5500 ℃，热量条件适宜绿茶的生长发育；其余地区≥10 ℃年活动积温在 5500～6500 ℃，热量条件最适宜绿茶的生长发育和优质茶的形成。

（三）3—10 月平均相对湿度

从福州市历年 3—10 月平均相对湿度区划图（图 2.29）可以看出，3—10 月平均相对湿度以罗源县、连江县、福州市辖区东部、福清市东南部等地最高，3—10 月年平均相对湿度超过 80％，湿度条件非常适宜“福云 6 号”等绿茶茶树的生长发育和优质绿茶的形成；其余地区的 3—10 月平均相对湿度在 70％～80％，湿度条件适宜绿茶茶树的生长发育。

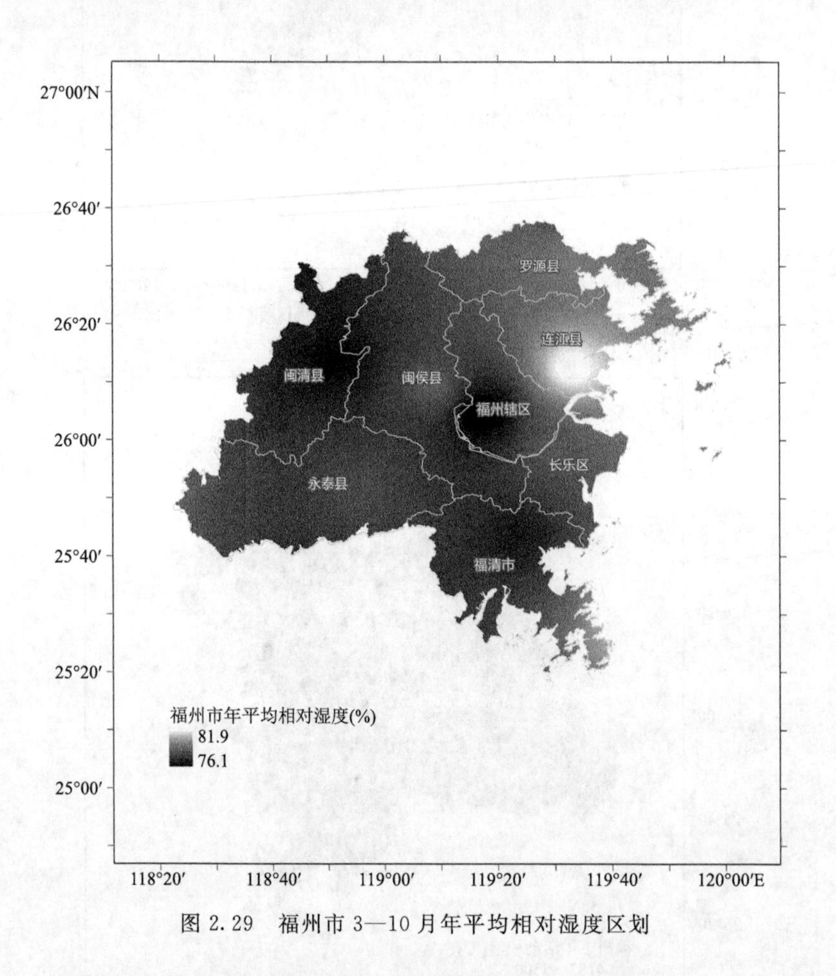


图 2.29　福州市 3—10 月年平均相对湿度区划

（四）3—4 月极端最低气温≤4 ℃的年平均频次

从福州市 3—4 月≤4 ℃极端最低气温年平均频次区划图（图 2.30）可以看出，极端最低气温≤4 ℃年平均发生频次以罗源县东部、连江县南部和东北部、福州市辖区东部和南部、长乐区大部、福清市大部、闽侯县中东部和南部、闽清县中东部、永泰县中东部等地最低，年平均发生频次在 1 次以下，春季寒冻害发生概率低；福州市北部和西部的大部分地区的 3—4 月极端最低气温≤4 ℃年平均发生频次在 1～5 次，春季寒冻害相对较轻；其余地区的 3—4 月极端最低气温≤4 ℃年平均发生频次在 5～15 次，寒冻害会不同程度对萌芽至展叶期的春茶造成危害。

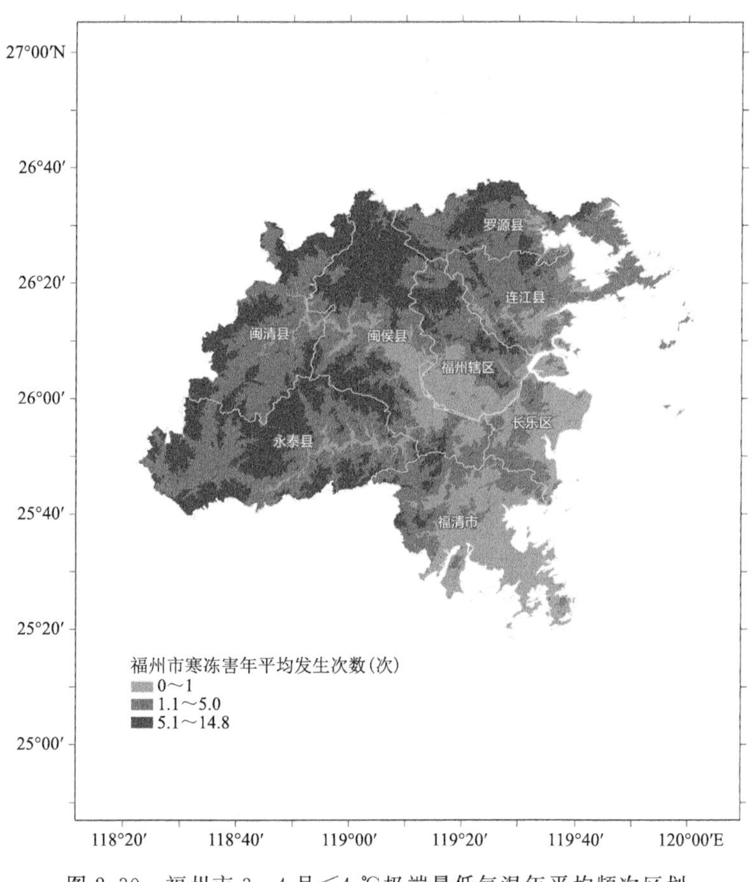


图 2.30　福州市 3—4 月≤4 ℃极端最低气温年平均频次区划

(五)年日照百分率

从福州市年日照百分率区划图(图 2.31)可以看出，年日照百分率总体呈现自东南向西北递减的趋势。全市年日照百分率在 37.9%～41.6%，除福清市外，其余大部地区日照百分率在 40%以下，光照条件处于茶树适宜生长发育范围，有利于绿茶生长发育。

(六)福州市绿茶种植气候适宜性

根据影响福州市绿茶茶树生长发育的年平均气温、≥10 ℃年活动积温、3—10 月平均相对湿度、年日照百分率、3—4 月极端最低气温≤4 ℃年平均发生频次的气象指标及影响权重，计算福州市不同乡镇的气候适宜性指数，基于 GIS 制作得出福州绿茶气候适宜性区划图(图 2.32)，可以看出，福州市绝大部分地区的绿茶种植气候适宜性等级在适宜以上，绿茶种植最适宜气候区主要分布在福州市北部和西部，该区域热量条件总体优良、日照适宜、湿度较高，虽然春季有寒冻害发生，但总体上非常适宜“福云 6 号”等绿茶茶树的生长发育；气候适宜区分布在福州市东部区域，该区域湿度较大、日照适宜、春季寒冻害发生频次较少，虽然存在绿茶茶树生

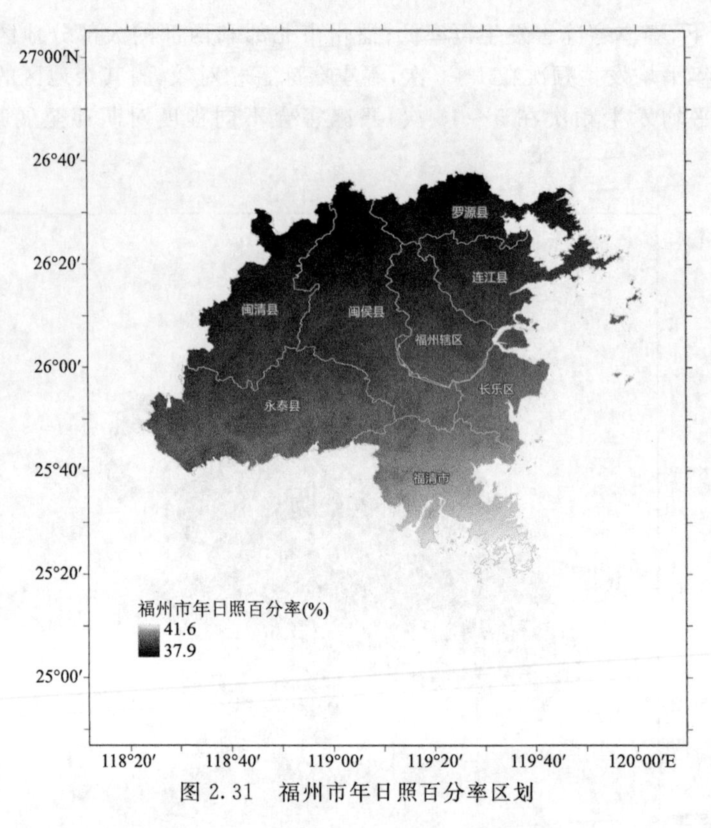


图 2.31　福州市年日照百分率区划

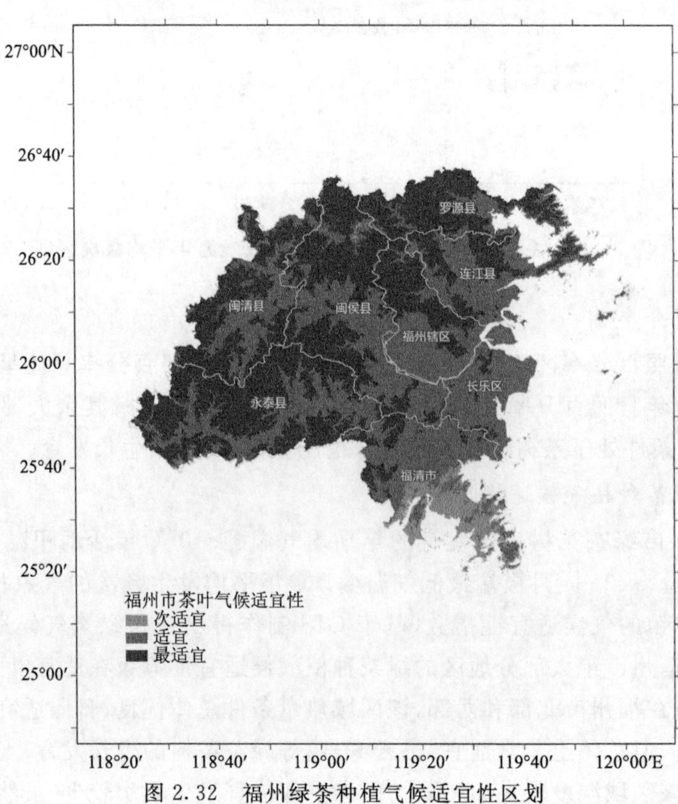


图 2.32　福州绿茶种植气候适宜性区划

长发育的温度偏高的情况，但总体上光温水条件适宜绿茶茶树的生长发育；次适宜区主要分布在福州市东南部沿海，该区域相对茶树生长发育的适宜气象条件，存在温度偏高、日照百分率偏大的不利条件，也存在湿度适宜、春季寒冻害很少发生的有利条件，因此，该区气候条件对茶树生长发育有利有弊，属于绿茶种植次适宜区域；福州市不存在绿茶茶树种植的气候不适宜区。

# 第三章　茶叶气象灾害风险

## 第一节　茶叶致灾危险性评估方法

### 一、构建茶叶气象灾害风险指标体系

通过福建茶树致灾因子危险性分析，越冬期冻害、萌芽期冻害、采摘期连阴雨、夏秋旱、冰雹、暴雨洪涝、高温和冰雹均不同程度对茶树造成灾害，但有些致灾因子如冰雹发生频次较少，且影响是局部的，而茶树大部分种植在丘陵山坡地上，暴雨影响不是太大，因此，对福建茶树构成威胁的主要气象灾害是冬季冻害、春茶萌芽至采摘期寒冻害、采摘期连阴雨、夏秋旱和夏季高温热害，所以在考虑茶树气象灾害致灾因子时，确定以越冬期冻害、萌芽至采摘期寒冻害、采摘期连阴雨、夏秋旱和夏季高温作为致灾因子危险性指标；并通过查阅大量文献以及走访茶叶专家，对茶树不同气象灾害指标进行分级。

### 二、确定茶叶气象灾害风险区划指标权重

在茶叶气象灾害风险区划指标体系当中，每个指标对综合风险所起的作用大小不同，如何客观、合理地反映各风险指标的重要性，是风险评估结果是否符合客观实际的关键所在，因此，风险区划指标权重确定是风险区划和评估方法中的关键技术。

采用层次分析法（AHP 法）和熵权系数法的综合应用确定风险评估指标权重。首先采用层次分析法确定风险评估指标的主观权重，再利用熵权系数法确定风险评估指标的客观权重，最后融合主观权重和客观权重，得出主客观权重值作为风险评估指标综合权重值。

*（一）层次分析法*

层次分析法是美国运筹学者 T. L. Saaty 在 20 世纪 70 年代提出的一种将定性和定量相结合的主观赋权方法。它是指在进行综合决策时，将面临的复杂问题划分为多个层次和多个因素，基于问题本身的数据资料和专家的评价依据，把各层评价指标之间的重要程度进行两两对比，并根据标度法规定的标度量化后，将比较结果 $b_{jk}(j,k=1,2,\cdots,n)$ 写成 $n\times n$ 阶矩阵 $\boldsymbol{B}$ 的形式，构造出各评价指标的判断矩阵，通过计算判断矩阵的最大特征值及与之对应的特征向量，即可确定不同评价指标的主观权重。与熵权法相比，使用这种方法进行决策时，所需定量数据资料相对较少，简洁实用。

$$\boldsymbol{B}=(b_{jk})n\times n=\begin{pmatrix} b_{11} & \cdots & b_{1n} \\ \vdots & \ddots & \vdots \\ b_{n1} & \cdots & b_{nn} \end{pmatrix} \tag{3.1}$$

式中，$b_{jk}$ 表示第 $j$ 项评价指标与第 $k$ 项评价指标二者相比的重要程度，为将结果以数字的形式表示出来，采用 1～9 比例标度法，其比例标度及含义如表 3.1 所示。

**表 3.1　判断矩阵的比例标度及含义**

| 标度 | 含义 |
| --- | --- |
| 1 | 表示指标 $j$ 与指标 $k$ 相比，$j$ 与 $k$ 同等重要 |
| 3 | 表示指标 $j$ 与指标 $k$ 相比，$j$ 比 $k$ 稍显重要 |
| 5 | 表示指标 $j$ 与指标 $k$ 相比，$j$ 比 $k$ 明显重要 |
| 7 | 表示指标 $j$ 与指标 $k$ 相比，$j$ 比 $k$ 强烈重要 |
| 9 | 表示指标 $j$ 与指标 $k$ 相比，$j$ 比 $k$ 极端重要 |
| 1/3 | 表示指标 $j$ 与指标 $k$ 相比，$j$ 比 $k$ 稍显不重要 |
| 1/5 | 表示指标 $j$ 与指标 $k$ 相比，$j$ 比 $k$ 明显不重要 |
| 1/7 | 表示指标 $j$ 与指标 $k$ 相比，$j$ 比 $k$ 强烈不重要 |
| 1/9 | 表示指标 $j$ 与指标 $k$ 相比，$j$ 比 $k$ 极端不重要 |

主观权重的计算采用“方根法”对判断矩阵 $\boldsymbol{B}$ 进行归一化处理。具体步骤如下：

首先，计算判断矩阵 $\boldsymbol{B}$ 每一行的乘积：

$$M_j = \prod_{k=1}^{n} b_{jk} \qquad (k = 1,2,\cdots,n) \tag{3.2}$$

其次，计算 $M_j$ 的 $n$ 次方根：

$$\overline{\omega_j} = \sqrt[n]{M_j} \qquad (j=1,2,\cdots,n) \tag{3.3}$$

最后，对 $\overline{\omega_j}$ 作归一化处理得到 $\omega_j$：

$$\omega_j = \frac{\overline{\omega_j}}{\sum_{j=1}^{n} \overline{\omega_j}} \qquad (j = 1,2,\cdots,n) \tag{3.4}$$

在专家构造判断矩阵对各项评价指标进行打分时，不可避免地会出现认知上的不统一，因此，矩阵需要经过一致性检验，才能判断是否具有可行性。

首先，求出判断矩阵 $\boldsymbol{B}$ 的最大特征值 $\lambda_{\max}$：

$$\lambda_{\max} = \frac{1}{n} \sum_{j=1}^{n} \frac{b_j\omega}{\omega_j} \quad (j = 1,2,\cdots,n) \tag{3.5}$$

$b_j\omega$ 是向量 $\overline{\omega_j}$ 的第 $j$ 个分量。即：

$$\lambda_{\max} = \frac{1}{n} \sum_{j=1}^{n} \frac{\sum_{k=1}^{n} b_{jk}\omega_k}{\omega_j} \quad (j,k = 1,2,\cdots,n) \tag{3.6}$$

然后，计算一致性指标 CI：

$$\mathrm{CI} = \frac{\lambda_{\max} - n}{n - 1} \tag{3.7}$$

最后，查表 3.2 找出相应阶数的平均随机一致性指标 RI，计算一致性比率 CR。

$$\mathrm{CR} = \frac{\mathrm{CI}}{\mathrm{RI}} \tag{3.8}$$

当一致性比率 $\mathrm{CR} < 0.1$ 时，认为判断矩阵基本符合随机一致性指标；当 $\mathrm{CR} \geqslant 0.1$ 时，则认为判断矩阵不符合（或近似符合）随机一致性指标，必须对该矩阵进行调整使其满足 $\mathrm{CR} < 0.1$。

**表 3.2 1～15 阶的平均随机一致性指标**

| 阶数($n$) | 1 | 2 | 3 | 4 | 5 | 6 | 7 | 8 |
|---|---|---|---|---|---|---|---|---|
| RI | 0 | 0 | 0.58 | 0.90 | 1.12 | 1.24 | 1.32 | 1.41 |
| 阶数($n$) | 9 | 10 | 11 | 12 | 13 | 14 | 15 | |
| RI | 1.45 | 1.49 | 1.52 | 1.54 | 1.56 | 1.58 | 1.59 | |

(二)熵权法

熵权法是根据各评价指标特征值所提供的信息量的多少,决定各指标权重大小的一种客观赋权方法。这种赋权方法在一定程度上可以避免人为因素的干扰,使结果更加符合客观情况,确保建立的指标能够反映绝大部分的原始信息。

首先,设有 $n$ 个评估单元,每个评估单元有 $m$ 个评价指标,则评价指标特征值的矩阵 $\boldsymbol{X}$ 如下。

$$X_{ij}=\begin{bmatrix} X_{11} & \cdots & X_{1n} \\ \vdots & \ddots & \vdots \\ X_{m1} & \cdots & X_{mn} \end{bmatrix} \quad (i=1,2,\cdots,m;j=1,2,\cdots,n) \tag{3.9}$$

然后,按照参与评价的各项指标值越大风险越高型式(3.10)和指标值越小风险越高型式(3.11)对式(3.9)中的特征值进行归一化处理。

$$X'_{ij}=(X_{ij}-\min(X_{ij}))/(\max(X_{ij})-\min(X_{ij})) \tag{3.10}$$

$$X'_{ij}=(\max(X_{ij})-X_{ij})/(\max(X_{ij})-\min(X_{ij})) \tag{3.11}$$

式(3.10)、式(3.11)中,$\max(X_{ij})$、$\min(X_{ij})$分别代表第 $i$ 个评价指标第 $j$ 个评估单元的最大值、最小值。

归一化矩阵为

$$X'_{ij}=\begin{bmatrix} X'_{11} & \cdots & X'_{1n} \\ \vdots & \ddots & \vdots \\ X'_{m1} & \cdots & X'_{mn} \end{bmatrix} \tag{3.12}$$

计算第 $i$ 个评价指标在第 $j$ 个评价单元出现的特征值比重 $P_{ij}$

$$P_{ij}=X'_{ij}/\sum_{j=1}^{n}X'_{ij} \tag{3.13}$$

计算第 $i$ 个评价指标的熵 $e_i$

$$e_i=-\frac{1}{\ln(n)}\sum_{j=1}^{n}P_{ij}\ln(P_{ij}) \tag{3.14}$$

最后,计算第 $i$ 个评价指标的熵权重 $a_i$

$$a_i=(1-e_i)/\sum_{i=1}^{m}(1-e_i) \tag{3.15}$$

某个评价指标的信息熵越小,表明其指标值的变异程度越大,提供的信息量越大,在综合评价中所起的作用就越大,则该指标的权重也应越大;反之,某个指标的信息熵越大,表明其指标值的变异程度越小,提供的信息量越小,在综合评价中所起的作用就越小,则该指标的权重也应越小,所以可以根据各个指标值的变异程度,利用信息熵计算各指标的权重,为多指标综合评价提供可靠的依据。

（三）综合权重法

为了全面反映各评价指标的重要程度，考虑决策者的经验判断能力，将熵权法计算得到的客观权重 $a_i$ 与层次分析法计算出的主观权重 $\omega_i$ 相融合，求得主客观权重值作为风险评估最终的指标权重值，最终确定各指标的综合权重 $\sigma_i$。

$$\sigma_i = a_i\omega_i / \sum_{i=1}^{m} a_i\omega_i \tag{3.16}$$

### 三、计算评估单元风险指数

在确定各风险指标的权重后，根据式(3.17)计算各个评价对象的风险评估指数($\lambda_j$)。

$$\lambda_j = \sum_{i=1}^{m} \sigma_i P_{ij} \tag{3.17}$$

### 四、建立茶叶气象灾害风险区划模型

由于气象灾害危险性评估指数是基于评估单元(县)气象测站单点观测值计算出来的，属点状数据，未能精细反映评估单元(县)内其他点的风险情况。因此，利用 GIS 技术进行地理插值推算，将点状数据演变为面状格网数据，解决无气象观测资料地区的风险指数计算问题，实现风险评估指数的空间连续分布；对其他评估因子采用基本单元值计算，以面上数据代表评估单元内的任一点数据。

应用多元回归建立茶叶致灾因子危险性评估指数与地理因子(经度 $X$、纬度 $Y$、海拔 $H$)关系的地理推算模型，利用 GIS 按照模型制作风险指数分布图。

### 五、划分茶叶气象灾害风险指标等级

风险评估值的分级是根据一定的方法或标准把风险指标值所组成的数据集划分不同的子集，借以凸显指标间的个体差异性。这种数据上的差异性是风险制图的基本依据。常用的等级划分方法有等间距分级、分位数分级、标准差分级和自然断点法等；其中等间距分级和分位数分级是一种等值分级法；而标准差分级和自然断点法是一种不等值分级方法。

### 六、制作茶叶气象灾害风险区划图

根据茶叶致灾因子指标等级划分标准，应用 GIS 技术将茶叶气象灾害各风险指标评估指数分布图进行划区，制作茶叶各气象灾害风险指数高低的精细分布图，供风险评估分析使用。

## 第二节　寒冻害

### 一、茶叶寒冻害气象指标

寒冻害是茶树的主要气象灾害。茶树不同树种、不同器官、不同发育期的抗低温能力不同，危害指标也有所不同。当温度降至 0 ℃以下时，茶树组织细胞结冰失水，细胞变形损伤死亡，由于细胞液外渗红变，冻害叶片呈现黄褐色，严重者枯焦呈火烧状。根据茶树生长季节，茶树寒冻害可分为越冬期冻害、春季萌芽至采摘期寒冻害，后者对当年春茶的产量和品质影响最大。

山地茶园的海拔、朝向、地块位置等差异都会对寒冻害程度产生影响。海拔高、气温低，处于风口的茶园易发生寒冻害；山顶茶园常会受到寒风吹袭，成为寒冻害发生的重灾区；山谷茶

园，受冷空气下沉堆积、不易扩散的影响，比坡地茶园更易受冻。

(一)越冬期冻害

茶树属亚热带喜温湿叶用植物，受生长特性的影响，其抗寒能力较弱，通常能承受的最低温度为－6～－18 ℃。灌木型品种相对较为耐寒，小叶种茶树最耐寒，在－10 ℃时才开始受冻，－12～－13 ℃时，嫩梢、芽叶受冻较重，叶缘发红变枯，使春茶减产，－15 ℃以下的低温，将使地上部大部分或全部冻枯；乔木型品种较为不耐寒，一般只忍耐－5 ℃左右低温，部分大叶种茶树在气温低于 0 ℃时即受冻害，－2 ℃时，芽叶冻害明显，－5 ℃以下时，将受冻枯死[39-42]。据杨如兴[42]测定，大部分福建茶树种质(品系)属同一个抗寒类型，其忍受的临界低温值为－9 ℃。

(二)萌芽至采摘期寒冻害

春季气温回升后，幼嫩芽叶萌发生长，茶树组织器官处于活动状态，抗冻能力降低，如果遇到 0 ℃以下的低温，幼嫩芽叶将严重冻伤而失去价值，往往给春季名优茶带来重大经济损失。春季气温回升，茶芽萌动之后，若气温急剧下降到 2～4 ℃时，茶芽即遭受霜冻害，如气温降到－2 ℃时，花芽就不能开放，降到－4～－5 ℃时，将因冻害而大部分死亡[43]。萌芽期遇－3 ℃以下低温，展叶期遇－2 ℃以下低温，一芽二叶期遇 0 ℃以下低温，均会使茶叶受冻[44]。

福建茶树春季萌芽至采摘期寒冻害对当年春茶的产量和品质影响大。春季茶树萌芽至展叶期寒冻害主要是晚霜冻，此时大地回春，茶芽开始萌发，有的早发芽品种已长至一芽一叶，若遇晚霜危害，轻则造成芽叶焦灼，产生“麻点”现象，重则造成成片已发萌芽叶焦枯，严重影响茶叶产量和质量。

**二、茶叶寒冻害个例**

(一)越冬期冻害

福建茶树越冬期曾发生过多次冻害。

1991 年 12 月 25—28 日，受强冷空气影响，建宁县气温剧降，城关地区极端最低气温达－12.8 ℃，西北部中高海拔区域极端最低气温在－15 ℃以下，且低温持续时间长，全县茶树冻害严重，海拔 500 m 以上的茶园冻害等级达 4～5 级，海拔 350 m 以下的茶园冻害也达 3～4 级，导致茶树叶片脱落、枝梢干枯、主枝和树干上部干缩，春茶所剩无几，夏秋茶减产幅度大、品质低下[45]。

1999 年 12 月 23 日，泰宁县极端最低气温达－8.7 ℃，－3～－7 ℃低温持续时间有 1 周，有霜期长达半个月之久，造成茶树难以抵抗长时间低温而受冻；尤其是福云系品种停采期延迟(10 月中旬停采)，新梢组织叶片幼嫩，树龄小的冻害程度达 1～2 级，树龄大的冻害程度达 3～4 级[46]。

1999 年 12 月 21—26 日，漳州市发生了大范围的降温天气(最低达 0.7 ℃)，连续 6 d 出现结冰和霜冻，大幅度的降温对茶树的生长造成很大伤害，导致茶树叶片干缩凋落甚至冻亡，严重影响茶叶的产量和茶树的生长[33]。

2009 年 1 月，安溪县出现霜冻，造成当年茶叶产量下降 10%左右[47]。

(二)春茶萌芽至采摘期寒冻害

福建春茶萌芽至采摘期常遭寒冻害。

2005 年入春后，福鼎市受强冷空气影响，气温偏低，特别是 2 月 26 日—3 月 7 日连续10 d

日平均气温≤10 ℃。3 月 12—14 日又出现寒潮天气，降温幅度达 8.1 ℃，极端最低气温－0.1 ℃，受其影响，2005 年福鼎市春茶产量 795 $kg/hm^2$，较 2003 年和 2004 年同期产量下降近 265 $kg/hm^2$[48]。

2005 年 2 月中旬，沙县气温比常年明显偏高，导致茶芽提早萌动。而 3 月气温又比常年明显偏低，3 月最低气温一度降至－4.2 ℃，这种温度前高后低的异常天气加重了冻害发生程度，全县近 6000 亩生产明前茶的特早芽主品种福云 6 号，福云 7 号，福鼎大毫等均遭受了严重冻害，据统计，当季茶（明前茶）产量不及上年同期 30%，其他早芽品种也受到了不同程度的冻害，冻害同时造成茶叶品质明显下降，严重影响了茶农的经济收益[48]。

2010 年 3 月 7—11 日，受低温霜冻天气影响，福建省茶园遭受前所未有的“倒春寒”灾害，全省超过 6 万 $hm^2$ 的茶树受到不同程度的冻害，受害最为严重的是闽东、闽北和闽西茶区，其中高海拔茶园受冻严重，直接影响春茶产量、品质和茶农收入，全省茶园受灾面积超过 100 万亩，尤其是高海拔茶区受灾严重、损失大，受害品种主要是福云 6 号、福鼎大毫茶、金观音（茗科 1 号）、黄观音和黄旦等一些早芽品种。3 月 9—11 日屏南县、周宁县和寿宁县等地的最低温度达－3～－5 ℃，早芽品种已一芽二、三叶，正值春茶采摘时期，茶树冻害后，芽叶出现干枯、坏死等不同程度的受害症状；高寒山区的早芽品种福云 6 号、金观音等几乎无春茶可采。据龙岩市农业部门统计，全市茶园总面积 20.5 万亩，受冻害面积达 15 万亩，估计直接导致春茶减产 2000 t（占春茶总产量的 1/3），直接经济损失达 2.4 亿元。福安市茶园不同程度受冻害影响，春茶嫩梢普遍受冻，尤其是中高海拔茶区第一轮春茶几乎绝收，经济损失惨重；宁德市茶园受灾面积达 50%以上，其中寿宁、周宁、屏南等山区县受灾面积高达 70%以上，最严重的是屏南县，春茶几乎绝收，全市因受冻灾影响造成的经济损失达到 4.6 亿元；安溪县 206 $hm^2$ 的高山茶受灾严重，全县茶园都受到不同程度影响[47,49-50]。

2015 年 4 月 14—15 日，福建西部和北部的大部分县（市）出现大幅降温，最低气温过程最大降幅超过 7 ℃，极端最低气温低至 2.4 ℃，高海拔地区出现有气象记录以来的最晚霜冻，此时正值福建中晚芽茶树品种展叶和采摘期，晚霜冻导致部分茶叶受灾甚至绝收，茶园普遍减产，如安溪县祥华乡春茶遭受严重晚霜冻，80%的茶青受冻致死。

2018 年 4 月 8 日，受北方强冷空气南下影响，南平市 10 个县（市、区）城区观测站极端最低气温在 0.3～6.9 ℃，以光泽县 0.3 ℃为最低；另有 21 个乡（镇）区域自动气象观测站最低气温低于 0 ℃以下，以政和县澄源乡－3.1 ℃为最低；武夷山市、浦城县、政和县、建阳区等春茶均有不同程度受冻，受冻品种有黄观音、凤凰单纵、八仙、丹桂、春兰、金观音、金牡丹、福云 6 号、梅占、铁观音、福大、菜茶、矮脚乌龙等，其中早熟品种“黄观音”冻害程度重于中晚熟品种“肉桂”[51]。

### 三、茶叶寒冻害风险分析与区划

#### （一）茶树越冬期冻害危险性

福建茶树种植有大叶种和中小叶种，其耐寒性不一样，在考虑茶树越冬期冻害危险性时，以较不耐寒的大叶种冻害临界指标作为起始指标；同时，部分特早芽品种 2 月中旬开始萌芽，所以，在考虑茶树越冬期冻害时间段时，截至 2 月上旬。

因此，综合考虑福建茶树的主要品种和生物学特性，确定以极端最低气温作为茶树越冬期冻害的表征指标，以 12 月上旬至次年 2 月上旬不同级别的极端最低气温出现频次来表征茶树越冬期不同程度的冻害危险性（表 3.3）。

表 3.3 茶树越冬期(12 月上旬至次年 2 月上旬)冻害等级指标

| 表征指标 | 风险指标 | | | |
|---|---|---|---|---|
| | 轻度 | 中度 | 重度 | 严重 |
| 极端最低气温($T_d$,℃) | $-5<T_d\leqslant 0$ | $-8<T_d\leqslant -5$ | $-10<T_d\leqslant -8$ | $T_d\leqslant -10$ |

1. 茶树越冬期不同等级冻害发生频次

图 3.1～图 3.4 为茶区评估单元气象观测点各个级别茶树越冬期冻害年平均发生频次。

茶区茶树越冬期轻度冻害年平均①发生频次在 0～20.7 次，泉州市辖区、厦门市、龙海市和漳浦县没有出现过轻度冻害，武夷山区和鹫峰山区县的年平均发生频次在 10 次以上，发生次数最多的县出现在寿宁县，政和县、建瓯市、古田县、顺昌县、将乐县、沙县、尤溪县、大田县、德化县、连城县的发生频次在 5～10 次，其余县市在 5 次以下(图 3.1)。

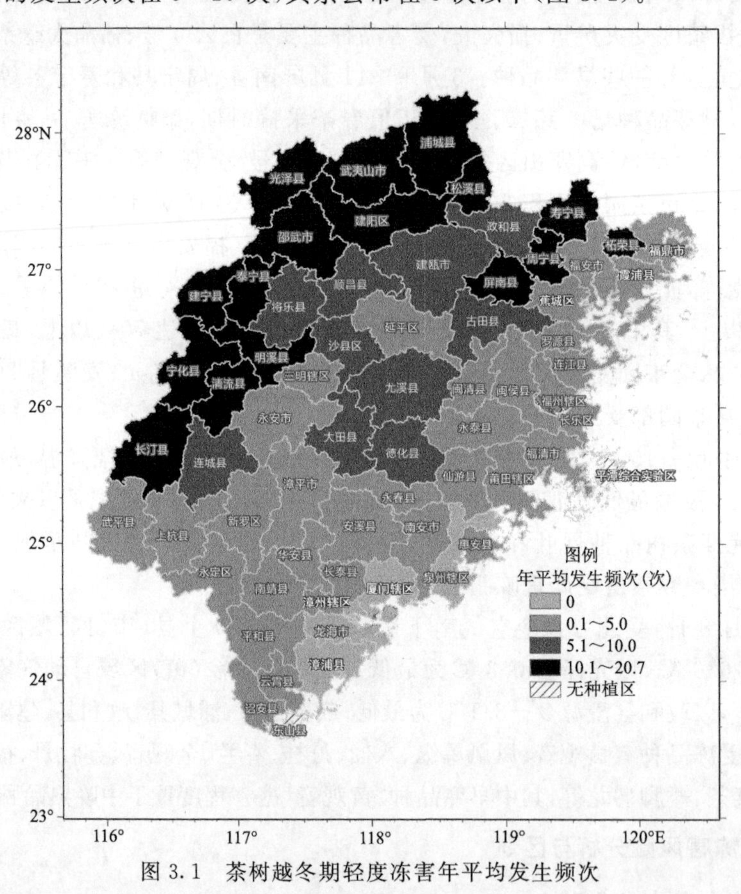


图 3.1 茶树越冬期轻度冻害年平均发生频次

茶区茶树越冬期中度冻害年平均发生频次在 0～2.5 次，东部大部县市没有出现中度冻害，大于 0.5 次的县市主要集中武夷山区和鹫峰山区，其中大于 1 次的县市有武夷山区的光泽县、建宁县、泰宁县和宁化县，鹫峰山区的屏南县、周宁县、寿宁县和柘荣县，最大值出现在建宁县；其余内陆县市的年平均发生频次在 0.5 次以下(图 3.2)。

① 年平均指 1991—2020 年的平均，下同。

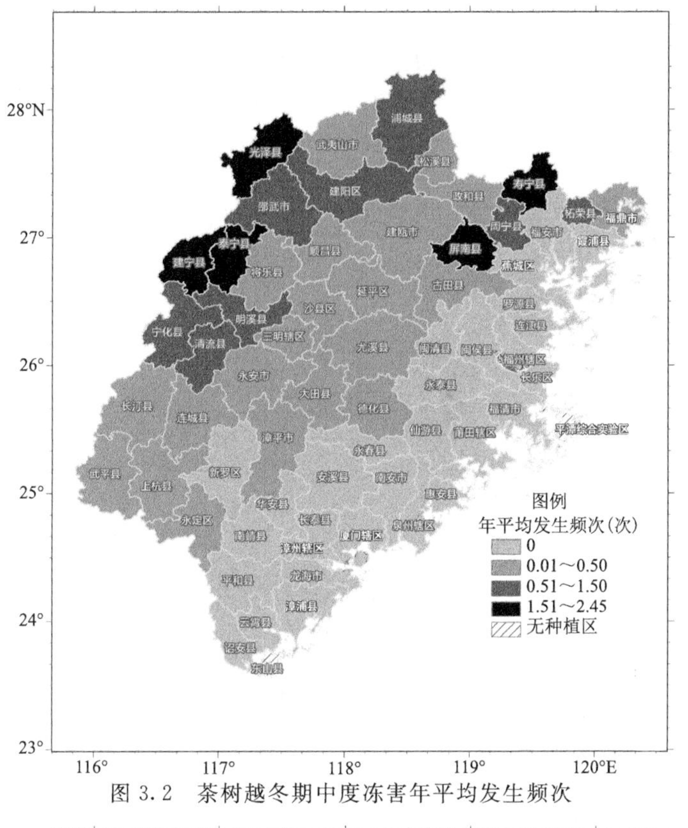


图 3.2　茶树越冬期中度冻害年平均发生频次

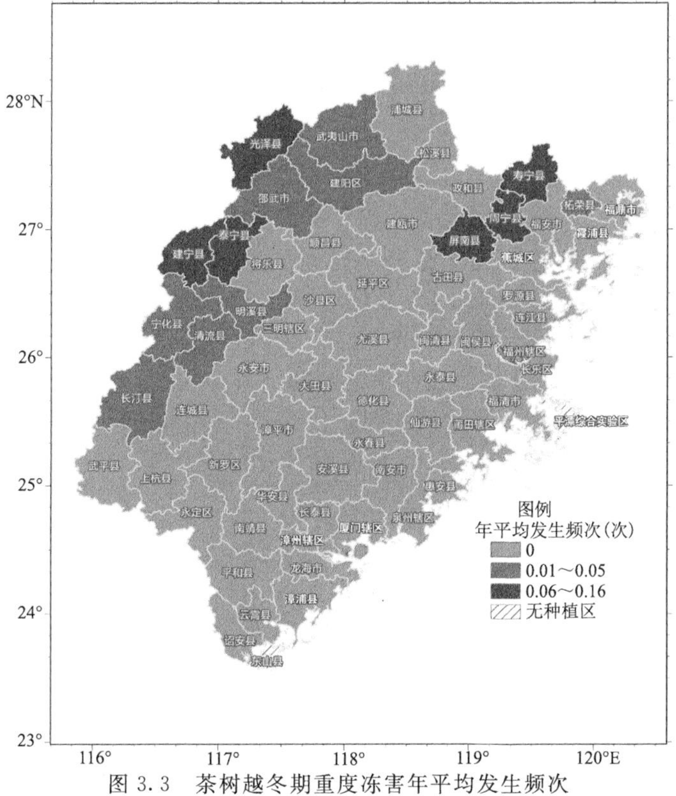


图 3.3　茶树越冬期重度冻害年平均发生频次

茶区茶树越冬期重度冻害年平均发生频次为 0～0.16 次，除武夷山区和鹫峰山区偶尔出现过重度冻害外，全省大部县市没有出现过重度冻害(图 3.3)。

茶区茶树越冬期严重冻害年平均发生频次为 0～0.05 次，只有泰宁县、建宁县和光泽县出现过严重冻害，且发生概率很小，其余县市均未出现过(图 3.4)。

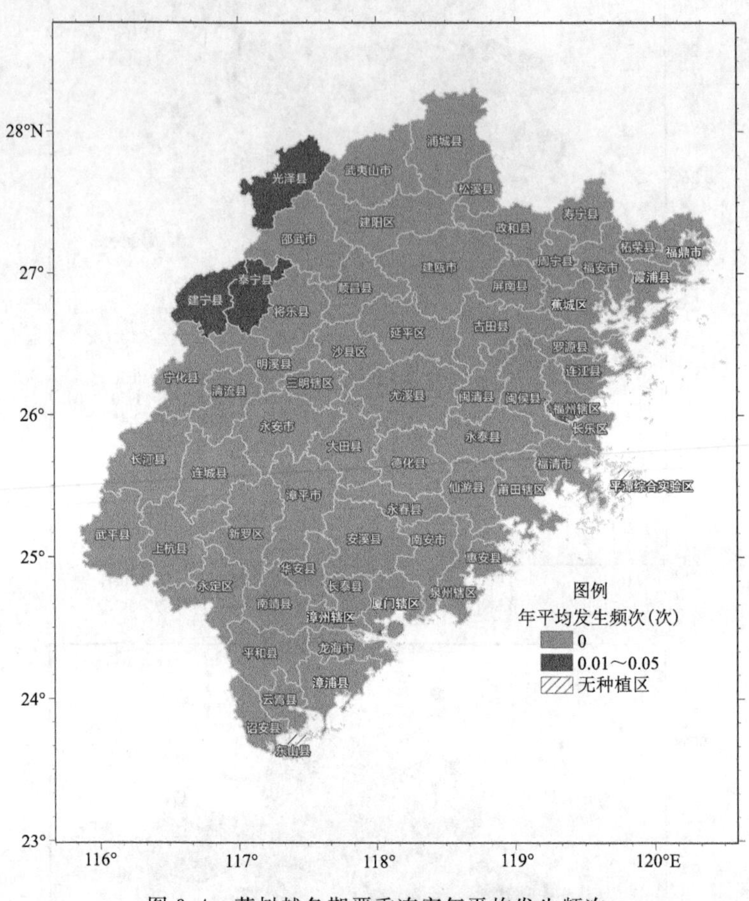


图 3.4　茶树越冬期严重冻害年平均发生频次

2. 茶树越冬期冻害危险性指数及区划

从茶叶种植区评估单元气象观测点茶树越冬期冻害致灾因子危险性归一化指数分布(图 3.5)来看，武夷山区的建宁县、泰宁县和光泽县，鹫峰山区的寿宁县、周宁县、屏南县茶树冻害危险性指数在 0.1 以上，以建宁县为最高；西北部的其他县市在 0.01～0.1；长乐区以南沿海县市的冻害指数为 0，其余县市的冻害指数在 0.01～0.05。

从茶树越冬期冻害危险性区划图(图 3.6)可以看出，长乐区以南沿海县市茶树无冬季冻害危险；重度以上冬季冻害危险性分布在武夷山区的建宁县、泰宁县和光泽县，鹫峰山区的寿宁县、周宁县、屏南县，该区域轻度冻害年平均发生频次在 10 次以上，中度冻害年平均发生频次在 1 次以上，偶尔出现过重度以上的冬季冻害；其余茶叶种植区的茶树冬季冻害危险性属中度。

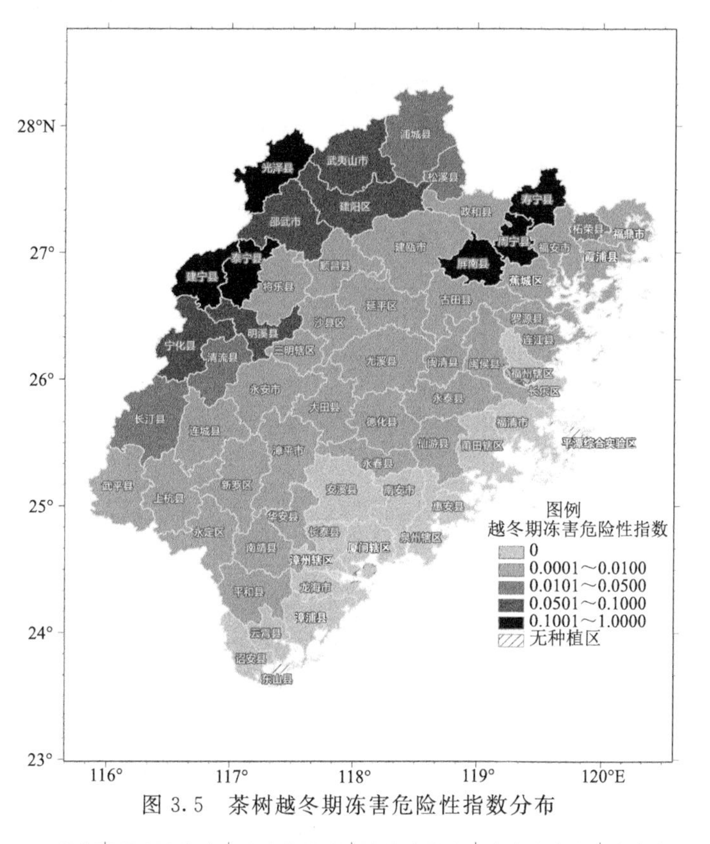


图 3.5　茶树越冬期冻害危险性指数分布

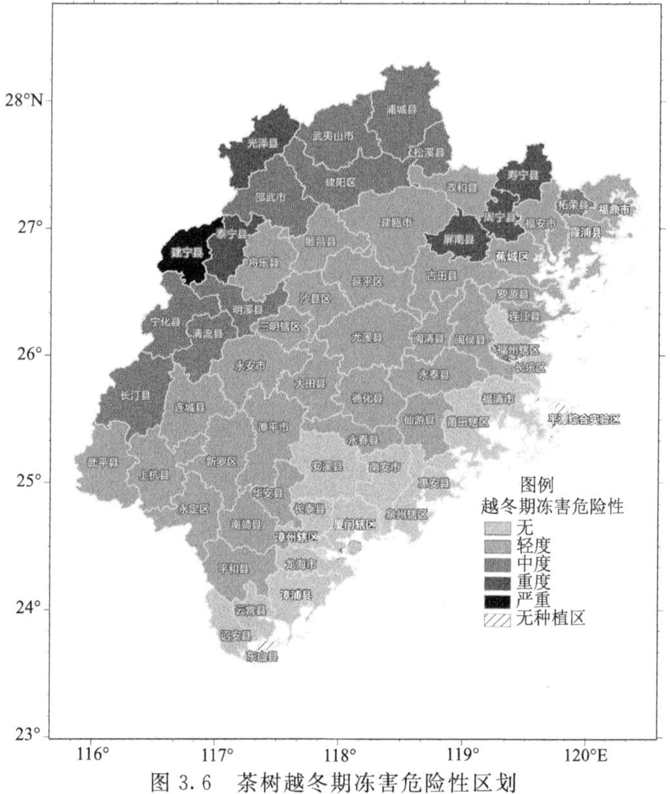


图 3.6　茶树越冬期冻害危险性区划

（二）春茶萌芽至采摘期危险性

以极端最低气温作为春季茶树萌芽至采摘期冻害的表征指标，以3月上旬至5月上旬不同级别的极端最低气温出现频次来表征春茶萌芽至采摘期不同冻害程度的危险性（表3.4）。

**表3.4　春茶萌芽至采摘期（3月上旬至5月上旬）寒冻害等级指标**

| 表征指标 | 风险等级 | | | |
|---|---|---|---|---|
| | 轻度 | 中度 | 重度 | 严重 |
| 极端最低气温（$T_d$，℃） | $2<T_d\leqslant4$ | $0<T_d\leqslant2$ | $-2<T_d\leqslant0$ | $T_d\leqslant-2$ |

1. 萌芽至采摘期不同等级寒冻害发生频次

图3.7～图3.10为茶区评估单元气象观测点各个级别春茶萌芽至采摘期寒冻害年平均发生频次。

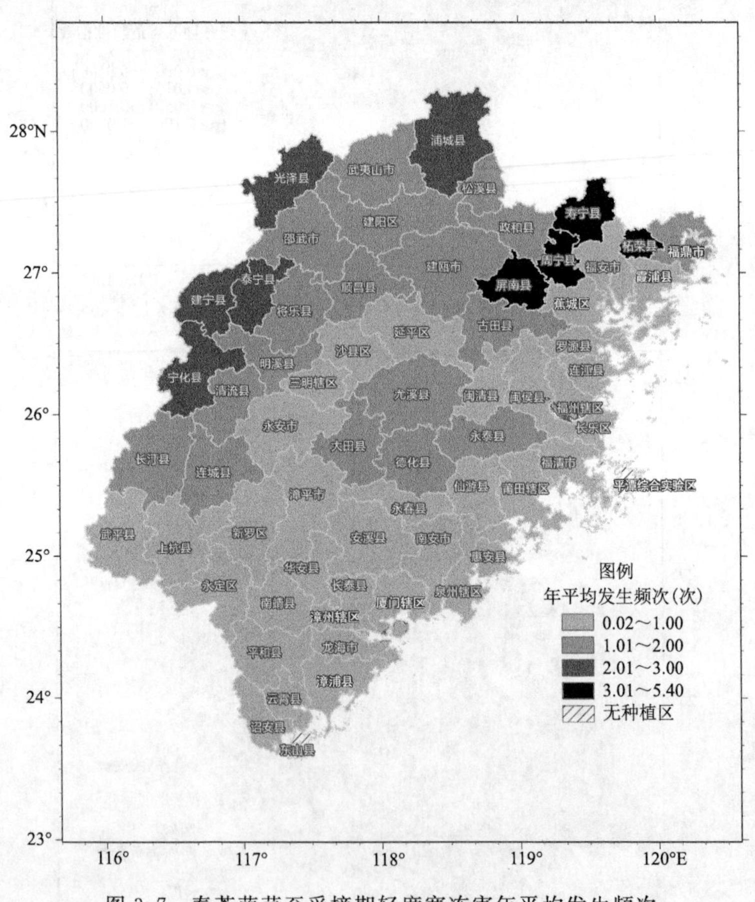


图3.7　春茶萌芽至采摘期轻度寒冻害年平均发生频次

春茶萌芽至采摘期轻度寒冻害的年平均发生频次为0～5.4次，位于鹫峰山区的柘荣、寿宁、周宁、屏南4个高海拔县市，年平均发生频次都在5次以上，属于轻度寒冻害年均频次高值区，其中，屏南县发生频次最高为5.4次；闽西北地区的光泽县、泰宁县、建宁县、宁化县、浦城县年均频次在2～3次，均值为2.4次，所占范围较小；西部和北部的其余县市以及中部内陆的尤溪县、大田县、德化县、永泰县、闽清县的年平均发生频次为 1～2 次，所占范围较大；沿海地区及中南部除偏西区域的部分县市茶叶种植区平均发生频次均在 0～1 次，以惠安县最小(图 3.7)。

春茶萌芽至采摘期中度寒冻害的年平均发生频次在 0～3.8 次，其中，建宁、屏南、柘荣、周宁、寿宁 5 个县市的发生频次在 1.3～3.8 次，频次均值为 2.9 次，寿宁县频次最高，为 3.8 次，建宁县最低，为 1.4 次；西北部地区 11 个县市的年平均发生频次在 0.7～1.3 次，频次均值为 1.0 次，光泽县频次最高，为 1.3 次，政和县最低，为 0.7 次；闽东南地区的漳州市辖区、云霄县、龙海市、厦门市、泉州市辖区没有发生中度寒冻害；其余县市发生频次都在 0.7 次以下，频次均值为 0.2 次(图 3.8)。

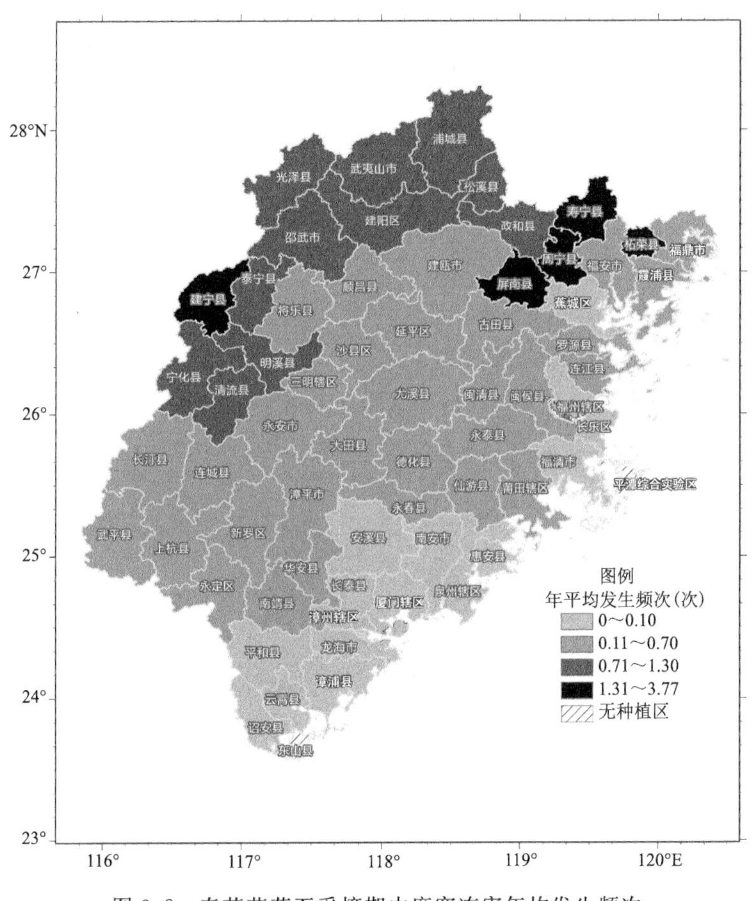


图 3.8　春茶萌芽至采摘期中度寒冻害年均发生频次

春茶萌芽至采摘期重度寒冻害的年平均发生频次为 0～1.5 次，其中，西北部的光泽县、建宁县和鹫峰山区的寿宁县、周宁县、屏南县和柘荣县在 0.6～1.5 次，以屏南县发生频次最多，为 1.5 次；西北部山区的浦城县、邵武市、泰宁县、宁化县、明溪县和清流县的年平均发生频次在 0.4～0.6 次；其余大部分县市均在 0.4 次以下，其中宁德市辖区、霞浦县以及福州以南沿海县市没有出现过重度寒冻害(图 3.9)。

春茶萌芽至采摘期严重寒冻害的年平均发生频次为 0～0.6 次，其中，光泽县、建宁县和鹫峰山区的寿宁县、周宁县、屏南县、柘荣县的发生频次都为 0.4～0.6 次，频次均值为 0.5 次，屏

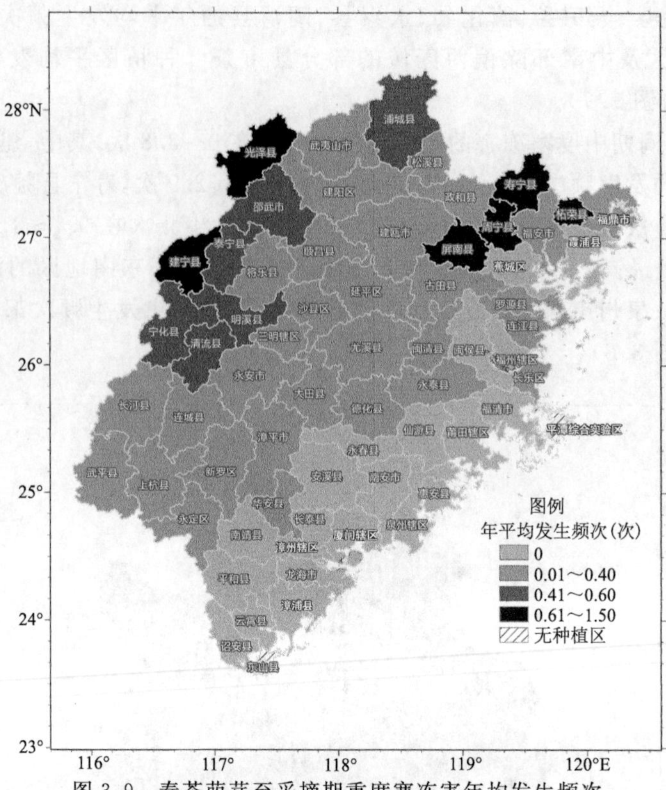


图 3.9　春茶萌芽至采摘期重度寒冻害年均发生频次

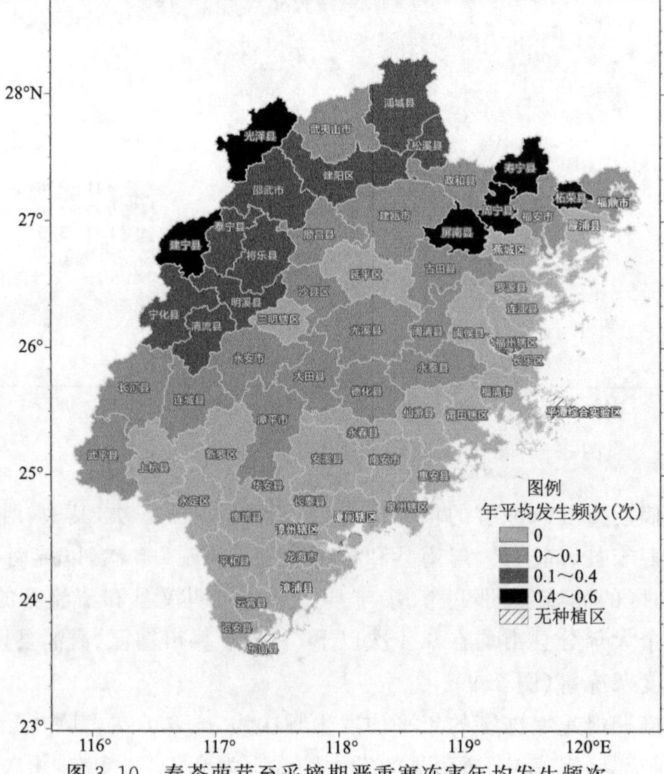


图 3.10　春茶萌芽至采摘期严重寒冻害年均发生频次

南县最大，为 0.6 次，柘荣县和周宁县最小，都为 0.4；霞浦县、宁德市辖区以南的县市和西南部分县市未发生严重寒冻害；其余县市都在 0.4 次以下，频次均值为 0.1 次，其中泰宁县最高，为 0.3 次(图 3.10)。

2. 春茶萌芽至采摘期寒冻害危险性指数及区划

从茶叶种植区评估单元气象观测点春茶萌芽至采摘期寒冻害危险性归一化指数分布图(图 3.11)可以看出，寒冻害致灾危险性指数总体呈现从东南沿海向西北内陆递增的趋势，其中，宁德市辖区和福州市以南东部沿海地区的 21 个县市寒冻害危险性指数在 0～0.02，指数平均值为 0.01，是全省寒冻害危险性最低的区域，其中厦门市寒冻害危险性指数最小；福建东北部向西南部一带延伸的区域(包括龙岩市、泉州市西北部、三明市东部、南平市东南部及武夷山市、福州市大部、宁德市东部)寒冻害危险性指数在 0.02～0.24，指数平均值为 0.09；西北部的大部分县市寒冻害危险性指数在 0.24～0.55，指数平均值为 0.35；建宁县、周宁县、寿宁县、柘荣县和屏南县的寒冻害危险性指数在 0.55 以上，平均值为 0.82，属于福建省寒冻害危险性指数高值区，其中屏南县、寿宁县寒冻害指数都在 0.9 以上，以寿宁县为最大。

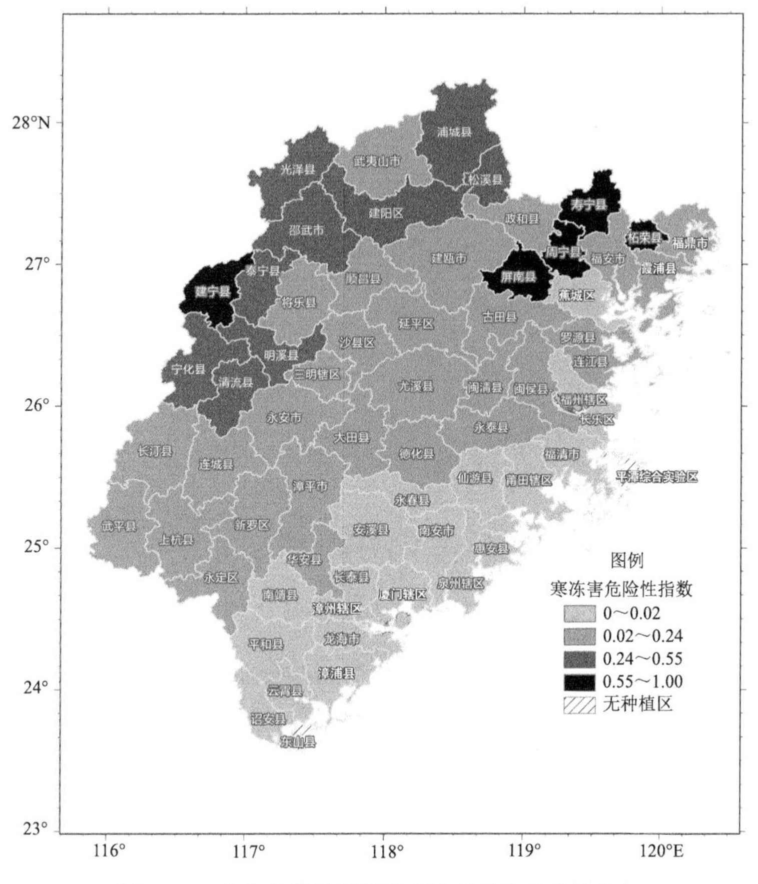


图 3.11　春茶萌芽至采摘期寒冻害危险性指数分布

从福建春茶萌芽至采摘期寒冻害危险性区划图(图 3.12)可以看出，茶叶寒冻害危险性呈现出从东南沿海向西北内陆、从低海拔到高海拔递增的趋势，海拔越高的茶叶种植区寒冻害危险性越高，福建省大部分地区属于中度风险区。轻度寒冻害危险区分布在长乐区以南沿海海拔 200 m 以下的地域，茶叶寒冻害危险性最小；中度寒冻害危险区主要集中在北部和南部内陆海拔 300～600 m 的地区，分布范围较广；重度寒冻害危险性区域主要集中在海拔 600～1000 m 的中高海拔山区；严重寒冻害危险性区域主要分布在武夷山脉、鹫峰山区、戴云山脉、博平岭和玳瑁山一带海拔 1000 m 以上的地区，属于寒冻害高危险性区域，造成的灾害损失大，不适宜种植茶叶。

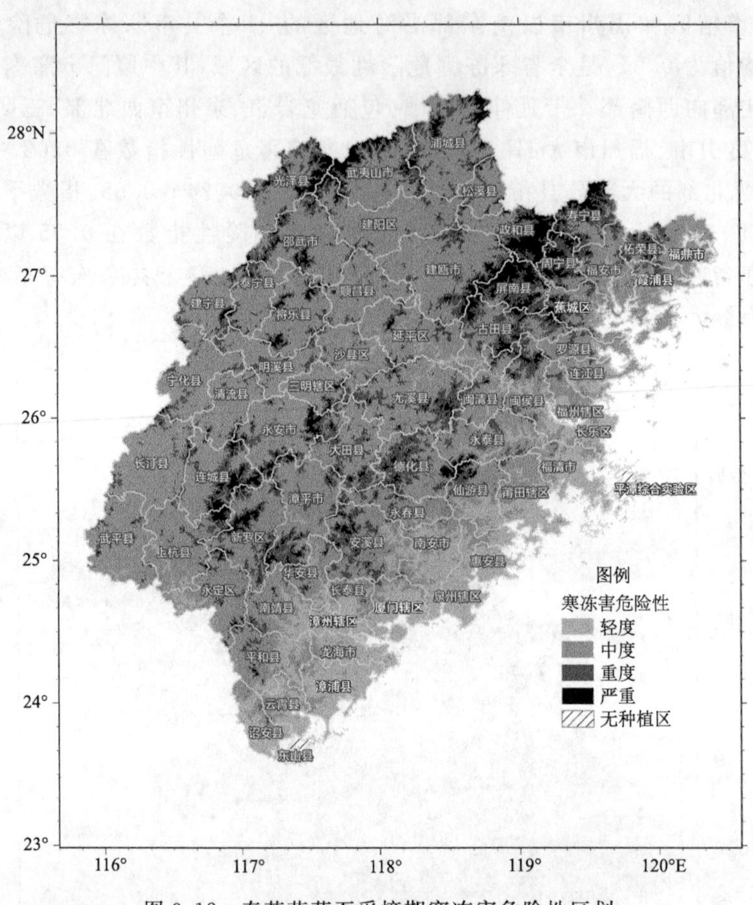


图 3.12　春茶萌芽至采摘期寒冻害危险性区划

**四、茶叶寒冻害防御措施**

(1)园地选择。选择茶叶气候适宜区种植。新植茶园应避免在低洼地、风口处或海拔过高的高山上建园，应根据当地气候条件，选择合适的地点种植。

(2)营造防护林。茶园最好选择朝南背风和向阳的山坡上，在茶园北面营造防护林带，以便降低风速，阻挡寒流袭击，以改善茶园小气候。

(3)品种选择。选择抗寒性强的茶树品种种植。

(4)茶园覆盖。寒潮来临前，在茶园地面铺草，在茶树树冠上覆草，铺草茶园地温可比不铺草茶园提高 1～2 ℃，可减轻冻土程度和深度。

(5)茶蓬覆盖。寒潮来临前，用遮阳网等覆盖茶树蓬面，也可在遮阳网上盖上塑料薄膜或稻草、杂草，或直接用稻草盖在茶蓬上。通过蓬面覆盖，可提高茶园夜间地面温度，同时使得霜冻不直接接触茶树，以保护茶树，增强茶树抵御霜冻的能力，减轻寒冻害威胁。

(6)茶园熏烟。当霜冻来临之前，气温降至 2 ℃左右时，根据风向、地势、面积设堆点火，在茶园不同地点采用干草、谷糠等进行熏烟，通过熏烟形成的烟雾防止热量扩散，利用"温室效应"预防霜冻，熏烟释放的热量可提高茶园温度，达到防寒防冻目的。

(7)茶园喷灌。采用喷灌设备向茶树树冠进行喷水，把附着在茶树上的浓霜洗去，可避免或减轻寒冻害威胁；在气温接近 0 ℃时进行喷水，其作用在于水滴结冰时释放热能，使茶树叶面温度维持在冰点左右，达到防冻效果。

(8)茶园灌水。寒潮来临前，茶园灌水可降低土温，增加茶园空气湿度，增加土壤热容量，使得土壤升温和降温幅度变小，可一定程度减轻寒冻害威胁。

(9)增施热性肥料。加强肥培管理，施足基肥，提高茶树本身的抗冻能力；施入热性磷钾肥，以利提高土温。

(10)茶园培土。在茶园行间加些从山坡边、四周围挖出的新客土，增厚活土层，适当加入茶行间距，有利土壤保温保水，既能促进茶树生长，又能增强茶树抗寒能力。

(11)喷施植物生长抑制剂。茶树越冬前喷施植物生长抑制剂，以促进枝叶老熟，提高枝条本质化程度，从而减少蒸腾，增强茶树抗寒能力。

(12)及时采摘。在冻害来临前，对已萌发芽叶的茶园，应提早采收幼嫩芽叶，以减少冻害损失。

(13)冻后管理。茶树冻后，应根据不同受冻程度，及时采取修剪、追施催芽肥和根外追肥的措施，催芽复壮，促进茶树恢复树势。对冻害程度较轻和原来有良好采摘面的茶园，轻修剪，清理蓬面，以利茶芽萌发；修剪程度宁轻勿深，尽量保持采摘面；对受害较重的则应进行深修剪或重修剪甚至台刈。春茶萌芽期发生冻害后，在整枝修剪的同时，应及时喷施叶面肥，以促进恢复茶树生机和茶芽萌发及新梢生长。受冻后经过修剪的茶树，应以养为主，及时灌水和施肥，培养树冠。

## 第三节　干旱

### 一、茶树干旱气象指标

干旱是影响茶叶生产的主要气象灾害之一，常造成茶叶减产。受旱害的成年茶树生长滞缓，芽叶萎缩，老叶萎蔫逐渐变成黄绿色或褐红色，严重者干焦脱落。受干旱危害的成年茶园发芽期推迟，发芽率降低，芽叶瘦弱、嫩度差、苦味重，茶叶的品质和产量都将下降。幼年茶树根系欠发达、分布较浅，抗旱能力更差，受害茶树往往表现出叶片萎蔫，芽叶枯萎、脱落，甚至整株茶树逐渐干枯死亡，特别对移栽 1～2 年的新植茶园成活造成威胁。

茶树遭受旱害后，芽的萌发比正常情况大约推迟半个月，新梢的生育期也大为缩短，其胁迫时间指数与茶叶相对减产量线性相关。生长期的月降雨量应大于 100 mm，如果连续几个月月降水量少于 50 mm，又未采取人工灌溉措施，茶叶产量和品质都会大幅度下降[37]。水分不足会对茶树的生命活动带来不良影响，会导致茶树叶片光合作用受阻，呼吸作用加强，大量营养物质消耗，轻则出现芽叶萎蔫，生长缓慢，重则叶片枯焦，甚至导致枝条或植株死亡，在生产实践当中，高温季节若连续 7～10 d 不下雨，就应着手灌溉[38]。

茶树生长期间，适宜的空气湿度为 80％～90％，小于 50％时新梢生长将受到抑制，低于

40%茶树将受害[52]。而土壤水分直接关系茶树的生长发育、茶叶产量和质量，也是夏秋茶产量高低的限制因子。旱害和热害同时出现使茶树生长停止，形成蛀芽，顶部幼叶萎蔫干枯，叶片泛红，出现焦斑；受害严重的则会整叶枯焦、自行落叶，成叶灼伤自下而上，然后嫩梢干枯，最后茶树死亡[53]。在茶树生长季节（3—10月），茶园土壤含水量和空气相对湿度处于80%～90%时，茶树生长速度与生长量最佳，植株生长旺盛，芽叶生长量大，叶片中的过氧化酶、多酚氧化酶等作用加快，有利于体内有机物质的合成，茶叶品质优，产量高；空气相对湿度处于70%～80%时，茶树生长发育正常，湿度下降至60%～70%时，生育受阻，茶叶品质下降，湿度降到50%～60%时，茶树新梢受到危害，芽叶变短，叶型变小，节间变短，对夹叶增多，甚至停止生长，湿度下降至40%～50%时，茶树生长发育极其缓慢，并出现芽叶萎凋，部分成叶焦枯；湿度下降到30%以下时，茶树生长活动完全停止，芽叶发生永久萎缩，逐渐干枯，最后整株死亡。当茶树外表呈现出缺水状态时，器官已损伤，即使供水后也很难再恢复[54]。从土壤湿度来看，土壤湿度在70%～80%时茶树生育旺盛，土壤湿度降至40%～50%时，茶树生长发育缓慢，土壤湿度降至30%以下时，芽叶完全停止生长。

此外，不同茶树品种由于其形态结构和生理生化特征的不同，对干旱的适应能力与方式不同，其抗旱性也有很大差异，叶片小而直立的品种较叶片大而水平着生的品种抗旱性强；一般直立型的品种根系多半是垂直分布，扎根较深，耐旱型较强，而披张型的茶树品种根系多半向水平方向扩展，扎根较浅，耐旱性较弱[55]。

表3.5和表3.6给出了茶树不同等级旱害的症状和旱热灾害程度等级[56-57]。

**表3.5　茶树旱害表征症状**

| 级别 | 症状 |
|---|---|
| 轻度旱害 | 部分叶片逐渐变黄绿、出现褐斑、轻度卷曲、变形 |
| 中度旱害 | 多数嫩叶红褐（1～4叶为主）、卷曲、萎蔫、枯焦脱落，但顶端茶芽梢（一芽二叶）未完全枯死 |
| 重度旱害 | 老嫩叶枯焦脱落、形成鸡爪枝、多数枝条枯死，但主干未完全枯死 |
| 极度旱害 | 土壤已无利用水分，茶树整体缺水、根毛死亡、叶片完全脱落、地面侧枝及主干枯死，如果持续过久，茶树将整体死亡 |

**表3.6　茶树旱热灾害程度等级**

| 级别 | 受灾害程度 |
|---|---|
| 0 | 完全不受灾害或仅有个别受灾害 |
| 1 | 受灾害较轻，10%以下叶片有焦斑 |
| 2 | 10%～30%叶片有焦斑 |
| 3 | 受灾害较重，30%～50%叶片有焦斑或脱落 |
| 4 | 50%～75%叶片有焦有焦斑或脱落，顶端枝梢干枯 |
| 5 | 枝叶全部枯焦，或茶树死亡 |

## 二、茶树干旱个例

2001年秋季至2002年春季，南靖县发生了特大旱灾，降水量明显偏少，2月1日—5月10日总雨量仅82.4 mm，比历年同期偏少81.3%，春梢萌发受阻，全县茶园受旱面积4.7万亩，其中枯死绝收1.1万亩[58]。

2003年夏季，建瓯市无雨干旱持续时间长达37 d，且35 ℃以上高温天气达28 d，给茶树正常生长带来了严重的负面影响。据调查统计，茶园受灾面积9.48万亩，成灾面积3.5万亩，茶叶减产550 t，与上年相比全市减少30.5%，造成茶叶直接经济损失528万元[59]。

2003年6月底开始，松溪县出现了历史罕见的高温干旱天气，绝大多数天数气温在28 ℃以上，其中7月15日气温达40.2 ℃，高出近50年以来有气象资料记载的0.6 ℃，地表温度高达近70 ℃；6月29日以来的1个月时间里，全县境内绝大多数地区滴雨未下，全县茶园旱热灾害情况严重。茶园土壤干裂，茶树叶片大面积枯焦，新植茶苗枯死，茶叶产量损失严重；如长巷村地处城郊，受旱尤为严重，8月初在荣山观察显示，大部分茶树叶片枯萎，秋茶几乎绝收，幼龄茶园死苗严重[60]。

2003年6月下旬至8月初，2006年9月16日—11月15日，安溪县出现高温干旱天气，使得茶叶遭受巨大损失，安溪县90%的茶园受灾，按安溪县茶园面积3.0万 $hm^2$ 计，粗略估计经济损失上亿元；秋季是铁观音秋茶生产的关键时期，干旱缺水降低了铁观音秋茶的产量和品质[61-62]。

2009年8月11日—9月4日，安溪县出现干旱，给秋茶产量也造成不同程度影响。

2013年夏秋季，福建遭遇不同程度的高温干旱天气，给茶叶生产造成了严重的危害。旱热害是指旱害和热害相伴发生，即茶树同时遭受缺水和高温而产生的危害，危害最大的是具有叠加效应的旱热害[63]。

2020年6月16日—7月31日，漳州市出现持续高温少雨，全市平均降水量比历史同期偏少83.2%，其中下辖7个县市气象站出现有降水记录以来最小值，达到气象特旱，茶叶遭受不同程度高温干旱影响，叶片出现日灼现象，导致暑茶和秋茶产量下降[64]。

### 三、茶叶干旱风险分析与区划

茶树干旱灾害主要发生在夏秋季，而茶叶主要生长期在3—10月，7—10月的干旱是福建茶树旱害的主要影响时段，夏秋干旱影响着夏秋茶生长发育。

因此，以日降水量≤2 mm的持续天数作为夏秋旱的表征指标，以7—10月持续无雨天数的出现频次来表征茶树夏秋旱不同程度的危险性(表3.7)。

**表3.7　茶树夏秋旱危险性等级指标(7—10月)**

| 表征指标 | 风险等级 | | | |
|---|---|---|---|---|
| | 轻度 | 中度 | 重度 | 严重 |
| 日降水量≤2 mm的持续天数($D_d$,d) | 16≤$D_d$≤20 | 21≤$D_d$≤25 | 26≤$D_d$≤30 | $D_d$≥31 |

#### (一)茶树不同等级夏秋旱发生频次

茶树轻度夏秋旱的年平均发生频次为0.14～0.75次，东部沿海县市及中北部的大部县市在0.4次以上，以惠安县0.75次为最大；中南部内陆县市及鹫峰山区的县市平均发生频次在0.4次以下，以寿宁县和周宁县的0.14次为最小(图3.13)。

茶树中度夏秋旱的年平均发生频次为0.02～0.5次，沿海部分县市，霞浦县、福州市辖区、莆田市辖区、惠安县、南安市、泉州市辖区、厦门市在0.3次以上，以惠安县0.5次为最大；其余县市在0.3次以下，以柘荣县的0.02次为最小(图3.14)。

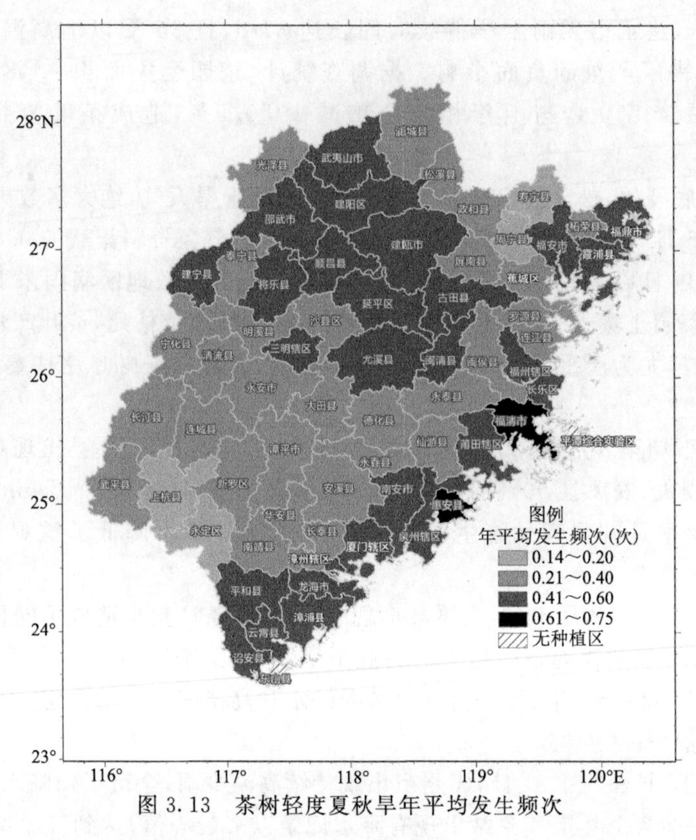


图 3.13　茶树轻度夏秋旱年平均发生频次

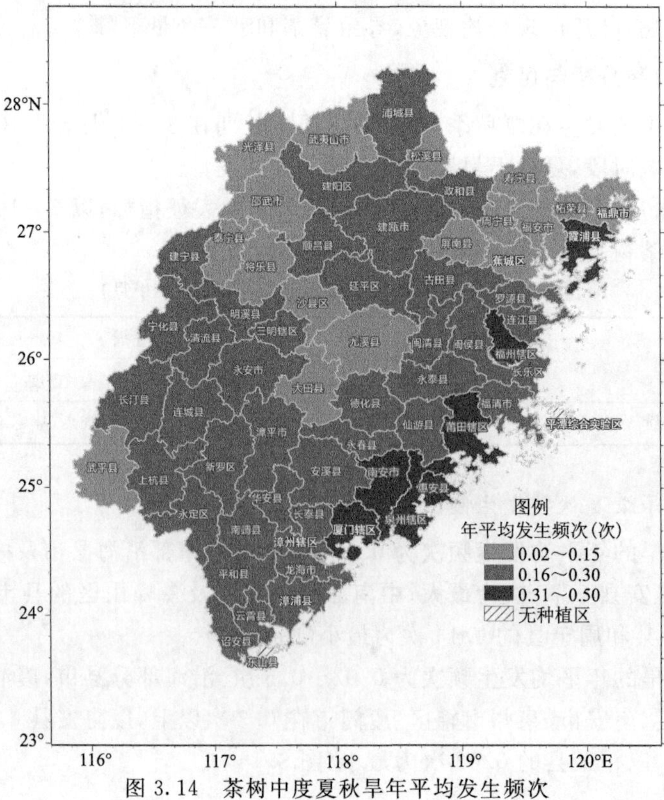


图 3.14　茶树中度夏秋旱年平均发生频次

茶树重度夏秋旱的年平均发生频次为 0～0.45 次，除沿海部分县市(莆田市辖区、惠安县、泉州市辖区、厦门市、云霄县和诏安县)在 0.2 次以上，以惠安县 0.5 次为最大；其余县市在 0.2 次以下，其中柘荣县、政和县、屏南县、古田县、罗源县和清流县年平均发生频次为 0，没有出现过重度夏秋旱(图 3.15)。

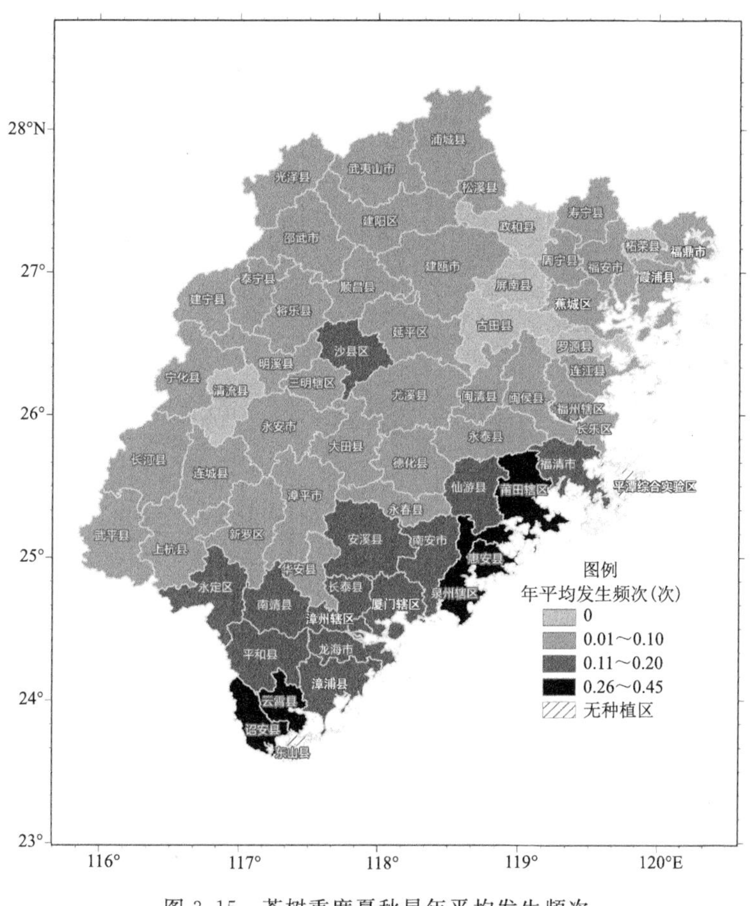


图 3.15 茶树重度夏秋旱年平均发生频次

茶树严重夏秋旱的年平均发生频次为 0.05～0.39 次，除漳浦县、惠安县在 0.3 次以上，以惠安县 0.39 次为最大；南部大部县市为 0.15～0.3 次，中北部大部县市在 0.15 次以下(图 3.16)。

(二)茶树夏秋旱危险性指数与区划

从茶叶种植区评估单元气象观测点的茶树夏秋旱危险性归一化指数分布(图 3.17)来看，中南部沿海地区干旱危险性指数大，指数大于 0.6 的县市有惠安、泉州市辖区、漳浦县，以惠安县为最大；莆田市以南沿海县市、龙岩市部分县市(永定、长汀、武平)指数在 0.3～0.6；宁德市大部、连江县、罗源县、三明市辖区、尤溪县、泰宁县、建宁县、南平市辖区、顺昌县、邵武市、建阳区、光泽县的指数在 0.1 以下；其余县市在 0.1～0.3。

从茶区茶树夏秋旱危险性区划图(图 3.18)可以看出，北部地区的茶树夏秋旱危险性属轻度；中部地区的茶树夏秋旱危险性属中度；福清市以南沿海县市及南部内陆的茶树夏秋旱危险性在重度以上，尤以泉州市以南沿海县市有严重夏秋旱危险性，各等级干旱累加的茶树夏秋旱年平均频次在 1 次以上。

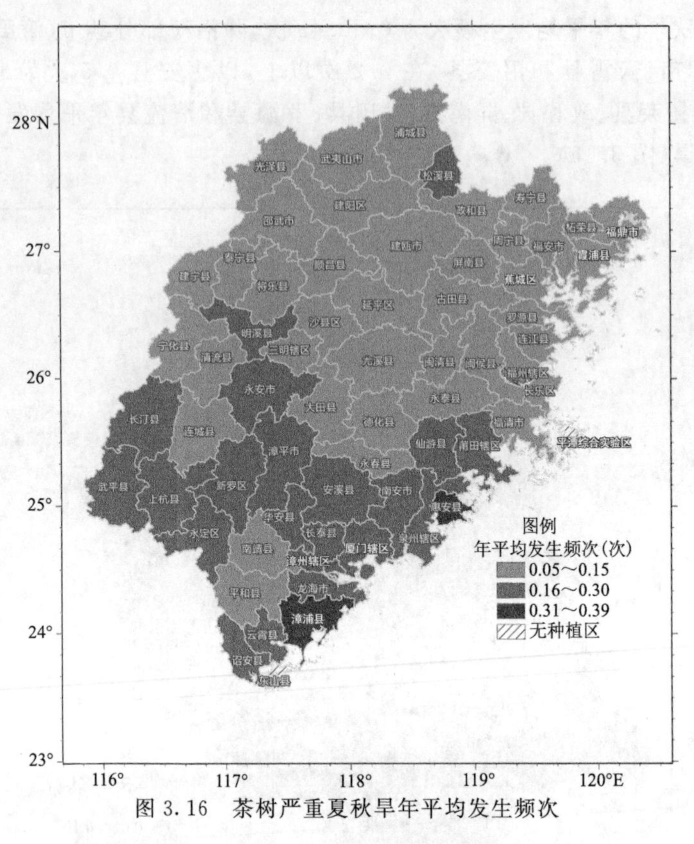


图 3.16　茶树严重夏秋旱年平均发生频次

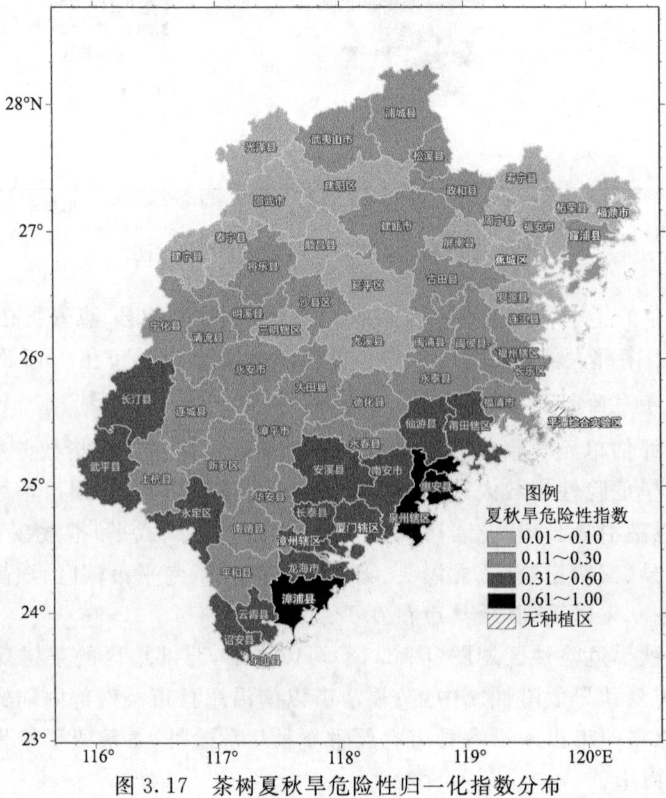


图 3.17　茶树夏秋旱危险性归一化指数分布

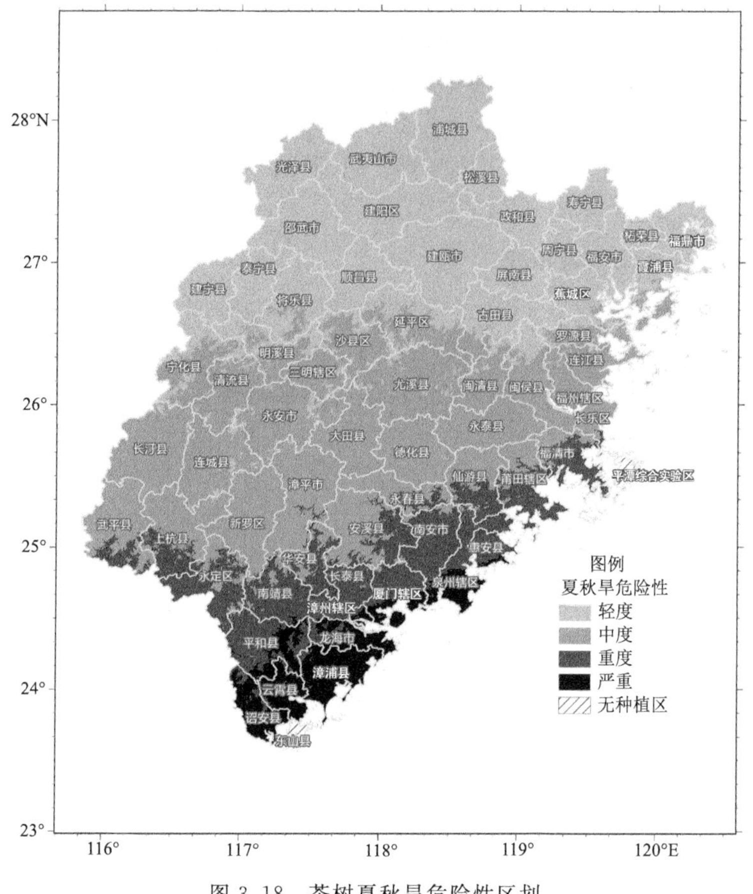


图 3.18　茶树夏秋旱危险性区划

## 四、茶叶干旱防御措施

(1)茶园建立蓄水灌溉系统。抗旱的最直接的措施就是进行灌溉,可在茶园顶部横向建筑拦水渠,建立蓄水池,收集雨水,并配套建设喷灌系统,以备干旱时段茶园灌溉用水。

(2)茶园铺草。在茶行间采用铺草的方法,减少土壤地表的水分蒸发,并在降雨时滞留更多的雨水,减少地表径流,草腐烂后可作为有机肥翻入土中,改良土壤,亦可增加蓄水量。

(3)茶园遮阴。采用茶园种树的遮阴方法,以减少强光直射,产生较多漫射光,树种因地制宜,但不可过密,以免过分郁闭。

(4)茶园灌溉。在连续 10 d 左右不降雨,土壤相对湿度低于 70%,茶树叶片失去光泽,生长缓慢,芽叶瘦小,对夹叶增多时,说明茶树缺水严重,应及时进行灌溉,最好采用喷灌、滴灌方式进行灌溉。灌溉应在早晨或傍晚气温较低时进行,避免在中午高温时段进行。灌水尽量能浇透水,浇后再在田间铺草,以减少土壤水分蒸发。

(5)应用抗旱剂。在茶树上使用抗蒸腾剂、抗旱剂、保水剂等,能不同程度提高茶树的抗旱性。

(6)选种耐旱品种。对于容易遭受干旱的地块,可选择扎根较深、抗旱性相对较强的茶树品种。

(7)灾后补救。对于已经遭受旱害的茶树,应及时采取挽救措施,如在旱情解除后,视受害程度的轻重,适当修剪掉一部分枝叶,以减少茶树蒸腾耗水,通过定型和整形修剪迅速扩大茶树本身对地面的覆盖度，不仅能减少杂草和地面蒸散耗水，而且能有效地阻止地表径流；加强肥培管理，使茶树恢复生机；进行留叶采摘，保持适当的叶面积指数，增强树势；受害严重的幼年茶园，应采用补植或移栽归并，保持良好的园相。

## 第四节　连阴雨

### 一、茶叶采摘期连阴雨气象指标

通常茶叶采摘期出现持续 3 d 以上的连阴雨，就会影响茶叶采摘和品质。

采茶季节持续降水，鲜叶含水量大；空气湿度太大，水分散失和转化困难，致使做青时“走水消青”困难，鲜叶内含物质不能正常转化，也就无法形成优质茶所需要的品质成分，茶叶香气、滋味等品质受到不利影响。研究发现，连续阴雨所采摘的鲜叶中，绿原酸含量明显提高，鲜叶品质变劣，是制茶香气不佳的主要原因[18]。

福建采摘的茶叶以春茶和秋茶为主。春茶当中，红、白、绿茶的采摘时间主要集中在 3 月中旬至 4 月下旬，而乌龙茶的采摘时间主要集中在 4 月下旬至 5 月中旬。春茶采摘期正值福建省春雨季和雨季前期，连续降水严重影响春茶采摘，导致产量和质量下降。秋茶的采摘时间主要集中在 9 月中旬至 10 月中旬，秋茶采摘期正值冷空气南下，秋雨开始来临的时期，持续降水影响茶叶采摘和品质。

### 二、茶叶采摘期连阴雨个例

福建省是我国乌龙茶的最主要产区，4 月下旬至 5 月上旬是乌龙茶春季采摘的集中时期。

2005 年春茶生产期间，福建茶叶生产遭受早春持续低温强冷空气以及多雨天气的影响，造成春茶：①开采期推迟，高峰期集中。由于受冷空气影响，全省乌龙茶采摘期推迟 5～7 d，绿茶采摘期推迟 20～25 d。绿茶早芽品种特别是“福云 6 号”品种受害严重，清明前萌芽的茶叶基本绝收，后续茶叶因持续低温新芽不饱满，新梢短小，质量差，后期天气较好，导致制茶高峰期集中。乌龙茶中的早芽品种(如黄旦)产期推迟。②持续阴雨造成乌龙茶制优率下降。由于乌龙茶加工季节持续降雨，导致鲜叶无法及时采制，造成产量下降，同时由于雨水青多，鲜叶无法晒青，乌龙茶特别是铁观音制优率大幅下降。③茶叶价格相差较大。由于雨水多，茶青集中，茶叶制优率下降，低档茶增多，全省春茶的平均价格比上年低。绿茶区由于名优茶开发力度的加大，春茶总体价格有所上升，乌龙茶区总体价格下降。特别是闽南乌龙茶产区，由于铁观音制优率下降，高档茶少，中低档茶增多，总体价格下降。据茶叶主产区安溪县反映，仅春茶就损失近亿元。2005 年全省春茶产量约比 2004 年同期减产 10%，产值比 2004 年同期减少 15%。

2006 年 4 月 23—29 日和 5 月 21—31 日安溪县持续降水，使早生茶叶品种包括黄旦、部分毛蟹和本山无法采摘，及时采摘下来也因无法做青而使茶叶品质受到严重影响，茶叶产量下降[47]。

2010 年 5 月 5—10 日，安溪县出现连续降水，此时正值铁观音茶采摘期，持续阴雨天气导致茶叶采摘量下降，品质略有下降[47]。

2011 年 4 月 30 日—5 月 7 日及 5 月 12—16 日，全省大部分地区的持续降水导致茶叶实际采摘量严重下降，主要原因是下雨无法采摘茶叶，或者雨水青多制作出来的茶叶质量差、价格低，茶农不愿意冒雨采摘，等天晴后，鲜叶采摘期已过，给乌龙茶产业造成重大损失，其中安溪县春茶实际采摘量平均减少 30%～35%，导致 2011 年春茶总产值的损失超过 10 亿元，约为 2010 年春季茶叶总产值的 35%[47]。

2011 年 2—3 月，大田县屏山乡出现长时间的低温阴雨天气，早春回温慢，茶叶生长缓慢，不利于叶芽生长，且雨日多，雨量少，光照不足，日较差小，导致茶叶采摘期延迟，茶叶产量降低；且不利于蛋白质、茶多酚、咖啡碱、叶绿素等茶叶内含物充分积累，导致 2011 年春茶较粗老，纤维多，品质较差[65]。

## 三、茶叶采摘期连阴雨风险分析与区划

以日降水量≥0.2 mm 的连阴雨日数作为采摘期连阴雨灾害的表征指标，以 3 月中旬至 5 月中旬、9 月中旬至 10 月中旬的不同级别连阴雨灾害出现频次来表征春茶和秋茶采摘期连阴雨灾害不同程度的危险性（表 3.8）。

**表 3.8　春茶和秋茶采摘期连阴雨危险性等级指标**

| 表征指标 | 风险等级 | | | |
|---|---|---|---|---|
| | 轻度 | 中度 | 重度 | 严重 |
| 连阴雨日数（$D_r$，d） | $3 \leqslant D_r \leqslant 4$ | $5 \leqslant D_r \leqslant 6$ | $7 \leqslant D_r \leqslant 8$ | $D_r \geqslant 9$ |

### （三）春茶采摘期不同等级连阴雨发生频次

（1）轻度连阴雨

春茶采摘期轻度连阴雨的年平均发生频次为 2.2～3.7 次，中南部沿海的漳浦县、龙海市、漳州市辖区、厦门市、泉州市辖区、惠安县和仙游县的年平均发生频次在 2.5 次以下，以漳浦县 2.2 次为最小；罗源县以南的东部大部县市，鹫峰山区的寿宁县、周宁县和屏南县，西部的明溪县、清流县、长汀县、连城县、龙岩市辖区和永定区年平均发生频次在 2.5～3.0 次，西部和北部的大部分县市在 3 次以上，以浦城县 3.7 次为最大（图 3.19）。

（2）中度连阴雨

春茶采摘期中度连阴雨的年平均发生频次为 0.8～1.7 次，南部沿海县市的年平均发生频次在 1 次以下，以南安县 0.8 次为最小；其余县市在 1 次以上，其中光泽县、泰宁县和政和县在 1.5 次以上，以政和县 1.7 次为最大（图 3.20）。

（3）重度连阴雨

春茶采摘期重度连阴雨的年平均发生频次为 0.5～1.0 次，尤溪县、连城县和三明市辖区为 1.0 次，其余县市年平均发生频次在 1 次以下（图 3.21）。

（4）严重连阴雨

春茶采摘期严重连阴雨的年平均发生频次为 0.1～1.2 次，武夷山区和鹫峰山区的县市在 0.7 次以上，其中明溪县、泰宁县、建宁县、屏南县、寿宁县为 1.0 次，周宁县达 1.2 次，为最大；长乐区以南沿海县市在 0.4 次以下，以诏安县 0.1 次为最小；其余县市年平均发生频次在 0.4～0.7 次（图 3.22）。

### （四）秋茶采摘期不同等级连阴雨发生频次

（1）轻度连阴雨

秋茶采摘期轻度连阴雨的年平均发生频次为 0.5～1.6 次，福州市以南沿海的大部县市在 1 次以下，以惠安县 0.5 次为最小；北部和内陆地区的大部分县市在 1 次以上，以柘荣县 1.6 次为最大（图 3.23）。

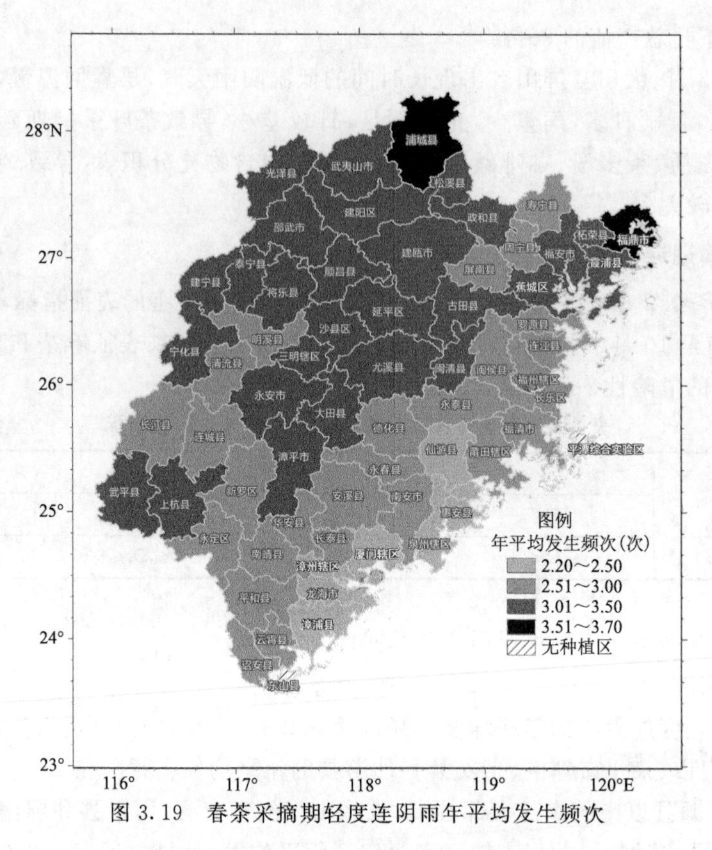


图 3.19　春茶采摘期轻度连阴雨年平均发生频次

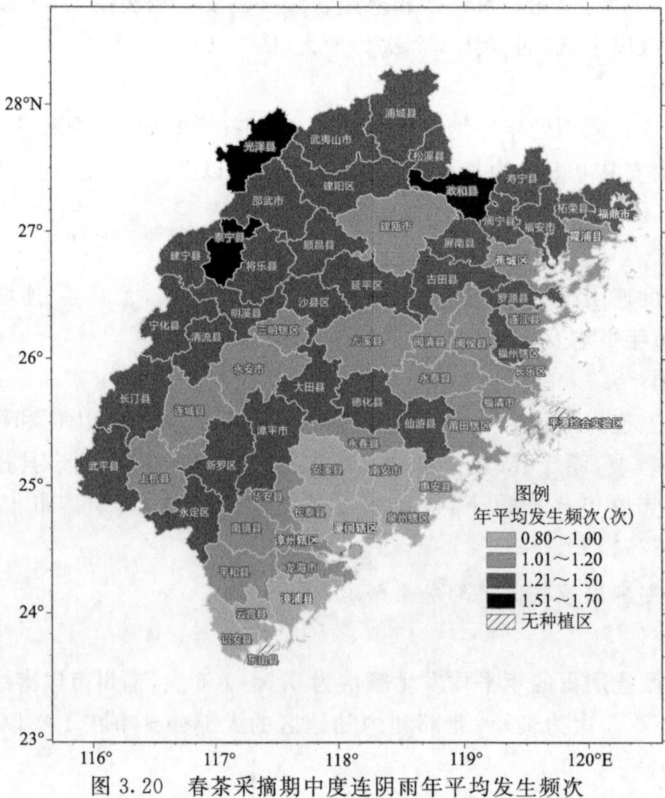


图 3.20　春茶采摘期中度连阴雨年平均发生频次

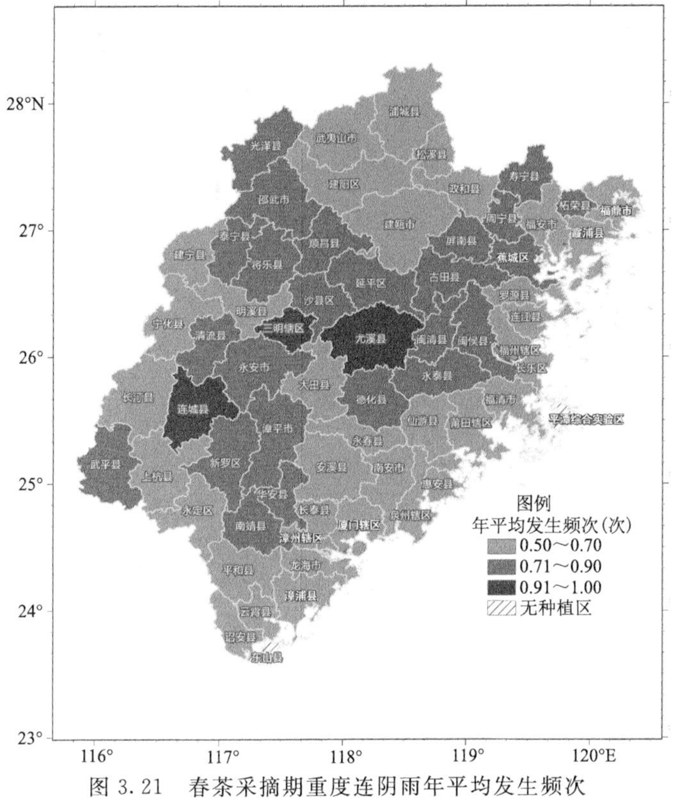


图 3.21　春茶采摘期重度连阴雨年平均发生频次

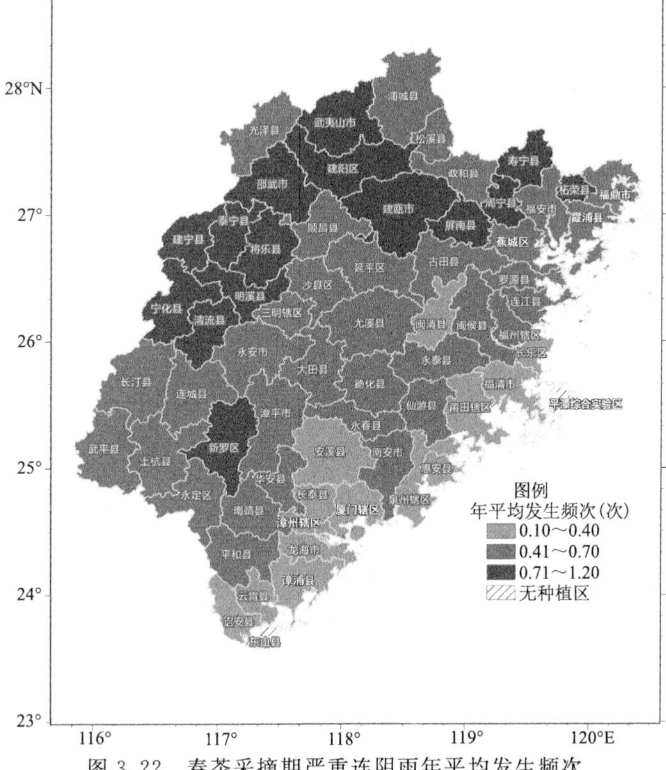


图 3.22　春茶采摘期严重连阴雨年平均发生频次

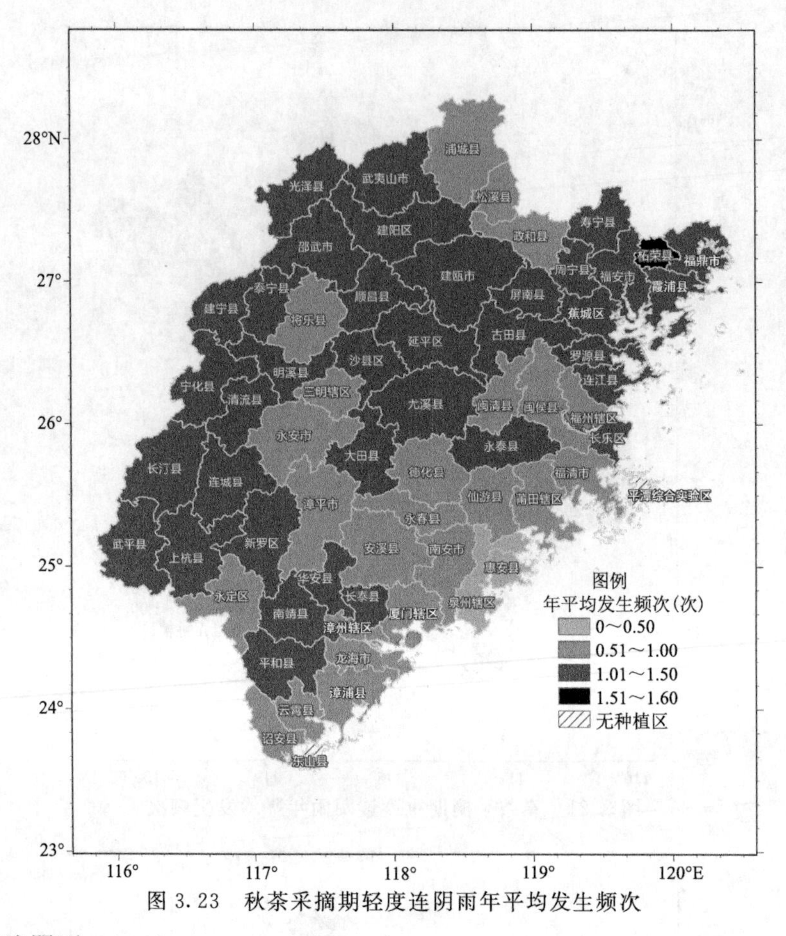


图 3.23　秋茶采摘期轻度连阴雨年平均发生频次

(2)中度连阴雨

秋茶采摘期中度连阴雨的年平均发生频次为 0.1～0.8 次，除宁德市辖区、寿宁县和周宁县在 0.6 次以上外，以周宁县 0.8 次为最大；其余县市在 0.6 次以下，以厦门市和惠安县 0.1 次为最小(图 3.24)。

(3)重度连阴雨

秋茶采摘期重度连阴雨的年平均发生频次为 0～0.3 次，只有鹫峰山区、武夷山区和戴云山区的部分县市出现过采摘期重度连阴雨，其中寿宁县、周宁县、柘荣县、屏南县和福鼎市年平均发生频次在 0.1 次以上；其余县市没有出现过采摘期重度连阴雨(图 3.25)。

(4)严重连阴雨

秋茶采摘期严重连阴雨的年平均发生频次为 0～0.3 次，只有鹫峰山区和戴云山区的部分县市出现过采摘期严重连阴雨，其中寿宁县、周宁县和柘荣县的年平均发生频次在 0.1 次以上；其余县市没有出现过采摘期严重连阴雨(图 3.26)。

(五)春秋茶采摘期不同等级连阴雨发生频次

(1)轻度连阴雨

综合春茶和秋茶采摘期的轻度连阴雨的年平均发生频次为 2.8～5.1 次，福州以南沿海的大部县市年平均发生频次在 4 次以下，以泉州市辖区 2.8 次为最小；西部和中北部的大部县市轻度连阴雨的年平均发生频次在 4 次以上，以福鼎市 5.1 次为最大(图 3.27)。

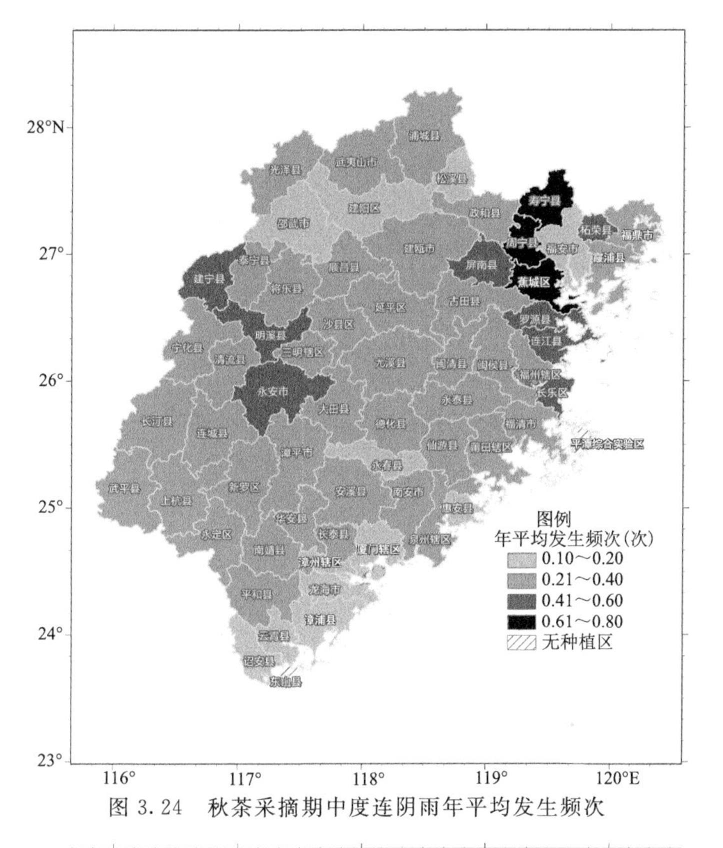


图 3.24　秋茶采摘期中度连阴雨年平均发生频次

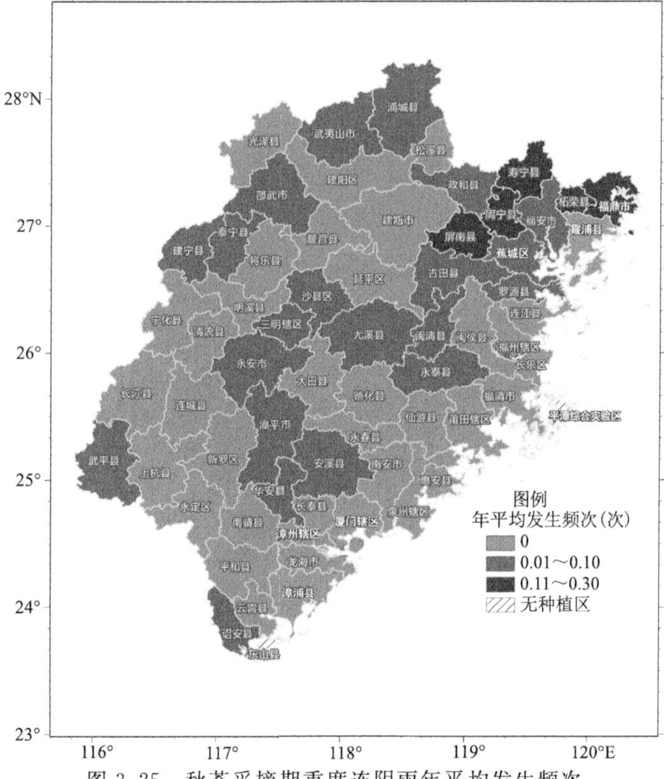


图 3.25　秋茶采摘期重度连阴雨年平均发生频次

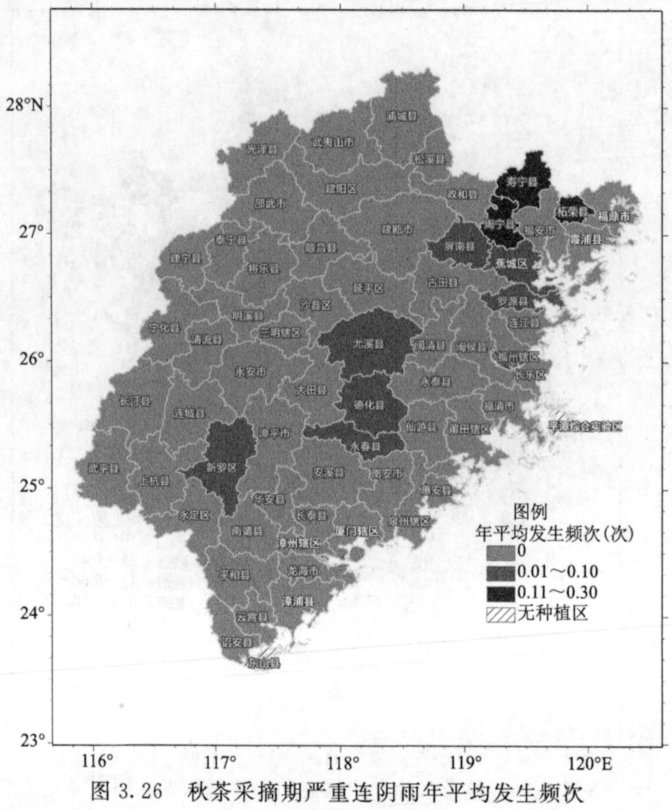


图 3.26　秋茶采摘期严重连阴雨年平均发生频次

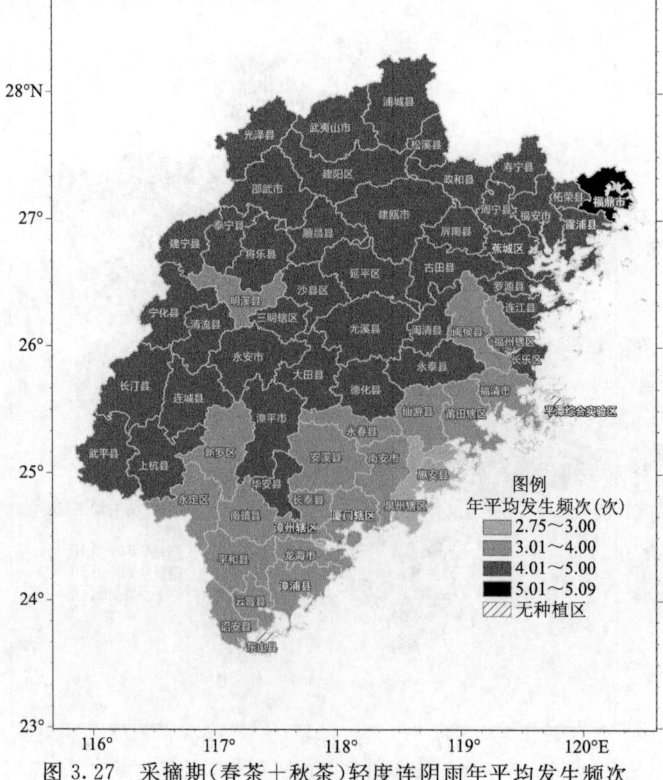


图 3.27　采摘期(春茶＋秋茶)轻度连阴雨年平均发生频次

(2)中度连阴雨

综合春茶和秋茶采摘期的中度连阴雨的年平均发生频次为 1～2 次，泉州市以南沿海县市年平均发生频次在 1.4 次以下，以惠安县 1 次为最小；寿宁县和周宁县的年平均发生频次在 2 次以上，其余县市在 1.4～2 次(图 3.28)。

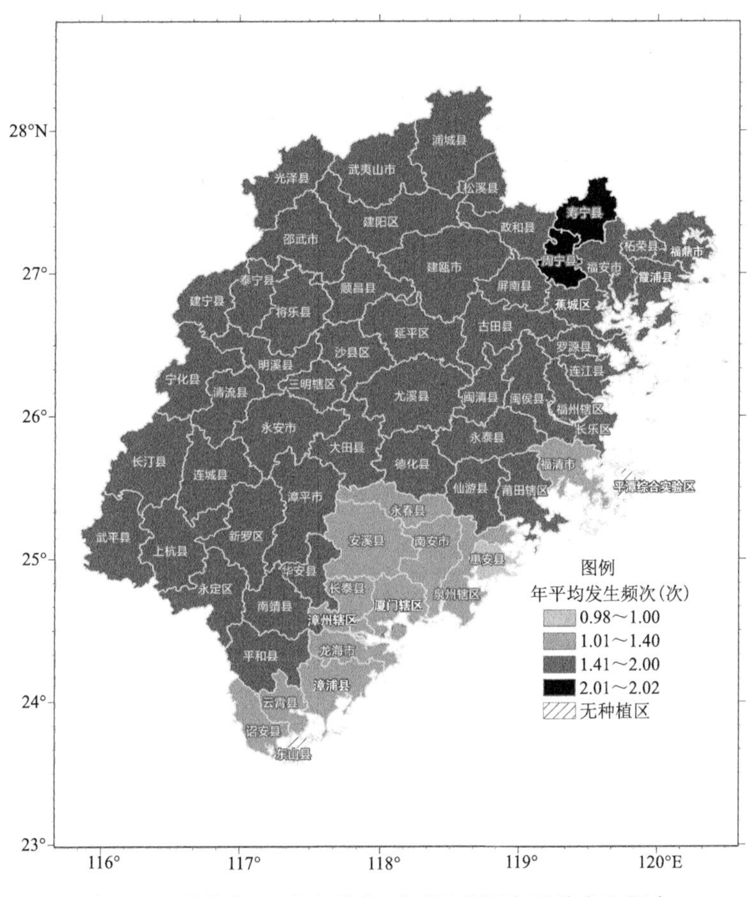


图 3.28　采摘期(春茶＋秋茶)中度连阴雨年平均发生频次

(3)重度连阴雨

综合春茶和秋茶采摘期的重度连阴雨的年平均发生频次为 0.5～1.2 次，东部沿海大部县市及北部部分县市的年平均发生频次在 0.7 次以下，以惠安县 0.5 次为最小；大于 1 次的县市有三明市辖区、尤溪县、连城县、寿宁县、周宁县和柘荣县，以周宁县 1.18 次为最大；其余县市年平均发生频次在 0.7～1 次(图 3.29)。

(4)严重连阴雨

综合春茶和秋茶采摘期的严重连阴雨的年平均发生频次为 0.1～1.5 次，福州市以南沿海县市年平均发生频次在 0.5 次以下，以诏安县 0.1 次为最小；武夷山区和鹫峰山区的部分县市在 0.8 次以上，大于 1 次的县市有明溪县、泰宁县、建宁县、屏南县、寿宁县和周宁县，以周宁县 1.5 次为最大；其余县市年平均发生频次在 0.5～0.8 次(图 3.30)。

(六)春秋茶采摘期连阴雨危险性指数与区划

从茶叶种植区评估单元气象观测点采摘期连阴雨危险性归一化指数分布(图3.31)来看，

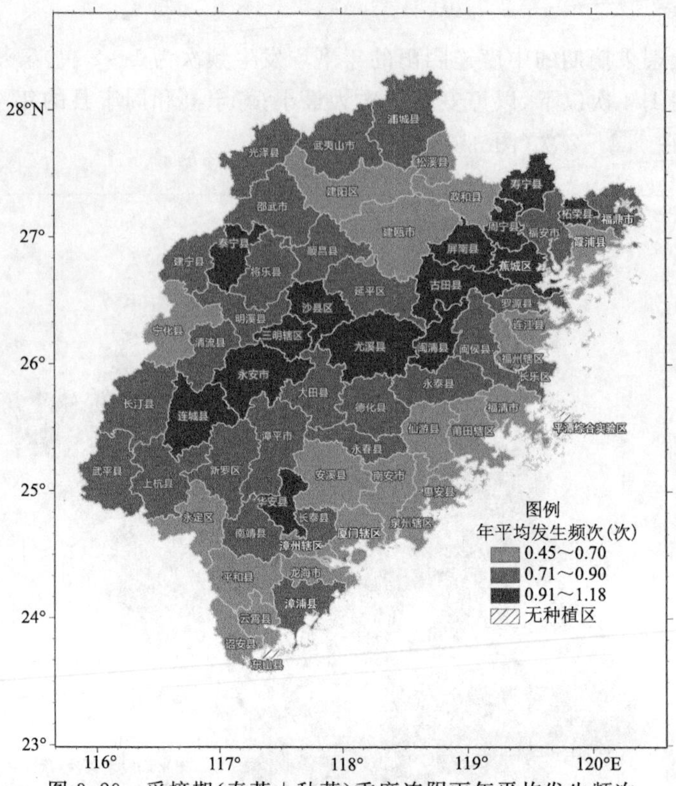


图 3.29　采摘期(春茶＋秋茶)重度连阴雨年平均发生频次

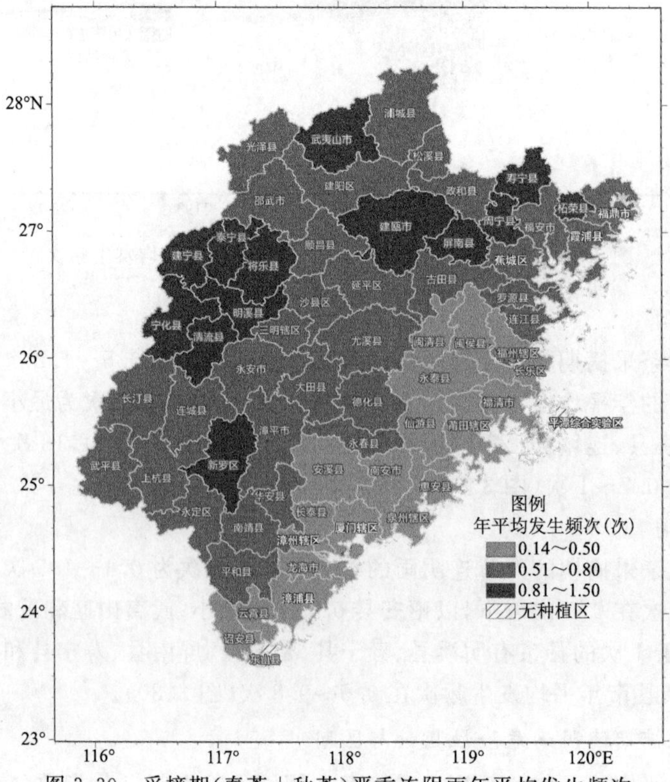


图 3.30　采摘期(春茶＋秋茶)严重连阴雨年平均发生频次

长乐区以南沿海县市、霞浦县、永定县的采摘期连阴雨危险性指数在 0.3 以下，以惠安县为最低；鹫峰山区的高海拔县市、泰宁县采摘期连阴雨危险性指数大于 0.7，以周宁县为最高；宁德市辖区、古田县、尤溪鲜嫩、沙县、三明市辖区、永安市、建宁县、光泽县、邵武市、龙岩市辖区、连城县、武平县的采摘期连阴雨危险性指数在 0.5～0.7；其余县市在 0.3～0.5。

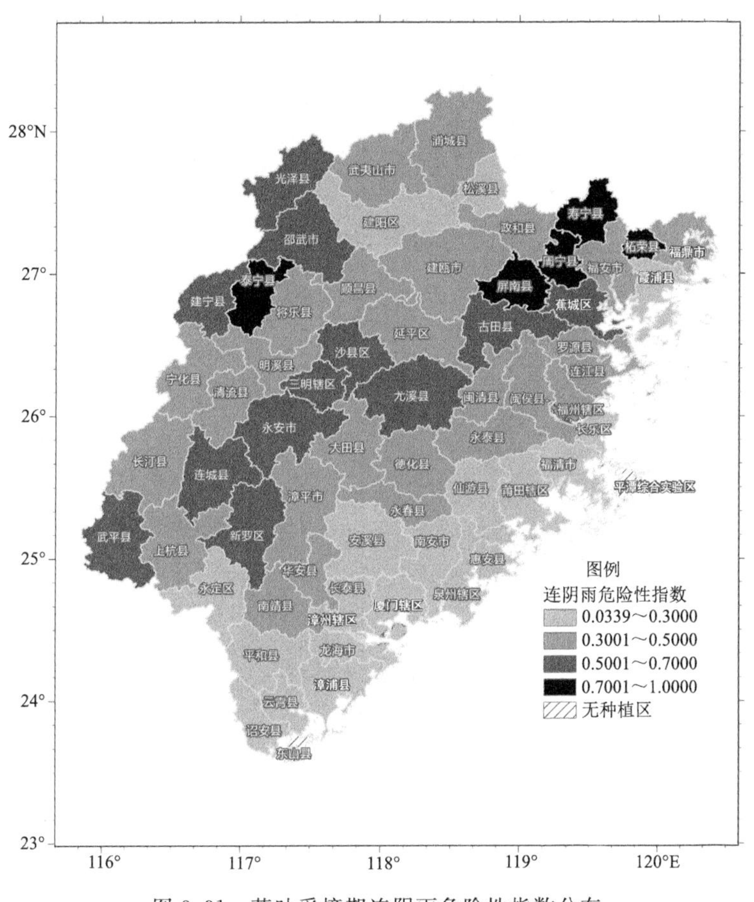


图 3.31 茶叶采摘期连阴雨危险性指数分布

从茶区茶叶采摘期连阴雨危险性区划图(图 3.32)可以看出，沿海县市茶区的茶叶采摘期连阴雨危险性属轻度，该区域茶叶采摘期轻度连阴雨年平均发生频次在 4 次以下，中度以上的采摘期连阴雨年平均发生频次大都在 1 次以下；重度以上的采摘期连阴雨危险性区域分布在鹫峰山区、戴云山区、武夷山区、玳瑁山区、博平岭的高海拔区域，轻度连阴雨年平均发生频次在 4 次以上，中度采摘期连阴雨年平均发生频次在 2 次以上，重度和严重的年平均发生频次在 1 次以上，尤以海拔在 1000 m 以上的地区有严重采摘期连阴雨危险性；其余大部分茶区的茶叶采摘期连阴雨危险性属中度。春茶采摘连阴雨危险性大于秋茶。

**四、茶叶采摘期连阴雨防御措施**

(1)茶叶采摘期避开连阴雨时段，抓住晴好天气或雨歇时段及时采摘茶青。

(2)对已开采的茶园，可利用阴天或雨歇时段加快采摘，采摘后鲜叶摊晾时间适当延长，加工时提高杀青温度，以确保茶叶品质。

(3)茶园做好清沟排水，避免连阴雨造成茶园渍水。

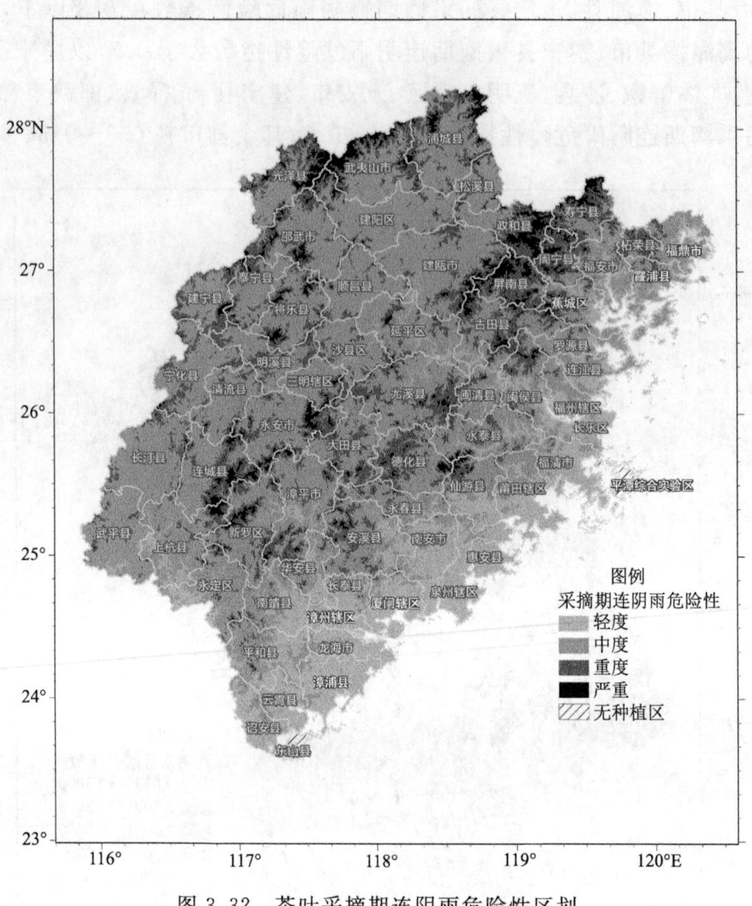


图 3.32　茶叶采摘期连阴雨危险性区划

## 第五节　高温热害

### 一、茶树高温热害气象指标

茶树热害是指在长期高温、干燥的气候条件下，造成茶叶减产，茶树生长受阻或植株死亡的气象灾害。茶树能承受的极端最高温度为 35～40 ℃[31]。高温对茶树的生长发育不利，当日平均气温上升到 30 ℃（或日最高气温超过 35 ℃）以上，相对湿度在 60%以下时，叶片蒸腾作用加大，茶树水分代谢平衡遭到破坏，茶树水分散失速率加快，芽、叶的生长受到抑制，如果这种气候条件持续 8～10 d，茶树将遭受旱热害，茶叶的质量和产量明显下降[37-66]。

### 二、茶树高温热害个例

1986 年 7 月中旬至 9 月，武夷山市出现高温少雨天气，造成新植茶苗死亡 40%[67]。

2002 年 7 月，南靖县从 2 日开始出现连续 5 d≥35 ℃高温天气，最高气温达 39.7 ℃，影响茶树夏、秋梢，茶树生长受抑制；受夏季高温干旱影响，茶园受旱面积达 3.5 万亩，轻则造成芽叶凋萎或成叶枯焦，重则导致新梢芽叶逐渐干枯，甚至整株枯死，造成大量减产[58]。

2007 年 7 月，安溪县出现持续高温天气，影响暑茶和夏茶的质量和价格，对秋茶产量也造成一定影响，全年因高温不良天气造成的损失近亿元[47]。

2007 年 7 月至 8 月上旬，福安市出现持续晴热高温天气，茶园受到不同程度的影响，轻者茶树新梢生长受阻，对夹叶增多，重者茶树叶片出现蕉枯脱落现象，严重影响了夏秋季茶树的生长和幼龄茶树的成活率，还殃及翌年春茶生产，导致春茶减产[68]。

2019 年 8 月，福建出现高温天气过程，8 月 8—15 日有 47 个县(市)日最高气温≥37.0 ℃，8 月 26—29 日共有 50 个县(市)日最高气温≥37.0 ℃；高温伴随少雨，全省大部分地区出现较严重旱热害，导致秋茶产量下降，并影响翌年春茶产量。

## 三、茶树高温热害风险分析与区划

福建高温主要出现在 7—9 月，并影响着茶叶(夏秋茶)产量和品质，因此，以夏季极端最高气温≥35 ℃的持续日数作为茶树高温热害表征指标，以 7—9 月极端最高气温≥35 ℃持续日数的出现频次作为茶树高温热害危险性表征指标(表 3.9)。

**表 3.9　茶树高温热害(7—9 月)危险性等级指标**

| 表征指标 | 风险等级 | | | |
|---|---|---|---|---|
| | 轻度 | 中度 | 重度 | 严重 |
| 持续高温日数($D_h$,d) | $10 \leqslant D_h \leqslant 15$ | $16 \leqslant D_h \leqslant 20$ | $21 \leqslant D_h \leqslant 25$ | $D_h \geqslant 26$ |

### (一)茶树夏季高温危险性发生频次

(1)轻度高温热害

茶区茶树轻度高温热害的年平均发生频次为 0～0.84 次，闽清县、尤溪县、南平市辖区、沙县、建瓯市和松溪县的年平均发生频次在 0.6 次以上，以沙县 0.84 次为最大；在 0.3～0.6 次的县市有浦城县、政和县、福安市、福州市辖区、闽侯县、永泰县、顺昌县、将乐县、三明市辖区、永安市、漳平市和华安县；其余县市在 0.3 次以下，其中沿海的部分县市(霞浦县、长乐区、福清市、莆田市辖区、惠安县、泉州市辖区、漳浦县、云霄县)、鹫峰山区的高海拔县市(寿宁县、周宁县、屏南县、柘荣县)以及德化县平均发生频次为 0，没有出现过高温热害(图 3.33)。

(2)中度高温热害

茶区茶树中度高温热害的年平均发生频次为 0～0.23 次，闽清县、南平市辖区的年平均发生频次在 0.2 次以上，以闽清县 0.23 次为最大；中部内陆的部分县市在 0.1～0.2 次；其余县市在 0.1 次以下，其中宁德市大部、福清市以南沿海县市及西南部部分县市平均发生频次为 0，没有出现过中度高温热害(图 3.34)。

(3)重度高温热害

茶区茶树重度高温热害的年平均发生频次为 0～0.11 次，主要发生在中北部介于东部和西部之间的区域，其中安溪县、建瓯市和政和县年平均发生频次在 0.05 次以上，以建瓯市 0.11 次为最大；其余县市没有出现过重度高温热害(图 3.35)。

(4)严重高温热害

茶区茶树严重高温热害的年平均发生频次为 0～0.07 次，主要发生在中北部介于中部和西部之间的区域，其中尤溪县、三明市辖区的年平均发生频次在 0.05 次以上，以尤溪县 0.07 次为最大；其余县市没有出现过严重高温热害(图 3.36)。

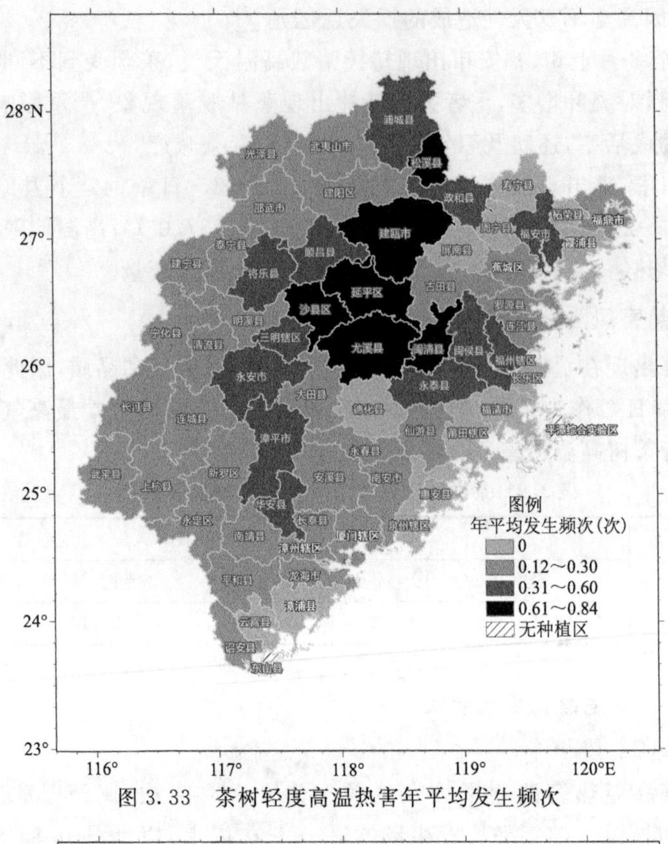


图 3.33　茶树轻度高温热害年平均发生频次

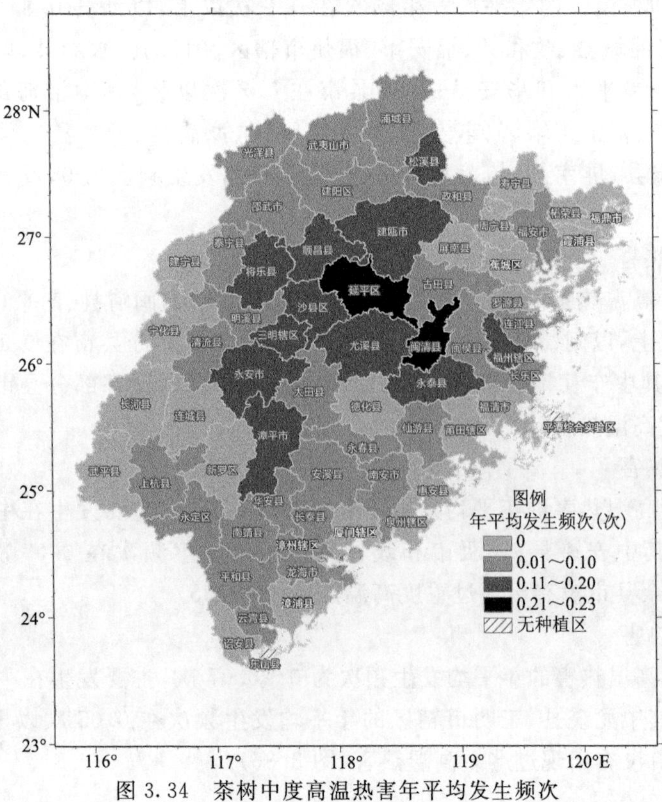


图 3.34　茶树中度高温热害年平均发生频次

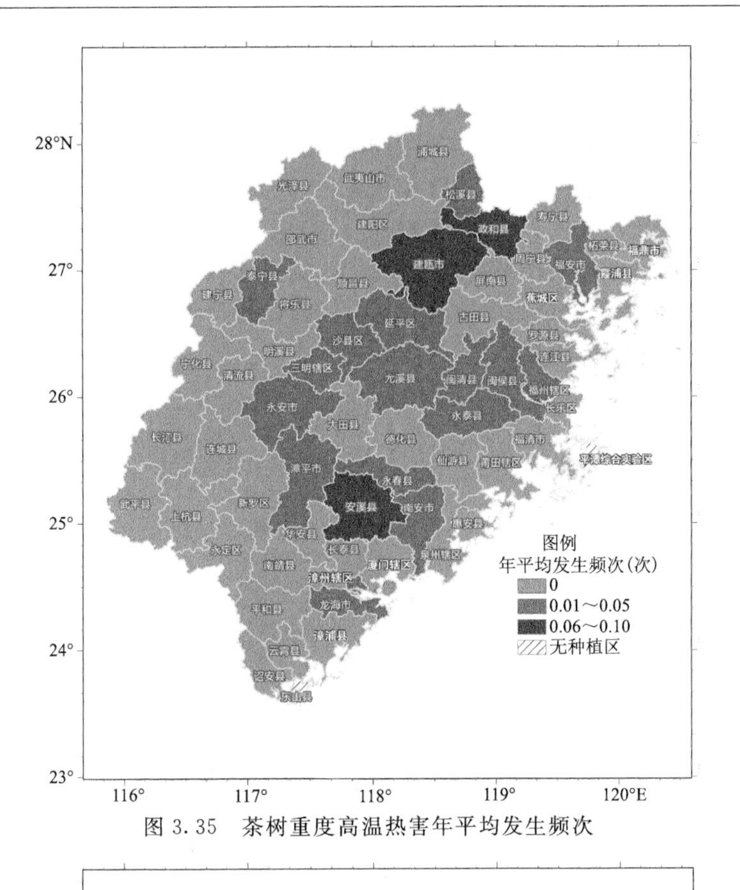


图 3.35　茶树重度高温热害年平均发生频次

图 3.36　茶树严重高温热害年平均发生频次

（二）茶树高温热害危险性指数与区划

从茶叶种植区评估单元气象观测点的茶树高温热害危险性归一化指数分布（图 3.37）来看，茶树高温热害危险性指数大于 0.6 的县市有建瓯市、闽清县、尤溪县、沙县、将乐县、三明市辖区和南平市辖区，以尤溪县为最大；指数在 0.3～0.6 的县市有建阳区、政和县、松溪县、福安市、安溪县、永安市；指数在 0.1～0.3 的县市有仙游县、漳平市、顺昌县、邵武市、建宁县、明溪县；其余县市茶树高温热害危险性指数在 0.3 以下，其中沿海部分县市（福清市、莆田市辖区、惠安县、泉州市辖区、漳浦县）、鹫峰山区和戴云山区高海拔县市（屏南县、寿宁县、周宁县、柘荣县和德化县）的茶树无高温热害危险性。

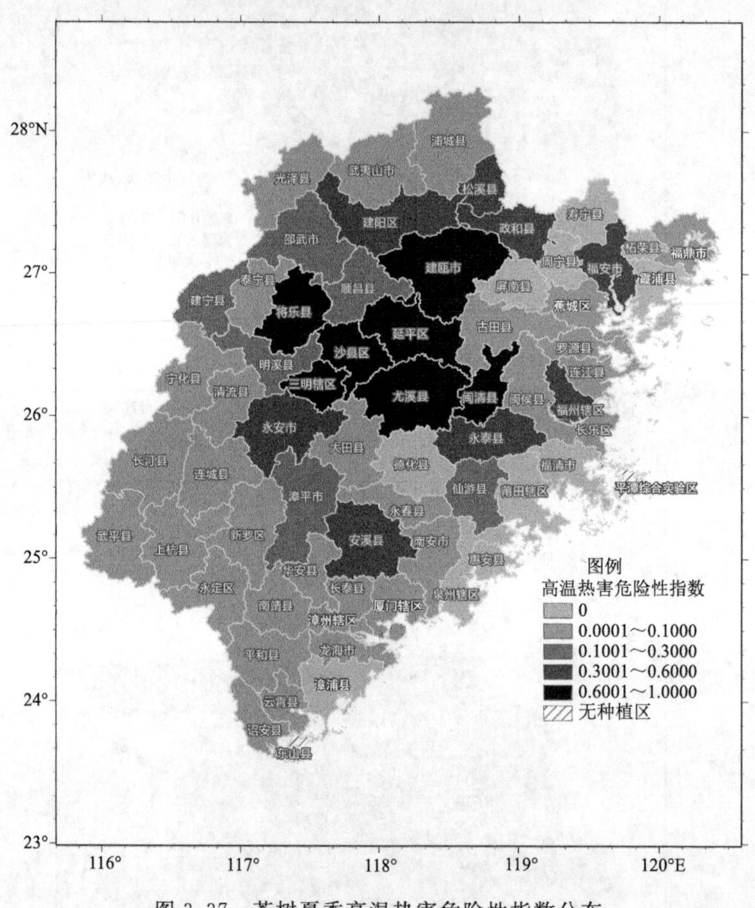


图 3.37　茶树夏季高温热害危险性指数分布

从茶区茶树夏季高温热害危险性区划图（图 3.38）可以看出，沿海部分县市、鹫峰山区和戴云山区高海拔县市（屏南县、寿宁县、周宁县、柘荣县和德化县）茶树无高温热害危险性；南部、西部和东北部的大部分县市的茶树高温热害危险性属轻度至中度；中北部地区介于东部和西部之间的低海拔区域茶树有重度以上的高温热害危险性；其中建瓯市、闽清县、尤溪县、沙县、将乐县、三明市辖区和南平市辖区的低海拔区域茶树有严重高温热害危险性。

## 四、茶树高温热害防御措施

（1）遮阳网遮阴。在茶树上方架设相应密度的遮阳网，如夏季以 30％～40％的遮阴度的

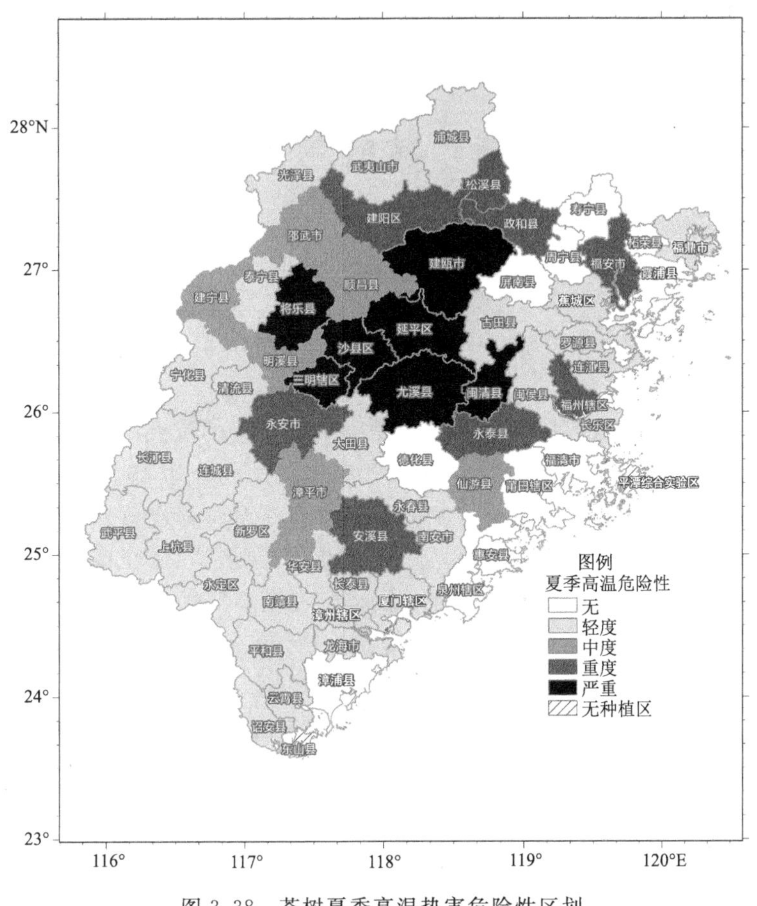


图 3.38　茶树夏季高温热害危险性区划

遮阳网进行适当遮阴，遮阳网与茶蓬保持 40～50 cm 或以上的距离，以有效阻挡日晒，降低茶园树冠温度和地表温度，防止叶片灼伤，避免或减轻夏季高温带来的不利影响，同时注意避免将遮阳网直接覆盖于茶树蓬面上，否则会加重高温危害[69]。

(2)茶园灌溉。当日最高气温达到 35 ℃或日平均气温 30 ℃左右，持续 1 周以上，采用喷灌等方式时进行灌溉，灌溉时间可安排在 09 时之前或 16 时之后，以有效降低茶园空气和叶面温度。

(3)中耕覆草。对茶园进行行间中耕松土，减少土壤水分蒸发，同时利用杂草等覆盖园地，提高茶园土壤保水能力，减轻高温影响。

(4)灾后恢复。对于受高温灼伤的茶树芽、梢，可对受伤部分进行适度修剪，以促进下一轮茶叶生长；高温危害特别严重的茶树需及时进行修剪，剪去茶树蓬面出现的枯死枝条，同时注意修剪程度，一般宜轻不宜重；并在雨后及时施肥，促进茶树恢复正常生长发育。

# 第四章　茶叶气候品质

## 第一节　茶叶基本成分

茶叶品质首先源于茶青的品质，鲜叶原料是生产优质茶的重要基础，涉及茶树树龄、生长环境，特别是气候和土壤质地等因素。茶叶中含有机化学成分达 450 多种，无机矿物元素达 40 多种。茶叶中的有机化学成分和无机矿物元素含有许多营养成分和药效成分。有机化学成分主要有：茶多酚类、植物碱、蛋白质、氨基酸、维生素、果胶素、有机酸、脂多糖、糖类、酶类、色素等。铁观音所含的有机化学成分，如茶多酚、儿茶素、多种氨基酸等含量，明显高于其他茶类。无机矿物元素主要有：钾、钙、镁、钴、铁、锰、铝、钠、锌、铜、氮、磷、氟、碘、硒等。铁观音所含的无机矿物元素，如锰、铁、氟、钾、钠等均高于其他茶类。

茶叶中茶多酚、氨基酸、咖啡碱和可溶性糖含量及其组成，以及矿物营养元素含量，是评价茶叶品质的主要指标，也是茶叶适制性的重要依据。

### 一、茶多酚

茶多酚，又称茶鞣或茶单宁，是茶叶中多酚类物质的总称，约有 30 多种化合物，主要由儿茶素、类黄酮、花青素和酚酸四类物质组成。茶多酚是茶叶内含成分和功能性成分的主体，对茶叶的色香味品质形成有着重要的作用。茶多酚是茶叶中含量最高的一类滋味物质，主要表现为涩味。多酚类物质在茶叶中的含量很高，占鲜叶干物质总量的 18%～36%，占茶汤水浸出物总量的 3/4，其性质极其活跃，能在酶的作用下，发生酶促氧化，也能在湿热作用下发生氧化作用，还能在常温常压下发生缓慢的氧化作用，这些氧化后的多酚类物质，会很快聚合或发生其他一系列作用，生成一些新的化学物质，而影响着茶叶的品质；其中以儿茶素为主的黄烷醇类，其含量占多酚类总量的 70%～80%，占鲜叶干物质总量的 12%～24%，对茶叶的色、香、味品质的形成有重要作用[70-71]。

不同茶树品种的茶多酚和儿茶素含量有很大差异。陆锦时等的研究表明：红茶品种新梢中的茶多酚和儿茶素含量明显高于绿茶品种，其中茶多酚高于绿茶品种 10.95%。儿茶素总量高于绿茶品种 8.9%。所以一般认为：儿茶素总量较高的茶树品种，酯型儿茶素比例较大者，适宜制红茶；儿茶素总量较低的茶树品种，非酯型儿茶素比例较大者，则适宜制绿茶[72]。

但是关于茶多酚与绿茶品质关系的研究结果不尽一致，有些学者认为茶多酚与绿茶品质呈正相关，有的则认为呈负相关[73]。部分学者研究表明，茶多酚含量小于 20%时，与茶汤的滋味呈显著的正相关，在含量为 22%时达到最显著的相关性；茶多酚含量 20%～24%可以维持茶汤的浓度、醇度和鲜爽度三者的和谐；茶多酚含量继续增大时，茶叶的鲜醇度降低，苦涩味加重，此时两者呈负相关性[74-75]。

## 二、氨基酸

氨基酸是茶叶的主要化学成分之一，茶叶中氨基酸的组成、含量以及它们的降解产物和转化产物直接影响茶叶品质，特别是某些氨基酸与茶叶的滋味和香气关系密切，是构成茶叶品质极其重要的成分之一。

氨基酸是呈现茶汤滋味鲜爽的主要物质，对茶汤滋味有着重要的影响，能够增进茶汤鲜爽滋味；氨基酸在茶叶加工中转化成挥发性的醛或其他产物，形成茶叶香气。茶叶中含有1%～4%的氨基酸，茶叶鲜味主要是由于茶叶中的游离氨基酸产生的，茶叶中游离氨基酸有20多种，与滋味有关的主要包括茶氨酸、谷氨酸、天冬氨酸、精氨酸，其中茶氨酸是茶叶中特有的氨基酸，几乎为茶叶所特有，占茶叶干物质的1%～2%，含量约占茶叶氨基酸总量一半左右，并具有明显的鲜爽味[71]。大多数研究认为，茶氨酸与滋味的涩度呈负相关，茶氨酸的含量越高，茶叶的涩度越弱。

氨基酸直接影响着茶叶的品质，特别是对绿茶，绿茶中氨基酸的含量高，茶汤的滋味鲜醇、香气高长，品质优异，两者之间存在着显著的正相关；陆锦时等研究发现，绿茶品种氨基酸含量普遍较红茶品种高6%～13%[72]。

氨基酸含量在不同茶叶种类、不同器官、不同季节和不同老嫩程度均有所不同，表现为：嫩叶＞老叶，氨基酸在嫩芽和嫩叶中的含量最大；嫩梗＞芽＞叶，嫩梗中茶氨酸含量是芽、叶的1～3倍；小叶种＞大叶种；春梢＞秋梢＞夏梢。

## 三、酚氨比

酚氨比是用以评价茶叶适制性的指标之一，酚氨比的高低与茶汤的鲜爽度和滋味密切相关。酚氨比即茶多酚与氨基酸的比值，一般认为，酚氨比低，鲜爽度高，茶叶品质相对较好；酚氨比高，鲜爽度低，茶叶品质相对较差。适制绿茶的品种要求氨基酸含量较高，而茶多酚含量相对较低，需要酚氨比较低的鲜叶原料；适制红茶的品种要求茶多酚含量较高，而氨基酸含量相对较低，需要酚氨比较高的鲜叶原料；而乌龙茶的制作则居于两者之间。普遍认为，酚氨比小于8适制绿茶，在8～15红绿兼制，大于15适制红茶；用酚氨比较大的茶树品种加工成绿茶，往往滋味苦涩，用酚氨比较小的茶树品种加工成红茶，则滋味淡薄[71]。但也有学者提出不同观点，如郭颖等人的研究认为："国内外对于茶叶中的品质成分与茶叶滋味相关的研究虽然较多，但是结果不尽相同"[73]。

## 四、咖啡碱

咖啡碱是茶汤重要的滋味物质，是茶汤苦味的主要来源，影响茶叶滋味的形成。部分学者研究认为，咖啡碱虽然是导致茶汤苦涩的重要因素，但适当含量的咖啡碱可以增加茶汤的滋味，当咖啡碱含量在4.5%以下时，与茶叶品质呈正相关；当咖啡碱含量超过一定阈值后，咖啡碱含量与茶叶品质呈负相关，非络合态的咖啡碱逐渐增多，导致苦味显著，茶叶品质随之下降[73,76]。

## 五、水浸出物

茶叶水浸出物是表征茶叶品质的一项重要指标，水浸出物中决定茶叶色度和滋味的重要成分是茶多酚、氨基酸、咖啡碱，它们与茶叶品质紧密相关。水浸出物与茶叶品质呈正相关，浸出物含量越高，则茶汤中的内含品质成分越丰富，茶汤滋味就越醇厚。

### 六、可溶性糖

茶叶中糖类物质包括单糖、多糖、寡糖和少量其他糖类，糖类化合物随着茶树生长而增加。单糖和多糖是构成茶叶可溶性糖的主要成分，可溶性糖约占茶叶干物质的4%，是茶汤滋味和香气成分之一，是茶汤的主要甜味成分。

## 第二节　影响茶叶品质的气候因素

茶叶品质除受茶树品种遗传性、栽培措施影响外，还受气候、土壤等生态环境的制约。茶叶品质主要是由原料和加工技术两方面决定，鲜叶原料是茶叶品质形成的基础，而气候条件影响着鲜叶的品质。本节阐述影响茶青品质的气象条件。

### 一、温度

温度影响茶叶生长的快慢、茶叶的鲜嫩以及茶叶的品质。茶树在适宜的温度范围内生长发育，有利于氨基酸、多酚类等物质的形成和积累，有利于茶叶品质的提高，高温或低温会导致茶叶生长发育受阻，代谢机能减弱，萌发的芽叶瘦小，内含物降低，致使茶叶品质差。通常春秋两季的温度是最适合茶叶品质养成的，适中的温度可延缓幼芽生长，使大量的氨基酸和茶多酚积累在茶叶中，提升茶叶品质。茶树最适宜的生长温度是18～25 ℃，高于或者低于这个温度都会降低茶叶的品质[77]。

茶树发芽生长初期霜冻，轻、中度者叶片边缘或整叶受冻变色，顶芽和上部腋芽转暗褐色，严重者成叶几乎全部枯萎、脱落，骨干枝及树皮冻裂受伤。受冻后茶叶生长缓慢，叶片变小、泛黄，对夹叶增多，采摘困难[47]。

持续高温会导致茶树叶片叶绿素总量下降，叶绿素a/b比值上升；对夹叶增多，叶片较薄；茶多酚、粗纤维和咖啡碱含量较高，氨基酸、水浸出物含量偏低，儿茶素品质组分恶化；成茶脂型儿茶素、花青素含量较高[47]。

温度与茶青品质有很大关系，气温与茶青中的氨基酸含量呈负相关，与茶多酚含量呈正相关。发芽期早的茶树品种，制出的茶叶品质较好，尤其是绿茶品种尤为明显，因为春季气温较低，发芽较早的品种，其氨基酸含量相对较高，品质相对较好，随着气温的升高，茶多酚含量也相应提高，氨基酸含量逐渐降低，品质也逐渐下降，到夏季高温季节，滋味逐渐变浓而带苦涩味；发芽较早的乌龙茶品种，只要光照充足，品质和制优率也相应较高，发芽期晚，气温较高，茶多酚含量增加，氨基酸含量降低，品质下降[78]。

许多学者研究认为，茶青品质还与较低的日温和较大的温差密切相关，昼夜温差大的环境，有利于茶树芽叶香味物质的形成和积累，通常茶青品质在海拔高度900 m以下区域范围内，是随着海拔高度的增加而提高的；海拔高度超过900 m，茶青品质开始变差[78]。

### 二、水分

降水量也是影响茶叶品质的重要因素，茶树生产1 kg芽叶通常需水400 kg，因此，茶树生长发育需要年降雨量1500 mm左右，生长季节月降雨量在100 mm以上，土壤相对含水量75%左右，空气相对湿度在80%左右，这样的水分状况，最适宜茶树的生长，最有利于茶叶优良品质的形成。若月降水量低于50 mm，空气湿度低于60%或土壤湿度低于50%，茶树生长受阻，鲜叶品质下降。土壤中水分不足时，水解作用加强，茶树体内淀粉、蛋白质、茶多酚含量下降，茶叶生长受阻，易老化，对夹叶多，从而使茶叶品质下降；若土壤水分过多，排水不良，土壤水分长时间处于一种饱和状态，茶树根际土壤空气缺乏，阻碍呼吸作用的正常进行及养分吸收，也会导致茶叶品质降低[77]。

茶叶在品质形成期对湿度的要求是很高的。茶树具有喜潮耐荫的习性，如果降雨量充沛，空气湿度高，茶树的喜潮湿特性会使茶叶茶梢柔软、鲜嫩持久，会使茶叶中成分丰富，茶叶采摘前1个月内的空气相对湿度达70%～80%，十分有利于茶叶品质的提高；但如果降雨量过多，或出现干旱情况，茶树的生长就会受影响，茶叶生长速度会降低，叶片会过于粗硬，最终影响茶叶品质[77]。所谓“高山出好茶”的主要理由就是高山多云雾，湿度大，且温差大，漫射光多，日照时间短，芽叶持嫩性较强，有利于提高茶叶香气，有好的滋味和嫩度。

茶树生长季节出现干旱，养分无法吸收，茶树叶片碳氮合成代谢减弱，氨基酸和蛋白质合成受到严重影响，新梢中的淀粉和双糖含量降低，单糖和纤维素等含量提高，新梢中茶多酚、儿茶素总量和酯型儿茶素含量降低，儿茶素品质指数下降；氨基酸、咖啡碱、水浸出物等品质成分均降低[77]。

## 三、日照

光照对茶树生长发育和茶叶品质的影响明显。光照分直射光和漫射光，漫射光中的蓝、紫光，对提高茶叶品质有促进作用，漫射光多，不利于茶多酚形成，有利于含氮化合物，特别是叶绿素、全氮量和氨基酸含量提高，还有利于芳香物质含量的提高，因而可以提高茶叶品质。光照强度影响光合作用，从而影响有机物质的形成，影响氨基酸的组成与积累，光照强度高，红橙光多，会导致多酚类物质含量高，并使氨基酸分解，含量降低，过弱与过强的光照对氨基酸的组成及总量的积累都不利，因而不利于优良茶叶品质的形成[78]。

日照是茶树叶片进行光合作用制造有机养料以及茶树完成个体发育不可缺少的条件。茶树生长在适度日照条件下，正常芽叶多，叶厚实而质软，持嫩性好，内含可溶成分多，汁水多，这种鲜叶因叶质软，可塑性高，粘合力大，有利于做形，干茶重实，叶底柔软；反之，茶树生长在光照强的环境中，则茶树生长差，对夹叶多，叶质硬，易老化，持嫩性差，内含可溶性物质下降，不溶性物质增多，汁水少，这种鲜叶因叶质硬、可塑性差、汁水少、黏稠性低、粘合力差，做形就比较困难而且干茶轻飘。

研究表明弱光在提高茶树新梢氨基酸总量的同时，降低了茶多酚总量，特别是在提高呈鲜味的氨基酸组分和降低儿茶素苦涩味指数上有显著效果。高山地区由于茶树与光线碰撞产生的散射光，让光质和光强都发生了变化，降低了茶叶的光合作用速率，达到茶叶所需的光照强度，使茶叶中的儿茶素和氨基酸含量大大增加，促进了茶叶品质的提高，使其具备鲜爽的口感。

日照百分率与茶青中的氨基酸含量呈负相关，与茶多酚含量呈正相关。茶树生长期间，日照百分率小于45%，生产的茶叶质量较优；日照百分率小于40%，茶叶质量更好。

## 四、树龄

茶树通常会经历幼苗期、幼年期、成年期和衰老期4个阶段，有关树龄与品质关系的研究表明，不同生物学年龄阶段的茶树，茶叶的品质成分（如水分、茶多酚、水浸出物、咖啡碱、氨基酸等）含量有所不同，茶树鲜叶的茶多酚、茶氨酸、咖啡碱含量随着茶树树龄的增加呈现先上升后下降的趋势，转折点在树龄20年左右，鲜叶内的品质成分含量以幼年期最高，成年期基本稳定，衰老期后大幅度明显下降。茶树栽培在正常肥管条件下，最佳经济树龄约20年，超过30

年树龄的属于衰老期茶树，茶树在衰老之前，茶多酚、茶氨酸、咖啡碱的含量与树龄呈现极显著的正相关，衰老期茶树鲜叶品质有所下降，出现“茶树越老，茶质越硬，品质越低劣”的情况；对于衰老茶树，可通过重修剪结合土壤深耕施肥、树冠改造复壮的方法，以改善茶品质。

### 五、季节

不同季节茶树鲜叶的生化成分含量变化较大，春季茶叶氨基酸含量明显高于夏秋季，夏秋季茶多酚含量明显偏高[79]。

茶多酚及儿茶素的季节性变化主要取决于气温的高低变化。夏季气温高，茶叶中茶多酚含量、儿茶素比春季和秋季高，因此，夏茶滋味苦涩，口感不佳，加上氮的供给小于春茶，致使夏茶鲜味不佳，品质下降；而春茶和秋茶的黄酮醇含量明显比夏茶高，茶汤色泽较好。

春秋季节差异对绿茶(福云6号)中的水浸出物、茶多酚含量变化有显著影响，而对咖啡碱、氨基酸含量变化影响不明显。春茶的水浸出物和茶多酚含量均比秋季高，而咖啡碱和氨基酸含量略低于秋茶。春秋季茶叶摘前14 d茶园降水对茶叶水浸出物和茶多酚含量的影响显著，水分条件是影响绿茶理化成分变化的主要因子[80]。

不同季节的光照强度不同，而茶树忌强光直射，适宜在漫射光和散射光环境下生长，特别是日照百分率小于45%时，茶树的光合产物能够充分地积累转化，茶叶品质得到提升。从春季、夏季和秋季的茶鲜叶理化成分分析表明，春季光照强度适宜，茶叶氨基酸总量最高，春茶品质优异；夏季因受到高温强光照影响，茶叶中茶多酚含量最高，夏茶品质较差；秋季光照强度适宜，秋茶的各项品质指标介于两者之间。

### 六、海拔

随着海拔高度的增加，空气相对湿度增加，气温降低，茶梢生长期延长，春梢萌芽期、茶叶采摘期等相对延迟，不同海拔高度气候条件影响着茶叶生长发育及其品质形成。不同海拔高度茶园，茶叶茶多酚含量差异大，氨基酸总量差异较小，酚氨比差异也较大；氨基酸含量通常随海拔高度变化的差异不明显，咖啡碱、水浸出物和酚氨比随海拔升高而呈增加趋势，而茶多酚在一定海拔高度区域范围内是随着海拔高度升高而增加，到达一定高度后，随着海拔高度再升高又呈减少趋势[81]。

随着海拔高度的增加，茶园中年平均气温呈逐渐下降的趋势，年平均日照时数也随着海拔高度的增加而逐渐降低，年平均相对湿度和年降水量随海拔高度提高而增加。高山湿度大，云雾较多，光照短而漫射光多，光合作用形成的糖类化合物缩合困难，茶叶中纤维素不易形成，茶叶鲜叶原料在长时间内保持鲜嫩而不易老化；同时在漫射光条件下，光质中红黄色光多，而蓝紫光不易透过，减少了紫外线的照射，有利于叶绿素、含氮物和香气的形成，氨基酸和咖啡碱含量随海拔高度提高而增加，茶多酚和水浸出物含量均是海拔高度为600 m左右的茶园最高，酚氨比与海拔高度呈明显负相关；此外，海拔较高茶园，昼夜温差大，还有利于茶树氮磷物质的代谢，加快体内循环，促进茶树生长。

俗话说“高山出好茶”，但实际上并不是海拔越高茶叶品质越好，在一定的海拔高度范围内，随着海拔高度升高，氨基酸含量提高，但超过一定高度氨基酸含量反而降低，品质下降。有研究表明，福建北部地区海拔高度为300～600 m的茶园云雾多，漫散射光强，茶叶能积累较多的芳香物质，茶叶肥厚柔软，持嫩性强，茶叶品质好，也较稳定，茶树各方面品质指标优；海拔高度为600 m以上的茶园，由于日照少、温度低，土壤微生物活性弱等原因，反而影响了茶树生长及鲜叶物质的合成积累[82-83]。

“高山云雾出好茶，低山丘陵出早茶”。海拔高则温度低、湿度大，导致茶芽萌发较迟，芽叶生长缓慢、持嫩性好，提高了新梢中可溶性含氮化合物的量，进一步影响氨基酸和香气物质的形成；在多雾高湿的环境条件下，增加漫射光的量，有利于芳香物质的形成，其中蛋氨酸、胱氨酸等影响茶叶香气的氨基酸含量增加；较大的昼夜温差有利于光合产物的积累，增加可溶性糖的含量，调节多酚类物质。谷氨酸、丙氨酸和天冬氨酸等影响茶汤鲜味的氨基酸在海拔较高的地区含量更丰富[84]。

## 第三节　武夷岩茶气候品质

### 一、武夷岩茶品质概况

武夷岩茶为乌龙茶中的极品，有大家闺秀之称，首重“岩韵”。其味甘泽而气馥郁，去绿茶之苦，乏红茶之涩，性和不寒，久藏不坏，香久益清，味久益醇，叶缘朱红，叶底软亮，具绿叶红镶边之特征，茶汤金黄或橙黄色，清澈明艳，其香气馥郁，具幽兰之胜，锐则浓长，清则幽远，滋味浓而醇厚，鲜滑回甘，有“味轻醍醐，香薄兰芷”之感，所谓“品具岩骨花香之胜”即此意境[85]。

武夷山茶叶花色品种很多，代表性的茶树品种有武夷水仙、肉桂、梅占、毛蟹、大红袍、铁罗汉、奇种、奇兰、黄旦、黄观音(代号 105)等品种，武夷山各个岩、山坑、山壑的茶叶品质都有一定差异。

如果以土质构成来划分，武夷山市的乌龙茶可以分为岩茶(紫色土茶嗣)、洲茶(砂土茶园)、外山茶(黄土茶园)。根据海拔高度划分，岩茶分为正岩茶(海拔高)、半岩茶(海拔低)。外山茶分为高山茶与平地茶。品质以正岩茶最好，其次是半岩茶与高山茶，再其次是洲茶，最差的是平地茶。

武夷岩茶传统上可分为“正岩”“半岩”“洲茶”。武夷岩茶原产地域保护范围划分为名岩和丹岩，名岩即是指正岩茶园，所指范围为武夷山风景名胜区内(面积 72 $km^2$)的茶园；丹岩则是指除武夷山风景名胜区以外武夷山市所辖行政区域的茶园。

武夷山正岩茶园产区为典型丹霞地貌，土壤母质绝大部分为火山砾岩与页岩组成，具有母岩的棕红色，经风化、冲蚀，表面呈棕色松散状，厚度为 1 m 以上，pH 在 4.5～5.2。地形地貌的断裂构造，形成的峰、谷、岩、坑、涧众多，所谓“三坑、两涧、两窠、九曲、十八湾、三十六奇峰、九十九岩”景观是这些的具体体现，这是地质构造、流水侵蚀、风化剥蚀、重力崩塌等综合作用的结果。

武夷山气候温和，夏无酷暑，冬无严寒，雨量充沛，春潮、夏湿、秋爽、冬润，溪流不断，云雾迷漫的特征，为茶树生长提供适度的光照和良好的水热条件。此外，在岩坑谷中，由于岩崖和森林的遮阴，在夏季茶树承受散射光，在冬季高崖挡住西北的冷风，且尚有终年不断的岩隙流水补充，因此，岩坑谷的微域气候更为优越[85]。

在茶芽生育过程中，随着新梢成熟度的增大，其内含物也发生着变化。采摘早的鲜叶，咖啡碱、多酚类化合物、含氮量、粗蛋白等可获得较多的含量，而醚浸出物、糖类、果胶等所占比例较少；采摘迟的鲜叶，虽醚浸出物较高，但其他内含物则有所减少。因此，过早过迟采茶对岩茶均不利，早期岩茶(春茶)采摘在谷雨后开山，目前习惯在 4 月底至 5 月初开采，前后持续超过

20 d[85]。

影响武夷岩茶品质的因素是多方面的，其中鲜叶质量是形成武夷岩茶优异品质的基础。据陈华葵等[86]研究，名岩区肉桂鲜叶的内含物更为丰富，其中茶多酚和咖啡碱含量显著高于丹岩区，氨基酸含量显著高于丹岩区肉桂鲜叶；不同岩区肉桂鲜叶的水浸出物含量差异并不显著；从矿质元素来看，名岩区原料鲜叶中的 P 元素和 Cu 元素的含量较低。

据李远华[87]的观测研究，水仙品种芽头，水浸出物、茶多酚、咖啡碱含量变化趋势是春季＞夏季＞秋季，氨基酸含量是春季＞秋季＞夏季。水仙第 1 叶，水浸出物、茶多酚、氨基酸含量变化是春季＞夏季＞秋季，茶多酚含量春季特别高，达 40.54%；咖啡碱含量变化趋势是春季＞秋季＞夏季。肉桂第 5 叶，水浸出物、茶多酚、咖啡碱含量是春季＞秋季＞夏季，咖啡碱含量春季特别高，达 6.53%；氨基酸含量变化是夏季＞秋季＞春季。

## 二、武夷岩茶(春茶)茶青品质分析

按照武夷岩茶正岩区、半岩区及高山区、外山区、田里和洲茶的不同茶区，总计选取了 6 家武夷岩茶茶叶企业的茶园采样点，分别是武夷山市凯铭萱茶厂(编号 C1)、武夷山市友华岩茶厂(编号 C2)、武夷山和茗生态茶业有限公司(编号 C3)、武夷山市仙茗岩茶厂(编号 C4)、武夷山市发旺岩茶厂(编号 C5)、武夷山道一茶业有限公司(编号 C6)。采样品种为武夷肉桂茶，在 2018—2021 年肉桂春茶采摘期，采摘一芽二叶，每个样本采摘春茶鲜叶重 500 g，蒸青烘干，进行茶青品质检测，肉桂茶青理化成分检测结果见表 4.1。

**表 4.1　武夷肉桂(春茶)主要理化成分**

| 茶园编号 | 海拔(m) | 茶多酚(%) | | | | 游离氨基酸总量(%) | | | | 水浸出物(%) | | | | 咖啡碱(%) | | | |
|---|---|---|---|---|---|---|---|---|---|---|---|---|---|---|---|---|---|
| | | 2018 年 | 2019 年 | 2020 年 | 2021 年 | 2018 年 | 2019 年 | 2020 年 | 2021 年 | 2018 年 | 2019 年 | 2020 年 | 2021 年 | 2018 年 | 2019 年 | 2020 年 | 2021 年 |
| C1 | 270 | 15.4 | 15.6 | 13.3 | 16.2 | 1.7 | 2.6 | 2.9 | 3.7 | 39.6 | 37.8 | 33.2 | 41.1 | 1.7 | 2.1 | 2.6 | 2.2 |
| C2 | 318 | 16.6 | 15.9 | 17.2 | / | 2.0 | 2.9 | 3.1 | / | 42.4 | 35.0 | 42.3 | / | 2.0 | 2.3 | 2.8 | / |
| C3 | 234 | 12.9 | 14.3 | 16.4 | / | 2.5 | 2.8 | 3.4 | / | 40.8 | 34.8 | 40.1 | / | 2.1 | 2.1 | 2.4 | / |
| C4 | 224 | 14.6 | 14.6 | 12.2 | 15.5 | 2.2 | 2.5 | 2.3 | 3.2 | 41.0 | 37.4 | 33.3 | 41.4 | 2.1 | 1.6 | 2.4 | 1.6 |
| C5 | 223 | 17.4 | 17.4 | 14.8 | / | 2.7 | 2.9 | 2.9 | / | 40.6 | 41.3 | 36.4 | / | 2.3 | 2.1 | 2.4 | / |
| C6 | 409 | 14.4 | 15.4 | 15.7 | 16.9 | 1.9 | 2.7 | 2.9 | 3.2 | 40.6 | 36.1 | 39.3 | 45.2 | 1.9 | 1.9 | 2.6 | 2.2 |

2018—2021 年武夷肉桂(春茶)的茶多酚含量在 12.2%～17.4%，其中武夷山市发旺岩茶厂 2018 年和 2019 年武夷肉桂的茶多酚含量最高，武夷山市仙茗岩茶厂 2020 年武夷肉桂茶多酚含量最低；从各采样点的不同年份茶多酚含量来看，2021 年武夷肉桂茶多酚含量最高，平均达到 16.2%，其余 3 年茶多酚含量平均在 15%左右；从各采样点的不同地理位置的茶多酚含量来看，茶多酚含量平均值在 14.2%～16.6%，以武夷山市仙茗岩茶厂茶多酚含量均值最低，以武夷山市友华岩茶厂茶多酚含量均值最高。

2018—2021 年武夷肉桂(春茶)的游离氨基酸在 1.7%～3.7%，其中武夷山市凯铭萱茶厂 2021 年的武夷肉桂游离氨基酸含量最高，武夷山市凯铭萱茶厂 2018 年的武夷肉桂游离氨基酸含量最低；从各采样点的不同年份游离氨基酸含量来看，2021 年武夷肉桂的游离氨基酸含量最高，平均达到 3.4%，2018 年游离氨基酸含量最低，平均达到 2.2%，2019 年和 2020 年游离氨基酸含量居中，分别为 2.7%和 2.9%；从各采样点的不同地理位置的游离氨基酸含量来看，游离氨基酸含量平均值在2.6%～2.9%，以武夷山市仙茗岩茶厂游离氨基酸含量均值最低，以武夷山和茗生态茶业有限公司游离氨基酸含量均值最高。

2018—2021年武夷肉桂(春茶)的水浸出物含量在33.2%～45.2%，其中武夷山道一茶业有限公司2021年的武夷肉桂水浸出物含量最高，武夷山市凯铭萱茶厂2020年的武夷肉桂水浸出物含量最低；从各采样点的不同年份水浸出物含量来看，2018年和2021年武夷肉桂的水浸出物含量相对较高，平均值分别达到40.8%和42.6%，2019年和2020年相对较低，平均值分别达到37.1%和37.4%；从各采样点的不同地理位置的水浸出物含量来看，水浸出物平均值在37.9%～40.3%，以武夷山市凯铭萱茶厂水浸出物含量均值最低，以武夷山道一茶业有限公司水浸出物含量均值最高。

2018—2021年武夷肉桂(春茶)的咖啡碱含量在1.6%～2.8%，其中武夷山市友华岩茶厂2020年的武夷肉桂咖啡碱含量最高，武夷山市仙茗岩茶厂2019年和2021年的武夷肉桂咖啡碱含量最低；从各采样点的不同年份咖啡碱含量来看，2020年武夷肉桂的咖啡碱最高，平均值达到2.5%，其余3年平均值均为2.0%；从各采样点的不同地理位置的咖啡碱含量来看，咖啡碱含量平均值在1.9%～2.4%，以武夷山市仙茗岩茶厂咖啡碱含量均值最低，以武夷山市友华岩茶厂咖啡碱含量均值最高。

### 三、影响武夷岩茶茶青品质的关键气象因子和影响时段

根据在武夷山市不同地理位置茶园各采样点的肉桂春茶采摘日期，统计各采样点萌芽至采摘期的气象因子数据(采摘期前80 d)，以10 d为间隔，即统计采摘前10 d、前20 d、…、前80 d的采样点平均温度、积温、有效积温、气温日较差均值、适温天数[①]、累计雨日、平均相对湿度和累计日照时数。其中，采样点各采摘期下各时段的平均温度、积温、有效积温、气温日较差均值、适温天数、累计雨日采用临近气象站数据，平均相对湿度和累计日照时数通过武夷山市及周边地区气象台站的数据插值获得，插值模型总体复相关系数均在0.8以上，模型拟合效果较好。

采用游离氨基酸、茶多酚、水浸出物、咖啡碱4项品质检测数据作为肉桂茶综合品质的表征指标，并对各表征指标进行归一化处理，按照式(4.1)加权求和，得到肉桂茶综合品质指数。

$$I=0.4a_1+0.3a_2+0.15a_3+0.15a_4 \tag{4.1}$$

式中，$I$为肉桂茶综合品质指数，$a_1$为游离氨基酸总量归一化序列，$a_2$为茶多酚归一化序列，$a_3$为水浸出物归一化序列，$a_4$为咖啡碱归一化序列。

通过茶青品质检测4项数据和综合品质指数分别与上述不同时间段的气象因子进行相关性分析，确定出影响武夷山肉桂(春茶)鲜叶品质的关键气象因子和主要影响时段。

#### (一)影响春茶茶多酚的气象因子

从春茶茶多酚与气象因子相关性分析(表4.2)可见，武夷岩茶(春茶)茶多酚含量与采摘日至前10 d的平均相对湿度呈弱正相关，可见采摘前10 d相对湿度越大，茶多酚含量会有所提高；与采摘前30 d的适温天数呈正相关，可见适宜温度天数越多，茶多酚累积的叶越多；与采摘前60 d的气温日较差呈弱负相关，可见气温波动越大，茶多酚含量越低；与采摘前30 d的累计日照时数呈负相关，光照越多反而不利于茶多酚含量的提高；与萌芽至采摘期的有效积

---

① 适温天数：指适宜温度天数，下同。

温、累计雨日相关性不明显。综合来看，气象因子对武夷岩茶(春茶)茶多酚含量的影响较弱，主要影响因子有采摘前 10 d 平均相对湿度、采摘前 30 d 适温天数、采摘前 60 d 气温日较差均值和采摘前 30 d 累计日照时数。

**表 4.2　春茶茶多酚与气象因子相关系数**

| 时间段 | 有效积温 | 气温日较差均值 | 适温天数 | 累计雨日 | 累计日照时数 | 平均相对湿度 |
|---|---|---|---|---|---|---|
| 前 10 d | −0.031 | 0.003 | −0.064 | −0.122 | 0.063 | 0.182 |
| 前 20 d | 0.079 | −0.123 | 0.140 | 0.015 | −0.107 | 0.157 |
| 前 30 d | 0.088 | −0.182 | 0.151 | −0.044 | −0.205 | 0.175 |
| 前 40 d | 0.098 | −0.163 | 0.122 | −0.099 | −0.080 | 0.147 |
| 前 50 d | 0.095 | −0.206 | 0.131 | 0.010 | −0.121 | 0.180 |
| 前 60 d | 0.075 | −0.225 | 0.110 | −0.070 | −0.094 | 0.173 |
| 前 70 d | 0.023 | −0.200 | 0.021 | −0.023 | −0.109 | 0.177 |
| 前 80 d | 0.009 | −0.162 | 0.013 | 0.019 | −0.086 | 0.169 |

(二)影响春茶游离氨基酸含量的气象因子

从春茶游离氨基酸与气象因子相关性分析(表 4.3)可见，武夷岩茶(春茶)游离氨基酸含量与采摘日至前 80 d 的有效积温呈负相关，尤其与采摘前 40 d 的有效积温负相关最大，可见采摘前 40 d 相对较低的温度有利于氨基酸的积累；与采摘前 10 d 的气温日较差均值、累计日照时数呈现明显正相关，可见采摘前 10 d 的温差越大、光照越充足，越有利于氨基酸含量的提高；与采摘前 60 d 的平均相对湿度呈现弱正相关，可见采摘前 2 个月相对湿度越大，越有利于氨基酸的积累；与降水日数相关性不明显。综合来看，影响武夷岩茶(春茶)游离氨基酸含量的主要气象因子是采摘前 10 d 的气温日较差均值、累计日照时数和采摘前 40 d 的有效积温。

**表 4.3　春茶游离氨基酸与气象因子相关系数**

| 时间段 | 有效积温 | 气温日较差均值 | 适温天数 | 累计雨日 | 累计日照时数 | 平均相对湿度 |
|---|---|---|---|---|---|---|
| 前 10 d | −0.380 | 0.528 | −0.368 | −0.025 | 0.599 | −0.175 |
| 前 20 d | −0.302 | 0.270 | −0.199 | 0.143 | 0.235 | −0.103 |
| 前 30 d | −0.347 | −0.002 | −0.181 | −0.013 | −0.036 | 0.056 |
| 前 40 d | −0.409 | −0.141 | −0.361 | 0.008 | −0.269 | 0.108 |
| 前 50 d | −0.306 | −0.182 | −0.294 | −0.092 | −0.391 | 0.166 |
| 前 60 d | −0.340 | −0.394 | −0.357 | 0.131 | −0.634 | 0.264 |
| 前 70 d | −0.313 | −0.358 | −0.326 | 0.014 | −0.600 | 0.221 |
| 前 80 d | −0.307 | −0.302 | −0.334 | 0.067 | −0.441 | 0.207 |

(三)影响春茶水浸出物的气象因子

从春茶水浸出物与气象因子相关性分析(表 4.4)可见，武夷岩茶(春茶)水浸出物含量与采摘日至前 80 d 的气温日较差均值呈现明显正相关，温差越大，水浸出物越多；与采摘前 60 d 的适温天数、采摘前 80 d 的累计日照时数呈明显正相关，可见采摘前 2～3 个月适温天数越多，光照越充足，水浸出物含量越高；与采摘前 80 d 的平均相对湿度呈现明显正相关，与采摘前40 d的累计雨日呈负相关，可见相对湿度越大，累计雨日越少，水浸出物越多；此外，与采摘前80 d的有效积温呈正相关。综合来看，影响武夷岩茶(春茶)水浸出物含量的主要气象因子是采摘前80 d的气温日较差均值、累计日照时数和平均相对湿度，采摘前60 d的适温天数以及采摘前40 d的累计雨日。

**表 4.4　春茶水浸出物与气象因子相关系数**

| 时间段 | 有效积温 | 气温日较差均值 | 适温天数 | 累计雨日 | 累计日照时数 | 平均相对湿度 |
|---|---|---|---|---|---|---|
| 前 10 d | 0.121 | −0.098 | 0.194 | −0.098 | −0.083 | −0.083 |
| 前 20 d | 0.043 | −0.069 | 0.192 | −0.061 | −0.141 | −0.141 |
| 前 30 d | 0.192 | 0.021 | 0.247 | −0.245 | −0.115 | −0.115 |
| 前 40 d | 0.264 | 0.259 | 0.304 | −0.483 | 0.229 | 0.229 |
| 前 50 d | 0.262 | 0.227 | 0.360 | −0.300 | 0.238 | 0.238 |
| 前 60 d | 0.268 | 0.223 | 0.380 | −0.428 | 0.221 | 0.221 |
| 前 70 d | 0.238 | 0.308 | 0.324 | −0.360 | 0.316 | 0.316 |
| 前 80 d | 0.237 | 0.368 | 0.321 | −0.369 | 0.364 | 0.364 |

(四)影响春茶咖啡碱的气象因子

从春茶咖啡碱与气象因子相关性分析(表 4.5)可见，武夷岩茶(春茶)咖啡碱含量与采摘日至前30 d的气温日较差均值呈现显著正相关，尤其与前10 d的气温日较差均值相关最大，可见温差越大，越有利于咖啡碱含量的提高；与采摘前30 d的累计日照时数呈现显著正相关，可见采摘前1个月光照越足，越有利于咖啡碱积累；与采摘前40 d的有效积温、适温天数，前10 d的平均相对湿度呈现明显负相关，可见温度和湿度水平越低，咖啡碱含量越高；与雨日的关系不明显。综合来看，影响武夷岩茶(春茶)咖啡碱含量的主要气象因子是采摘前10 d的气温日较差均值和平均相对湿度，采摘前30 d的累计日照时数，采摘前40 d的有效积温和适温天数。

**表 4.5　春茶咖啡碱与气象因子相关系数**

| 时间段 | 有效积温 | 气温日较差均值 | 适温天数 | 累计雨日 | 累计日照时数 | 平均相对湿度 |
|---|---|---|---|---|---|---|
| 前 10 d | −0.213 | 0.715 | −0.335 | −0.012 | 0.601 | −0.398 |
| 前 20 d | −0.302 | 0.651 | −0.571 | 0.061 | 0.683 | −0.314 |
| 前 30 d | −0.515 | 0.617 | −0.656 | −0.134 | 0.696 | −0.254 |
| 前 40 d | −0.594 | 0.310 | −0.716 | 0.145 | 0.295 | −0.077 |
| 前 50 d | −0.481 | 0.255 | −0.615 | −0.160 | 0.093 | −0.029 |
| 前 60 d | −0.441 | 0.121 | −0.544 | −0.037 | −0.063 | 0.030 |
| 前 70 d | −0.310 | 0.082 | −0.370 | −0.074 | −0.165 | 0.015 |
| 前 80 d | −0.279 | 0.129 | −0.325 | −0.135 | −0.051 | −0.020 |

(五)影响茶青综合品质的气象因子

从春茶综合品质指数与气象因子相关性分析(表 4.6)可见，武夷岩茶(春茶)茶青综合品质与采摘前10 d气温日较差均值、累计日照时数呈现显著正相关，可见采摘前10 d温差越大、光照越足，越有利于茶青品质的提高；与采摘前60 d的平均相对湿度呈正相关，可见肉桂茶萌芽以后直至采摘期间的湿度越大，茶青品质越好；与采摘前 40 d 的有效积温和适温天数呈现负相关，可见肉桂茶在相对较低的温度水平下生长发育，越有利于茶青品质的提高。综合来看，影响武夷岩茶（春茶）茶青综合品质的主要气象因子是采摘前 10 d 的气温日较差均值、采摘前 10 d 累计日照时数、采摘前 60 d 平均相对湿度、采摘前 40 d 的有效积温。

**表 4.6　春茶综合品质指数与气象因子相关系数**

| 时间段 | 有效积温 | 气温日较差均值 | 适温天数 | 累计雨日 | 累计日照时数 | 平均相对湿度 |
|---|---|---|---|---|---|---|
| 前 10 d | −0.296 | 0.499 | −0.315 | −0.074 | 0.544 | −0.126 |
| 前 20 d | −0.248 | 0.273 | −0.185 | 0.106 | 0.252 | −0.077 |
| 前 30 d | −0.307 | 0.075 | −0.181 | −0.087 | 0.043 | 0.038 |
| 前 40 d | −0.374 | −0.046 | −0.317 | −0.063 | −0.111 | 0.092 |
| 前 50 d | −0.244 | −0.104 | −0.238 | −0.135 | −0.251 | 0.156 |
| 前 60 d | −0.207 | −0.283 | −0.269 | −0.003 | −0.441 | 0.229 |
| 前 70 d | −0.151 | −0.247 | −0.248 | −0.064 | −0.432 | 0.198 |
| 前 80 d | −0.142 | −0.179 | −0.247 | −0.029 | −0.286 | 0.174 |

## 四、武夷岩茶（春茶）气候品质等级评价

### （一）构建茶叶气候品质认证表征指标

通过武夷岩茶（春茶）品质与气象因子相关性分析，确定影响武夷岩茶品质的 4 个气候适宜性指标；另外，通过资料查阅、生产调查、走访茶叶专家等方法确定了影响武夷岩茶品质的 3 个气象灾害指标，二者共同构成了武夷岩茶气候品质认证的表征指标（表 4.7、表 4.8）。

**表 4.7　武夷山春茶气候品质气候适宜性指标及等级标准**

| 评价等级($M_i$) | 采摘前 40 d 有效积温(℃) | 采摘前 10 d 气温日较差均值(℃) | 采摘前 60 d 平均相对湿度(%) | 采摘前 10 d 累计日照时数(h) |
|---|---|---|---|---|
| 4 | $\sum T \leqslant 250$ | $\Delta T > 11$ | $U > 85$ | $S > 45$ |
| 3 | $250 < \sum T \leqslant 350$ | $8 < \Delta T \leqslant 11$ | $80 < U \leqslant 85$ | $25 < S \leqslant 45$ |
| 2 | $350 < \sum T \leqslant 500$ | $7 < \Delta T \leqslant 8$ | $70 < U \leqslant 80$ | $20 < S \leqslant 25$ |
| 1 | $\sum T > 500$ | $\Delta T \leqslant 7$ | $U \leqslant 70$ | $S \leqslant 20$ |

**表 4.8　武夷山春茶气候品质气象灾害指标及等级标准**

| 评价等级($N_j$) | 采摘前 3 d 累计阴雨日数(d) | 萌芽至采摘期连续无雨日数(d) | 萌芽至采摘期极端最低气温(℃) |
|---|---|---|---|
| 0 | $D_r = 0$ | $D_d \leqslant 10$ | $T_d \geqslant 4$ |
| 1 | $D_r = 1$ | $10 < D_d \leqslant 15$ | $2 \leqslant T_d < 4$ |
| 2 | $D_r = 2$ | $15 < D_d \leqslant 20$ | $0 \leqslant T_d < 2$ |
| 3 | $D_r = 3$ | $D_d > 20$ | $T_d < 0$ |

### （二）确定茶叶气候品质认证表征指标权重

用层次分析法确定影响武夷岩茶品质的气候适宜性指标权重，通过咨询多个专家对各适宜性指标进行打分，构建判断矩阵（表 4.9）。

**表 4.9 影响武夷岩茶品质的气候适宜性指标判断矩阵**

| 指标 | 前 40 d 有效积温 | 前 10 d 气温日较差均值 | 前 60 d 平均相对湿度 | 前 10 d 累计日照时数 |
|---|---|---|---|---|
| 前 40 d 有效积温 | 1 | 1/3 | 1/5 | 1/3 |
| 前 10 d 气温日较差均值 | 3 | 1 | 1/3 | 1 |
| 前 60 d 平均湿度 | 5 | 3 | 1 | 3 |
| 前 10 d 累计日照时数 | 3 | 1 | 1/3 | 1 |

用层次分析法确定影响武夷岩茶品质的气象灾害指标权重，通过咨询多个专家对各灾害指标进行打分，构建判断矩阵(表 4.10)。

**表 4.10 影响武夷岩茶品质的气象灾害指标判断矩阵**

| 指标 | 采摘前 3 d 累计阴雨日数 | 萌芽至采摘期连续无雨日数 | 萌芽至采摘期极端最低气温 |
|---|---|---|---|
| 采摘前 3 d 累计阴雨日数 | 1 | 5 | 3 |
| 萌芽至采摘期连续无雨日数 | 1/5 | 1 | 1/3 |
| 萌芽至采摘期极端最低气温 | 1/3 | 3 | 1 |

对判断矩阵进行最大特征根和特征向量计算、一致性检验等获得权重。用专家打分法确定影响武夷岩茶品质的气候适宜性指标、气象灾害指标二者之间的权重。各评价指标的权重计算结果见表 4.11。

**表 4.11 武夷山春茶气候品质表征指标权重**

<table>
<tr><td rowspan="3">指标</td><td colspan="4">影响品质的气候适宜性指标</td><td colspan="3">影响品质的气象灾害指标</td></tr>
<tr><td colspan="4">0.8</td><td colspan="3">0.2</td></tr>
<tr><td>前 40 d 有效积温</td><td>前 10 d 气温日较差均值</td><td>前 60 d 平均相对湿度</td><td>前 10 d 累计日照时数</td><td>累计阴雨日数</td><td>连续无雨日数</td><td>极端最低气温</td></tr>
<tr><td>权重</td><td>0.0776</td><td>0.201</td><td>0.5205</td><td>0.201</td><td>0.637</td><td>0.1047</td><td>0.2583</td></tr>
</table>

(三)建立武夷岩茶(春茶)气候品质评价模型

建立武夷岩茶气候品质评价模型如下：

$$\mathrm{Tcqi}=0.8(0.0776\,M_1+0.201\,M_2+0.5205\,M_3+0.201\,M_4)-0.2(0.637\,N_1+0.1047\,N_2+0.2583\,N_3) \quad (4.2)$$

式中，Tcqi 为武夷岩茶气候品质指数，$M_1$、$M_2$、$M_3$、$M_4$、$N_1$、$N_2$、$N_3$分别表示采摘前 40 d 有效积温评价等级、采摘前 10 d 气温日较差均值评价等级、采摘前 60 d 平均相对湿度评价等级、采摘前 10 d 累计日照时数评价等级、采摘前 3 d 累计阴雨日数评价等级、萌芽至采摘期连续无雨日数评价等级、萌芽至采摘期极端最低气温评价等级。

(四)确定武夷岩茶气候品质认证等级标准

采用自然断点法和武夷山春茶生产实际调查相结合的方法，将武夷岩茶(春茶)气候品质认证等级划分如表 4.12 所示。

(五)武夷岩茶(春茶)气候品质认证结果

利用 2010—2021 年武夷山市气象数据，根据武夷岩茶(春茶)气候品质认证模型和春茶气候品质认证等级(表 4.12)，计算获得 2010—2021 年各采样点武夷岩茶(春茶)气候品质指数和认证等级(表 4.13)。

**表 4.12　武夷岩茶(春茶)气候品质认证等级**

| 等级 | 特优 | 优 | 良 | 一般 |
|---|---|---|---|---|
| 茶叶气候品质指数 | Tcqi≥2.4 | 2.0≤Tcqi＜2.4 | 1.7≤Tcqi＜2.0 | Tcqi＜1.7 |

**表 4.13　2010—2021 年武夷岩茶(春茶)气候品质认证等级**

| 采样点 | 年份 | 品质指数 | 认证等级 | 采样点 | 年份 | 品质指数 | 认证等级 |
|---|---|---|---|---|---|---|---|
| 武夷星茶业有限公司 | 2010 | / | / | 武夷山市凯铭萱茶厂 | 2010 | 2.6 | 特优 |
| | 2011 | / | / | | 2011 | 2.2 | 优 |
| | 2012 | / | / | | 2012 | 1.9 | 良 |
| | 2013 | / | / | | 2013 | 1.8 | 良 |
| | 2014 | / | / | | 2014 | 1.6 | 一般 |
| | 2015 | 2.0 | 优 | | 2015 | 2.0 | 优 |
| | 2016 | 2.4 | 特优 | | 2016 | 2.1 | 优 |
| | 2017 | 2.8 | 特优 | | 2017 | 2.7 | 特优 |
| | 2018 | 1.7 | 良 | | 2018 | 1.4 | 一般 |
| | 2019 | 2.8 | 特优 | | 2019 | 1.9 | 良 |
| | 2020 | 2.4 | 特优 | | 2020 | 2.7 | 特优 |
| | 2021 | 2.5 | 特优 | | 2021 | 2.0 | 优 |
| 武夷山市盛兴岩茶厂 | 2010 | 2.2 | 优 | 福建武夷山溪源生态茶业有限公司 | 2010 | 2.2 | 优 |
| | 2011 | 1.8 | 良 | | 2011 | 2.4 | 特优 |
| | 2012 | 2.0 | 优 | | 2012 | 2.4 | 特优 |
| | 2013 | 1.6 | 一般 | | 2013 | 2.2 | 优 |
| | 2014 | 1.9 | 良 | | 2014 | 2.9 | 特优 |
| | 2015 | 1.9 | 良 | | 2015 | 2.4 | 特优 |
| | 2016 | 2.2 | 优 | | 2016 | 2.4 | 特优 |
| | 2017 | 2.5 | 特优 | | 2017 | 2.9 | 特优 |
| | 2018 | 1.2 | 一般 | | 2018 | 2.0 | 优 |
| | 2019 | 2.3 | 优 | | 2019 | 2.5 | 特优 |
| | 2020 | 2.1 | 优 | | 2020 | 2.6 | 特优 |
| | 2021 | 2.0 | 优 | | 2021 | 2.7 | 特优 |
| 武夷山市友华岩茶厂 | 2010 | 2.5 | 特优 | 武夷山市中连红生态茶业有限公司 | 2010 | 2.7 | 特优 |
| | 2011 | 2.0 | 优 | | 2011 | 2.1 | 优 |
| | 2012 | 1.8 | 良 | | 2012 | 2.1 | 优 |
| | 2013 | 2.2 | 优 | | 2013 | 2.1 | 优 |
| | 2014 | 2.2 | 优 | | 2014 | 2.9 | 特优 |
| | 2015 | 2.0 | 优 | | 2015 | 2.3 | 优 |
| | 2016 | 2.6 | 特优 | | 2016 | 2.0 | 优 |
| | 2017 | 2.6 | 特优 | | 2017 | 2.4 | 特优 |
| | 2018 | 1.9 | 良 | | 2018 | 2.2 | 优 |
| | 2019 | 2.8 | 特优 | | 2019 | 2.5 | 特优 |
| | 2020 | 2.9 | 特优 | | 2020 | 2.7 | 特优 |
| | 2021 | 2.4 | 特优 | | 2021 | 2.4 | 特优 |

续表

| 采样点 | 年份 | 品质指数 | 认证等级 | 采样点 | 年份 | 品质指数 | 认证等级 |
|---|---|---|---|---|---|---|---|
| 武夷山和茗生态茶业有限公司 | 2010 | 2.3 | 优 | 武夷山市仙茗岩茶厂 | 2010 | 2.6 | 特优 |
| | 2011 | 2.2 | 优 | | 2011 | 2.2 | 优 |
| | 2012 | 2.2 | 优 | | 2012 | 2.2 | 优 |
| | 2013 | 2.2 | 优 | | 2013 | 1.6 | 一般 |
| | 2014 | 1.6 | 一般 | | 2014 | 1.5 | 一般 |
| | 2015 | 2.0 | 优 | | 2015 | 1.9 | 良 |
| | 2016 | 2.0 | 优 | | 2016 | 1.8 | 良 |
| | 2017 | 2.2 | 优 | | 2017 | 2.3 | 优 |
| | 2018 | 2.0 | 优 | | 2018 | 1.8 | 良 |
| | 2019 | 2.5 | 特优 | | 2019 | 2.5 | 特优 |
| | 2020 | 2.7 | 特优 | | 2020 | 2.2 | 优 |
| | 2021 | 2.1 | 优 | | 2021 | 2.1 | 优 |
| 武夷山市发旺岩茶厂 | 2010 | 1.9 | 良 | 武夷山道一茶业有限公司 | 2010 | 3.0 | 特优 |
| | 2011 | 1.3 | 一般 | | 2011 | 2.4 | 特优 |
| | 2012 | 1.4 | 一般 | | 2012 | 2.2 | 优 |
| | 2013 | 1.8 | 良 | | 2013 | 2.4 | 特优 |
| | 2014 | 1.8 | 良 | | 2014 | 2.4 | 特优 |
| | 2015 | 1.4 | 一般 | | 2015 | 2.5 | 特优 |
| | 2016 | 2.1 | 优 | | 2016 | 2.7 | 特优 |
| | 2017 | 2.5 | 特优 | | 2017 | 3.1 | 特优 |
| | 2018 | 1.5 | 一般 | | 2018 | 1.7 | 良 |
| | 2019 | 2.2 | 优 | | 2019 | 2.5 | 特优 |
| | 2020 | 2.1 | 优 | | 2020 | 3.1 | 特优 |
| | 2021 | 2.2 | 优 | | 2021 | 2.7 | 特优 |
| 武夷山市项家岩茶厂 | 2010 | 2.6 | 特优 | / | / | / | / |
| | 2011 | 1.9 | 良 | | / | / | / |
| | 2012 | 1.8 | 良 | | / | / | / |
| | 2013 | 1.9 | 良 | | / | / | / |
| | 2014 | 1.7 | 良 | | / | / | / |
| | 2015 | 2.0 | 优 | | / | / | / |
| | 2016 | 2.7 | 特优 | | / | / | / |
| | 2017 | 2.7 | 特优 | | / | / | / |
| | 2018 | 1.2 | 一般 | | / | / | / |
| | 2019 | 2.3 | 优 | | / | / | / |
| | 2020 | 2.7 | 特优 | | / | / | / |
| | 2021 | 2.3 | 优 | | / | / | / |

从武夷山市各茶叶生产基地不同年份的武夷岩茶(春茶)气候品质评价的时间分布来看,2017 年和 2020 年的茶叶气候品质指数为最高,平均指数都能达到 2.6。2017 年 11 家茶叶企业中除武夷山和茗生态茶业有限公司、武夷山市仙茗岩茶厂 2 家茶叶企业生产的武夷岩茶(春茶)气候品质等级达到优以外,其余 9 家茶叶企业生产的武夷岩茶(春茶)气候品质等级均达到特优。2020 年 11 家茶叶企业中除武夷山市发旺岩茶厂、武夷山市仙茗岩茶厂、武夷山市盛兴岩茶厂 3 家茶叶企业生产的武夷岩茶(春茶)气候品质等级达到优以外,其余 8 家茶叶企业生产的武夷岩茶(春茶)气候品质等级均达到特优。2018 年茶叶气候品质较差,综合气候品质平均指数仅为 1.7,11 家茶叶企业当中,有 8 家企业生产的武夷岩茶(春茶)气候品质等级在良以下。

从不同茶叶企业 2010—2021 年的平均综合气候品质指数的地域分布来看,11 家茶叶企业中,以武夷星茶业有限公司、福建武夷山溪源生态茶业有限公司、武夷山市中连红生态茶业有限公司、武夷山道一茶业有限公司的历年平均综合气候品质指数为最高,均能达到 2.4 以上,且 4 家茶叶企业 12 年气候品质等级达到优以上等级的年份占比分别达到 85.7%、100%、100%、91.7%。

## 第四节　铁观音茶气候品质

### 一、铁观音茶品质概况

铁观音茶树品种属灌木型,原产于安溪县西坪乡,已有 200 多年的栽培历史,其树冠披展,枝条斜生,是闽南乌龙茶中的佳品,因身骨沉重如铁,形美似观音而得名。安溪县有上千年的产茶历史,是"中国乌龙茶之乡"、铁观音的发源地,是中国重点产茶第一大县,以茶业闻名全国,号称"中国茶都"。

安溪县从地形地貌差异出发,通常以安溪县湖头盆地西缘的陈五良山到官桥盆地西缘的跌死虎岭为界将安溪分为东西两半部,即划分为内安溪和外安溪,习惯上将东南部海拔 200～500 m 或以下的低山丘陵区称为外安溪,西北部海拔 500～800 m 的中山区称为内安溪,内安溪是安溪铁观音的主产地,生产的茶叶占全县茶叶总产量的 80%左右,包括西坪、祥华、感德、虎邱、大坪、长坑和剑斗等十几个主要产茶乡镇,其中祥华、感德等乡镇气温低、雨量充沛、多云雾、湿度大、夏无酷热、冬无严寒,春暖迟、秋寒早、茶叶生长比外安溪迟,采茶时间也相应推迟。

不同的气候条件影响着铁观音茶的品质。从海拔高度看,海拔高的区域,平均气温要比海拔低的区域低,茶叶生长较为缓慢,鲜叶成熟较均匀,安溪县铁观音茶品质好的区域分布在海拔 500～800 m;在相同季节、不同气温条件下,其茶多酚与咖啡碱的含量也有差别,有研究表明,当春茶采摘前 15 d 的平均气温为 16.4 ℃,茶多酚与咖啡碱含量分别为 26.17%与 3.41%;当平均气温达到 20.5 ℃时,这两种物质含量分别增加到 30.65%与 4.05%[88]。

铁观音是属于半发酵茶,其鲜叶中的一些物质成分,茶多酚与咖啡碱这两种物质的含量不能太多,也不能偏少,要有适度的比例,才能制出高质量的茶叶。铁观音茶的鲜叶质量,在福建中、南部地区以春季为最好,其次是秋季,较差的是夏季;在同一个季节以晴天采摘的鲜叶质量最好,其次是阴天,最差是雨天。

## 二、铁观音茶青品质分析

### (一)铁观音(春茶)

根据安溪县铁观音茶种植的基地分布情况，选取地理差异较大的4个铁观音茶园采样点，分别是福建八马茶业有限公司(编号C1)、福建省安溪刘金龙茶业有限公司(编号C2)、华祥苑(福建)茶科技有限公司(编号C3)、福建省安溪县云岭茶业有限公司(编号C4)。在2018—2021年铁观音春茶采摘期，采摘一芽二叶，每个样本采摘春茶鲜叶重500g，蒸青烘干，进行茶青品质数据检测，铁观音(春茶)茶青理化成分检测结果见表4.14。

**表4.14　铁观音(春茶)主要理化成分**

| 茶园编号 | 海拔(m) | 茶多酚(%) | | | | 游离氨基酸总量(%) | | | | 水浸出物(%) | | | | 咖啡碱(%) | | | |
|---|---|---|---|---|---|---|---|---|---|---|---|---|---|---|---|---|---|
| | | 2018年 | 2019年 | 2020年 | 2021年 | 2018年 | 2019年 | 2020年 | 2021年 | 2018年 | 2019年 | 2020年 | 2021年 | 2018年 | 2019年 | 2020年 | 2021年 |
| C1 | 750 | 15.1 | 15.6 | 16.7 | 14.4 | 2.4 | 3.1 | 2.8 | 3.3 | 40.1 | 42.8 | 42.2 | 39.9 | 2.3 | 2.3 | 2.1 | 1.5 |
| C2 | 850 | 16.5 | 15.5 | 17.6 | 17.1 | 2.7 | 2.2 | 4.1 | 4.3 | 41.5 | 38.7 | 45.5 | 42.2 | 2.1 | 2.3 | 2.6 | 2.6 |
| C3 | 878 | 14.3 | 16.8 | 15.8 | 15.1 | 2.2 | 3.4 | 2.5 | 4.0 | 38.1 | 42.0 | 40.2 | 42.5 | 1.9 | 2.9 | 2.0 | 3.0 |
| C4 | 542 | / | 10.1 | 14.8 | 14.4 | / | 2.4 | 4.0 | 4.0 | / | 36.1 | 42.7 | 38.9 | / | 2.0 | 2.2 | 1.8 |

从表4.14可见，2018—2021年铁观音(春茶)的茶多酚含量在10.1%～17.6%，其中福建省安溪刘金龙茶业有限公司2020年铁观音(春茶)茶多酚含量最高，福建省安溪县云岭茶业有限公司2019年铁观音(春茶)茶多酚含量最低；从各采样点的不同年份茶多酚含量来看，2020年铁观音(春茶)的茶多酚含量最高，平均值达到16.2%，2019年茶多酚含量最低，平均值达到14.5%，其余2年茶多酚含量平均值为15.3%。从各采样点不同地理位置的茶多酚含量来看，茶多酚含量平均值在13.1%～16.7%，福建省安溪县云岭茶业有限公司茶多酚含量均值最低，福建省安溪刘金龙茶业有限公司茶多酚均值最高。

2018—2021年铁观音(春茶)的游离氨基酸含量在2.2%～4.3%，其中福建省安溪刘金龙茶业有限公司的铁观音(春茶)2021年游离氨基酸含量最高，华祥苑(福建)茶科技有限公司2018年铁观音游离氨基酸和福建省安溪刘金龙茶业有限公司2019年铁观音游离氨基酸含量最低；从各采样点的不同年份游离氨基酸含量来看，2018—2021年铁观音(春茶)的游离氨基酸含量逐年增加，平均值分别达到2.4%、2.8%、3.4%、3.9%；从各采样点不同地理位置的游离氨基酸含量来看，铁观音(春茶)游离氨基酸平均值在2.9%～3.5%，福建八马茶业有限公司游离氨基酸均值最低，福建省安溪县云岭茶业有限公司游离氨基酸均值最高。

2018—2021年铁观音(春茶)的水浸出物含量在36.1%～45.5%，其中福建省安溪刘金龙茶业有限公司2020年铁观音(春茶)水浸出物含量最高，福建省安溪县云岭茶业有限公司2019年铁观音(春茶)水浸出物含量最低；从各采样点的不同年份水浸出物含量来看，2020年和2021年铁观音(春茶)的水浸出物含量相对较高，平均值分别达到42.7%和40.9%，2018年和2019年相对较低，平均值均为39.9%；从各采样点不同地理位置的水浸出物含量来看，铁观音(春茶)水浸出物含量平均值在39.2%～42.0%，福建省安溪县云岭茶业有限公司水浸出物含量均值最低，福建省安溪刘金龙茶业有限公司水浸出物含量均值最高。

2018—2021年铁观音(春茶)的咖啡碱含量在1.5%～3.0%，其中华祥苑(福建)茶科技有限公司2021年铁观音(春茶)咖啡碱含量最高，福建八马茶业有限公司2021年铁观音(春茶)

咖啡碱含量最低；从各采样点的不同年份咖啡碱含量来看，2018—2021 年铁观音（春茶）的咖啡碱含量平均值较为接近，以 2019 年最高，平均值达到 2.4%，以 2018 年最低，平均值为 2.1%，其余 2 年咖啡碱含量平均值均为 2.2%。从各采样点不同地理位置茶园的咖啡碱含量来看，铁观音（春茶）咖啡碱含量平均值在 2.0%～2.5%，福建省安溪县云岭茶业有限公司咖啡碱含量平均值最低，华祥苑（福建）茶科技有限公司咖啡碱含量平均值最高。

（二）铁观音（秋茶）

在安溪县茶叶主产区选取 6 个代表不同局地小气候的茶园采样点，分别是福建八马茶业有限公司（编号 C1）、福建省安溪刘金龙茶业有限公司（编号 C2）、华祥苑（福建）茶科技有限公司（编号 C3）、福建省安溪岐山魏荫名茶有限公司（编号 C4）、安溪县香之纯茶业专业合作社（编号 C5）、福建省安溪县冠和茶业有限公司（编号 C6）。在 2018 年铁观音秋茶采摘期，采摘一芽二叶，每个样本采摘秋茶鲜叶重 500 g，蒸青烘干，进行茶青品质数据检测，铁观音（秋茶）茶青理化成分检测结果见表 4.15。

**表 4.15　2018 年铁观音（秋茶）主要理化成分**

| 茶园编号 | 海拔（m） | 茶多酚（%） | 游离氨基酸总量（%） | 水浸出物（%） | 咖啡碱（%） |
|---|---|---|---|---|---|
| C1 | 750 | 13.9 | 2.4 | 33.2 | 2.0 |
| C2 | 850 | 16.8 | 2.4 | 38.5 | 1.8 |
| C3 | 878 | 15.9 | 2.9 | 46.0 | 1.8 |
| C4 | 855 | 15.6 | 2.7 | 41.4 | 1.8 |
| C5 | 700 | 15.0 | 2.4 | 42.0 | 1.5 |
| C6 | 1000 | 16.7 | 2.3 | 42.2 | 1.6 |

2018 年铁观音（秋茶）的茶多酚含量在 13.9%～16.8%，总体随海拔升高呈显著增加的趋势，福建省安溪刘金龙茶业有限公司的铁观音（秋茶）茶多酚含量最高，福建八马茶业有限公司的铁观音（秋茶）茶多酚含量最低。

2018 年铁观音（秋茶）的游离氨基酸含量在 2.3%～2.9%，其中华祥苑（福建）茶科技有限公司的铁观音（秋茶）游离氨基酸含量最高，福建省安溪县冠和茶业有限公司的铁观音（秋茶）游离氨基酸含量最低。

2018 年铁观音（秋茶）的水浸出物含量在 33.2%～46.0%，其中华祥苑（福建）茶科技有限公司的铁观音（秋茶）水浸出物含量最高，福建八马茶业有限公司的铁观音（秋茶）水浸出物含量最低。

2018 年铁观音（秋茶）的咖啡碱含量在 1.5%～2.0%，其中福建八马茶业有限公司的铁观音（秋茶）咖啡碱含量最高，安溪县香之纯茶业专业合作社的铁观音（秋茶）咖啡碱含量最低。

## 三、影响铁观音茶青品质的关键气象因子和影响时段

（一）铁观音（春茶）

根据在安溪县不同地理位置茶园各采样点的铁观音（春茶）采摘日期，统计各采样点萌芽至采摘期的气象因子数据（采摘期前 70 d），以 10 d 为间隔，即统计采摘前 10 d、前 20 d、…、前 70 d 的采样点平均温度、积温、有效积温、气温日较差均值、适温天数、雨日、平均湿度和累计

日照时数。其中,采样点各采摘期下各时段的平均温度、积温、有效积温、气温日较差均值、适温天数、雨日采用临近气象站数据,平均相对湿度和累计日照时数通过安溪县及周边地区气象台站数据插值获得,插值模型总体复相关系数均在0.6以上,模型拟合效果较好。

采用游离氨基酸、茶多酚、水浸出物、咖啡碱4项茶青品质检测数据作为铁观音(春茶)综合品质的表征指标,并对各表征指标进行归一化处理,按照式(4.3)加权求和,得到铁观音(春茶)综合品质指数。

$$I=0.4a_1+0.3a_2+0.15a_3+0.15a_4 \tag{4.3}$$

式中,$I$为铁观音(春茶)综合品质指数,$a_1$为游离氨基酸总量归一化序列,$a_2$为茶多酚归一化序列,$a_3$为水浸出物归一化序列,$a_4$为咖啡碱归一化序列。

对铁观音(春茶)品质检测4项数据和综合品质指数分别与上述不同时间段的气象因子进行相关性分析,确定影响安溪县铁观音春茶鲜叶品质的关键气象因子和主要影响时段。

1. 影响春茶茶多酚的气象因子

从春茶茶多酚与气象因子相关性分析(表4.16)可见,铁观音(春茶)茶多酚含量与采摘前50 d的有效积温和适温天数、前60 d的气温日较差均值呈负相关,可见相对较低的温度、气温波动越小,有利于茶多酚含量的提高;与采摘前10 d的累计日照时数呈正相关,光照越多有利于茶多酚含量的提高;与采摘前20 d的累计雨日和平均相对湿度呈负相关,可见雨日越多、湿度越大,会降低茶多酚含量。综合来看,影响铁观音(春茶)茶多酚含量的主要气象因子有采摘前20 d的累计雨日和平均相对湿度、采摘前50 d的有效积温和适温天数、采摘前10 d的累计日照时数。

**表4.16　春茶茶多酚与气象因子相关系数**

| 时间段 | 有效积温 | 气温日较差均值 | 适温天数 | 累计雨日 | 累计日照时数 | 平均相对湿度 |
|---|---|---|---|---|---|---|
| 前10 d | −0.095 | 0.017 | −0.074 | −0.222 | 0.196 | −0.050 |
| 前20 d | −0.177 | −0.042 | 0.011 | −0.351 | 0.083 | −0.160 |
| 前30 d | −0.188 | −0.033 | −0.022 | −0.285 | 0.134 | −0.105 |
| 前40 d | −0.208 | −0.080 | −0.077 | −0.246 | 0.105 | −0.054 |
| 前50 d | −0.266 | −0.170 | −0.212 | −0.157 | −0.063 | 0.016 |
| 前60 d | −0.176 | −0.187 | −0.116 | −0.160 | −0.012 | 0.051 |
| 前70 d | −0.205 | −0.168 | −0.168 | −0.110 | 0.075 | 0.027 |

2. 影响春茶游离氨基酸含量的气象因子

从春茶游离氨基酸与气象因子相关性分析(表4.17)可见,铁观音(春茶)游离氨基酸含量与采摘日至前60 d的有效积温和适温天数呈正相关,可见适宜温度天数越多,有利于氨基酸的积累;与采摘前10 d的气温日较差均值和累计日照时数呈现明显正相关,可见采摘10 d的温差越大、光照越充足,越有利于氨基酸含量的提高;与采摘前20~30 d的累计雨日和平均相对湿度呈现负相关,可见采摘前20~30 d雨日越多、湿度越大,越不利于氨基酸的积累。综合来看,影响铁观音(春茶)游离氨基酸含量的主要气象因子是采摘前10 d的气温日较差均值和累计日照时数、采摘前60 d的有效积温和适温天数、采摘前20~30 d的累计雨日和平均相对湿度。

**表 4.17　春茶游离氨基酸与气象因子相关系数**

| 时间段 | 有效积温 | 气温日较差均值 | 适温天数 | 累计雨日 | 累计日照时数 | 平均相对湿度 |
|---|---|---|---|---|---|---|
| 前 10 d | −0.100 | 0.338 | −0.098 | −0.027 | 0.355 | −0.557 |
| 前 20 d | −0.171 | 0.065 | −0.030 | −0.276 | −0.091 | −0.616 |
| 前 30 d | 0.080 | 0.068 | 0.133 | −0.303 | −0.139 | −0.491 |
| 前 40 d | 0.110 | −0.025 | 0.101 | −0.209 | −0.446 | −0.308 |
| 前 50 d | 0.190 | −0.104 | 0.187 | −0.211 | −0.581 | −0.185 |
| 前 60 d | 0.263 | −0.159 | 0.280 | −0.242 | −0.560 | −0.113 |
| 前 70 d | 0.250 | −0.021 | 0.202 | −0.300 | −0.207 | −0.288 |

3. 影响春茶水浸出物的气象因子

从春茶水浸出物与气象因子相关性分析(表 4.18)可见，铁观音(春茶)水浸出物含量与采摘前 50 d 的有效积温、气温日较差均值和适温天数呈现负相关，温度、气温波动越小，水浸出物越多；与采摘前 30 d 的日照时数呈正相关，可见采摘前 1 个月光照越充足，水浸出物含量越高；与采摘前 20 d 的累计雨日和平均相对湿度呈负相关，采摘前 20 d 累计雨日越多、相对湿度越大，水浸出物越小。综合来看，影响铁观音(春茶)水浸出物含量的主要气象因子是采摘前 50 d 的有效积温、气温日较差均值和适温天数，采摘前 30 d 的累计日照时数，采摘前 20 d 的累计雨日和平均相对湿度。

**表 4.18　春茶水浸出物与气象因子相关系数**

| 时间段 | 有效积温 | 气温日较差均值 | 适温天数 | 累计雨日 | 累计日照时数 | 平均相对湿度 |
|---|---|---|---|---|---|---|
| 前 10 d | −0.021 | −0.010 | −0.229 | −0.282 | 0.160 | −0.043 |
| 前 20 d | −0.077 | −0.019 | −0.183 | −0.396 | 0.180 | −0.132 |
| 前 30 d | −0.149 | −0.034 | −0.206 | −0.304 | 0.275 | −0.063 |
| 前 40 d | −0.266 | −0.153 | −0.276 | −0.201 | 0.128 | −0.009 |
| 前 50 d | −0.297 | −0.244 | −0.351 | −0.079 | −0.063 | 0.109 |
| 前 60 d | −0.193 | −0.257 | −0.234 | −0.092 | −0.038 | 0.163 |
| 前 70 d | −0.230 | −0.259 | −0.267 | −0.022 | −0.002 | 0.142 |

4. 影响春茶咖啡碱的气象因子

从春茶咖啡碱与气象因子相关性分析(表 4.19)可见，铁观音(春茶)咖啡碱含量与采摘前 20 d 的累计日照时数呈现显著正相关，采摘前 20～30 d 光照越足，越有利于咖啡碱积累；与采摘前 60 d 的平均相对湿度、采摘前 70 d 的累计雨日呈现正相关，萌芽至采摘期雨日多、湿度大，咖啡碱含量越高；与采摘前 60～70 d 的气温日较差均值呈现负相关，气温波动越小，越有利于咖啡碱含量的提高；与有效积温、适温天数的关系不明显。综合来看，影响铁观音(春茶)咖啡碱含量的主要气象因子是采摘前 20 d 的累计日照时数，采摘前 60 d 的平均相对湿度、累计雨日和气温日较差均值。

**表 4.19　春茶咖啡碱与气象因子相关系数**

| 时间段 | 有效积温 | 气温日较差均值 | 适温天数 | 累计雨日 | 累计日照时数 | 平均相对湿度 |
|---|---|---|---|---|---|---|
| 前 10 d | −0.096 | −0.075 | −0.160 | 0.013 | 0.176 | 0.029 |
| 前 20 d | 0.022 | −0.042 | −0.046 | −0.068 | 0.339 | 0.054 |
| 前 30 d | −0.013 | −0.120 | 0.004 | 0.087 | 0.230 | 0.174 |
| 前 40 d | −0.048 | −0.168 | −0.074 | 0.093 | 0.196 | 0.238 |
| 前 50 d | −0.039 | −0.190 | −0.090 | 0.198 | 0.007 | 0.324 |
| 前 60 d | 0.010 | −0.211 | −0.070 | 0.278 | −0.069 | 0.367 |
| 前 70 d | −0.040 | −0.216 | −0.104 | 0.319 | −0.173 | 0.352 |

5. 影响茶青综合品质的气象因子

从铁观音(春茶)综合品质指数与气象因子相关性分析(表 4.20)可见,铁观音(春茶)茶青综合品质与采摘前 10 d 气温日较差均值、累计日照时数呈现显著正相关,采摘前 10 d 温差越大、光照越足,越有利于茶青品质的提高;与采摘前 20 d 的有效积温、累计雨日、平均相对湿度呈现负相关,采摘前 20 d 茶叶在相对较低的温度水平下生长、出现少雨日和相对较低的相对湿度水平,越有利于茶青品质的提高;与适温天数关系不明显。综合来看,影响铁观音(春茶)茶青综合品质的主要气象因子是采摘前 10 d 的气温日较差均值,采摘前 10 d 累计日照时数,采摘前 20 d 平均相对湿度、累计雨日和有效积温。

**表 4.20　铁观音(春茶)综合品质指数与气象因子相关系数**

| 时间段 | 有效积温 | 气温日较差均值 | 适温天数 | 累计雨日 | 累计日照时数 | 平均相对湿度 |
|---|---|---|---|---|---|---|
| 前 10 d | −0.117 | 0.211 | −0.141 | −0.104 | 0.345 | −0.381 |
| 前 20 d | −0.167 | 0.019 | −0.041 | −0.333 | 0.053 | −0.454 |
| 前 30 d | −0.018 | 0.006 | 0.066 | −0.290 | 0.021 | −0.323 |
| 前 40 d | −0.021 | −0.089 | 0.006 | −0.207 | −0.210 | −0.168 |
| 前 50 d | 0.015 | −0.181 | 0.013 | −0.149 | −0.406 | −0.037 |
| 前 60 d | 0.108 | −0.228 | 0.116 | −0.153 | −0.392 | 0.035 |
| 前 70 d | 0.077 | −0.132 | 0.039 | −0.162 | −0.153 | −0.093 |

(二)铁观音(秋茶)

根据在安溪县不同地理位置各采样点的铁观音(秋茶)采摘日期,统计各采样点萌芽至采摘期的气象因子数据(采摘期前 60 d),以 10 d 为间隔,即统计采摘前 10 d、前 20 d、…、前 60 d 的采样点平均温度、积温、有效积温、气温日较差均值、适温天数、累计雨日、平均相对湿度和累计日照时数。其中,采样点各采摘期下各时段的平均温度、积温、有效积温、气温日较差均值、适温天数、累计雨日采用临近气象站数据,平均相对湿度和累计日照时数通过安溪县及周边地区气象台站数据插值获得,插值模型总体复相关系数均在 0.8 以上,模型拟合效果较好。

采用铁观音(秋茶)的茶多酚与游离氨基酸比值、水浸出物、咖啡碱 3 项品质数据作为秋茶综合品质的表征指标,并对各表征指标进行归一化处理,按照式(4.4)加权求和,得到铁观音(秋茶)综合品质指数。

$$I = 0.5a_1 + 0.3a_2 + 0.2a_3 \tag{4.4}$$

式中，$I$为铁观音(秋茶)综合品质指数，$a_1$为茶多酚与游离氨基酸总量比值的归一化序列，$a_2$为水浸出物归一化序列，$a_3$为咖啡碱归一化序列。

将铁观音(秋茶)各项品质检测数据和综合品质指数分别与上述不同时间段的气象因子进行相关性分析，确定影响安溪铁观音(秋茶)鲜叶品质的关键气象因子和主要影响时段。

1. 影响秋茶茶多酚的气象因子

从秋茶茶多酚与气象因子相关性分析(表4.21)可见，铁观音(秋茶)茶多酚含量与采摘前60 d的有效积温呈明显负相关，尤以与前30 d的有效积温负相关最大，秋茶采摘前1个月温度越高，茶多酚含量越低；与采摘前20～30 d的气温日较差均值呈显著负相关，尤以与前20 d的气温日较差均值负相关最大，温差越大，茶多酚含量越低；与采摘前60 d的累计雨日呈显著负相关，雨日越多，茶多酚含量越低；与采摘前60 d的平均相对湿度呈显著正相关，尤以与前20 d相对湿度相关最大，相对湿度越大，越有利于提高茶多酚含量；与采摘前60 d的累计日照时数呈显著正相关，尤以与采摘前40 d日照时数相关最大，光照越足，越有利于提高茶多酚含量；与采摘前30 d适温天数呈正相关，在秋季温度相对较高的情况下，适温天气越多，越有利于茶多酚含量的提高。综合来看，气象因子对铁观音(秋茶)茶多酚含量的影响明显，主要影响因子有采摘前20 d的气温日较差均值和平均相对湿度，采摘前30 d的有效积温和适温天数，采摘前40 d的累计日照时数，采摘前60 d的累计雨日。

**表4.21　秋茶茶多酚与气象因子相关系数**

| 时间段 | 有效积温 | 气温日较差均值 | 适温天数 | 累计雨日 | 累计日照时数 | 平均相对湿度 |
|---|---|---|---|---|---|---|
| 前10 d | −0.175 | −0.488 | / | −0.166 | 0.577 | 0.581 |
| 前20 d | −0.219 | −0.906 | 0.230 | 0.424 | 0.610 | 0.585 |
| 前30 d | −0.381 | −0.739 | 0.439 | −0.201 | 0.638 | 0.572 |
| 前40 d | −0.369 | −0.453 | 0.331 | −0.213 | 0.697 | 0.570 |
| 前50 d | −0.276 | −0.232 | 0.182 | −0.607 | 0.632 | 0.578 |
| 前60 d | −0.293 | −0.323 | 0.225 | −0.770 | 0.586 | 0.580 |

2. 影响秋茶游离氨基酸含量的气象因子

从秋茶游离氨基酸与气象因子相关性分析(表4.22)可见，铁观音(秋茶)游离氨基酸含量与采摘前60 d的有效积温呈正相关，尤以与前40 d的有效积温正相关最大，秋茶采摘前40 d温度越高，氨基酸含量也越高；与采摘前20 d的气温日较差均值和适温天数呈正相关，采摘前20 d的温差越大、适温天数越多，越有利于氨基酸含量的提高；与前20 d的累计雨日、平均相对湿度呈现负相关，采摘前20～30 d累计雨日越多、相对湿度越大，越不利于氨基酸的积累；与日照时数的关系不明显。综合来看，影响铁观音(秋茶)游离氨基酸含量的主要气象因子是采摘前20 d的气温日较差均值、适温天数、累计雨日和平均相对湿度，采摘前40 d的有效积温。

3. 影响秋茶水浸出物的气象因子

从秋茶水浸出物与气象因子相关性分析(表4.23)可见，铁观音(秋茶)水浸出物含量与采摘前50 d的有效积温、平均相对湿度呈现正相关，采摘前50 d平均相对湿度越大、温度相对较高，越有利于水浸出物含量的提高；与采摘前20～30 d的日照时数呈正相关，采摘前1个月光照越充足，水浸出物含量越高；与采摘前 10 d 气温日较差均值呈现负相关，采摘前 10 d 的日气温波动越小，水浸出物越多；与采摘前 50 d 的累计雨日和适温天数呈负相关，采摘前 50 d 累计雨日越少、适温天数越少，水浸出物越多。综合来看，影响铁观音（秋茶）水浸出物含量的主要气象因子是采摘前 50 d 的平均相对湿度、累计雨日、有效积温、适温天数，采摘前 20 d 的日照时数，采摘前 10 d 的气温日较差均值。

**表 4.22　秋茶游离氨基酸与气象因子相关系数**

| 时间段 | 有效积温 | 气温日较差均值 | 适温天数 | 累计雨日 | 累计日照时数 | 平均相对湿度 |
|---|---|---|---|---|---|---|
| 前 10 d | 0.138 | −0.566 | / | 0.584 | 0.094 | −0.360 |
| 前 20 d | 0.202 | 0.386 | 0.236 | −0.698 | 0.014 | −0.352 |
| 前 30 d | 0.316 | 0.358 | −0.045 | −0.474 | −0.046 | −0.350 |
| 前 40 d | 0.417 | 0.282 | −0.353 | −0.195 | −0.112 | −0.330 |
| 前 50 d | 0.375 | 0.224 | −0.368 | −0.024 | −0.047 | −0.337 |
| 前 60 d | 0.343 | 0.079 | −0.283 | 0.477 | 0.053 | −0.361 |

**表 4.23　秋茶水浸出物与气象因子相关系数**

| 时间段 | 有效积温 | 气温日较差均值 | 适温天数 | 累计雨日 | 累计日照时数 | 平均相对湿度 |
|---|---|---|---|---|---|---|
| 前 10 d | 0.290 | −0.496 | / | 0.253 | 0.240 | 0.259 |
| 前 20 d | 0.174 | −0.238 | −0.151 | 0.052 | 0.252 | 0.266 |
| 前 30 d | 0.136 | −0.066 | −0.222 | −0.115 | 0.243 | 0.259 |
| 前 40 d | 0.241 | 0.089 | −0.410 | 0.084 | 0.203 | 0.272 |
| 前 50 d | 0.341 | 0.286 | −0.529 | −0.300 | 0.142 | 0.281 |
| 前 60 d | 0.330 | 0.177 | −0.476 | −0.140 | 0.198 | 0.269 |

4. 影响秋茶咖啡碱的气象因子

从秋茶咖啡碱与气象因子相关性分析（表 4.24）可见，铁观音（秋茶）咖啡碱含量与采摘前 20 d 的气温日较差均值、适温天数呈现正相关，采摘前 20 d 温差越大、适温天数越多，越有利于咖啡碱含量的提高；与采摘前 20 d 的累计雨日、平均相对湿度呈现负相关，采摘前 20 d 的累计雨日越多、相对湿度越大，咖啡碱含量越小；与采摘前 10 d 的日照时数呈现弱正相关，光照越足，越有利于咖啡碱积累；与采摘前 10 d 的有效积温呈现负相关，采摘前 10 d 温度越高，咖啡碱含量越低。综合来看，影响铁观音（秋茶）咖啡碱含量的主要气象因子是采摘前 20 d 的气温日较差均值、适温天数、累计雨日、平均相对湿度；采摘前 10 d 的累计日照时数和有效积温。

**表 4.24　秋茶咖啡碱与气象因子相关系数**

| 时间段 | 有效积温 | 气温日较差均值 | 适温天数 | 累计雨日 | 累计日照时数 | 平均相对湿度 |
|---|---|---|---|---|---|---|
| 前 10 d | −0.474 | −0.173 | / | 0.390 | 0.142 | −0.401 |
| 前 20 d | −0.281 | 0.371 | 0.684 | −0.588 | 0.056 | −0.401 |
| 前 30 d | −0.134 | 0.340 | 0.484 | −0.480 | 0.009 | −0.390 |
| 前 40 d | −0.134 | 0.219 | 0.332 | −0.572 | −0.003 | −0.384 |
| 前 50 d | −0.268 | −0.017 | 0.441 | −0.019 | 0.124 | −0.401 |
| 前 60 d | −0.290 | −0.055 | 0.473 | 0.314 | 0.155 | −0.415 |

5. 影响秋茶茶青综合品质的气象因子

从铁观音(秋茶)综合品质指数与气象因子相关性分析(表 4.25)可见,铁观音(秋茶)茶青综合品质与采摘前 40 d 适温天数、累计日照时数呈现显著正相关,采摘前 40 d 光照越足,适温天数越多,越有利于秋茶茶青品质的提高;与采摘前 60 d 平均相对湿度呈现显著正相关,采摘前 2 个月湿度越大,茶青品质越好;与采摘前 60 d 的累计雨日呈现显著负相关,累计雨日越多,会降低秋茶茶青品质;与采摘前 60 d 有效积温呈现显著负相关,尤以与前 30～40 d 有效积温相关最大,秋茶采摘前 2 个月以内,此时正值夏秋季,温度越高,越不利于秋茶茶青品质的提高;与采摘前 20～30 d 的气温日较差均值呈现显著负相关,采摘前 20 d 温差越大,气温波动大,不利秋茶品质提高。综合来看,影响铁观音(秋茶)茶青综合品质的主要气象因子是采摘前 60 d 的平均相对湿度、累计雨日;采摘前 40 d 累计日照时数、适温天数、有效积温,采摘前 20 d 的气温日较差均值。

**表 4.25　铁观音(秋茶)综合品质指数与气象因子相关系数**

| 时间段 | 有效积温 | 气温日较差均值 | 适温天数 | 累计雨日 | 累计日照时数 | 平均相对湿度 |
|---|---|---|---|---|---|---|
| 前 10 d | −0.263 | −0.268 | / | −0.273 | 0.568 | 0.753 |
| 前 20 d | −0.352 | −0.991 | 0.154 | 0.712 | 0.634 | 0.754 |
| 前 30 d | −0.528 | −0.723 | 0.408 | −0.011 | 0.682 | 0.743 |
| 前 40 d | −0.532 | −0.390 | 0.405 | −0.180 | 0.745 | 0.736 |
| 前 50 d | −0.415 | −0.144 | 0.278 | −0.644 | 0.653 | 0.746 |
| 前 60 d | −0.415 | −0.173 | 0.283 | −0.941 | 0.586 | 0.754 |

## 四、铁观音茶气候品质等级评价

### (一)铁观音(春茶)

1. 春茶气候品质认证表征指标

通过铁观音(春茶)品质与气象因子相关性分析,确定影响铁观音(春茶)品质的 4 个气候适宜性指标,另外,通过资料查阅、生产调查、走访茶叶专家等方法确定了影响铁观音(春茶)品质的 3 个气象灾害指标,二者共同构成了铁观音(春茶)气候品质认证的表征指标(表 4.26、表 4.27)。

**表 4.26　安溪铁观音(春茶)气候品质气候适宜性指标及等级标准**

| 评价等级($M_i$) | 采摘前 20 d 有效积温(℃) | 采摘前 10 d 气温日较差均值(℃) | 采摘前 60 d 平均相对湿度(%) | 采摘前 10 d 累计日照时数(h) |
|---|---|---|---|---|
| 4 | $\sum T \leqslant 160$ | $\Delta T > 9$ | $U > 85$ | $S > 55$ |
| 3 | $160 < \sum T \leqslant 180$ | $7 < \Delta T \leqslant 9$ | $80 < U \leqslant 85$ | $35 < S \leqslant 55$ |
| 2 | $180 < \sum T \leqslant 200$ | $6 < \Delta T \leqslant 7$ | $70 < U \leqslant 80$ | $25 < S \leqslant 35$ |
| 1 | $\sum T > 200$ | $\Delta T \leqslant 6$ | $U \leqslant 70$ | $S \leqslant 25$ |

2. 春茶气候品质认证表征指标权重

用层次分析法确定影响铁观音(春茶)品质的气候适宜性指标权重,通过咨询多个专家对各适宜性指标进行打分,构建判断矩阵(表 4.28)。

表 4.27　安溪铁观音(春茶)气候品质气象灾害指标及等级标准

| 评价等级($N_j$) | 采摘前 3 d 累计阴雨日数(d) | 萌芽至采摘期连续无雨日数(d) | 萌芽至采摘期极端最低气温(℃) |
|---|---|---|---|
| 0 | $D_r=0$ | $D_d\leqslant 10$ | $T_d\geqslant 4$ |
| 1 | $D_r=1$ | $10<D_d\leqslant 15$ | $2\leqslant T_d<4$ |
| 2 | $D_r=2$ | $15<D_d\leqslant 20$ | $0\leqslant T_d<2$ |
| 3 | $D_r=3$ | $D_d>20$ | $T_d<0$ |

表 4.28　影响铁观音(春茶)品质的气候适宜性指标判断矩阵

| 指标 | 前 20 d 有效积温 | 前 10 d 气温日较差均值 | 前 60 d 平均相对湿度 | 前 10 d 累计日照时数 |
|---|---|---|---|---|
| 前 20 d 有效积温 | 1 | 1/3 | 1/5 | 1/3 |
| 前 10 d 气温日较差均值 | 3 | 1 | 1/3 | 1 |
| 前 60 d 平均湿度 | 5 | 3 | 1 | 3 |
| 前 10 d 累计日照时数 | 3 | 1 | 1/3 | 1 |

用层次分析法确定影响铁观音(春茶)品质的气象灾害指标权重，通过咨询多个专家对各灾害指标进行打分，构建判断矩阵(表 4.29)。

表 4.29　影响铁观音(春茶)品质的气象灾害指标判断矩阵

| 指标 | 采摘前 3 d 累计阴雨日数 | 萌芽至采摘期连续无雨日数 | 萌芽至采摘期极端最低气温 |
|---|---|---|---|
| 采摘前 3 d 累计阴雨日数 | 1 | 5 | 3 |
| 萌芽至采摘期连续无雨日数 | 1/5 | 1 | 1/3 |
| 萌芽至采摘期极端最低气温 | 1/3 | 3 | 1 |

对判断矩阵进行最大特征根和特征向量计算、一致性检验等获得权重。用专家打分法确定影响铁观音(春茶)品质的气候适宜性指标、气象灾害指标二者之间的权重。各评价指标的权重计算结果见表 4.30。

表 4.30　安溪铁观音(春茶)气候品质表征指标权重

| 指标 | 影响品质的气候适宜性指标 | | | | 影响品质的气象灾害指标 | | |
|---|---|---|---|---|---|---|---|
| | 0.8 | | | | 0.2 | | |
| | 前 20 d 有效积温 | 前 10 d 气温日较差均值 | 前 60 d 平均相对湿度 | 前 10 d 累计日照时数 | 累计阴雨日数 | 连续无雨日数 | 极端最低气温 |
| 权重 | 0.0776 | 0.201 | 0.5205 | 0.201 | 0.637 | 0.1047 | 0.2583 |

3. 建立春茶气候品质评价模型

建立铁观音(春茶)气候品质评价模型如下：

$$\begin{aligned}\mathrm{Tcqi}=&0.8(0.0776\,M_1+0.201\,M_2+0.5205\,M_3+0.201\,M_4)-\\&0.2(0.637\,N_1+0.1047\,N_2+0.2583\,N_3)\end{aligned}\tag{4.5}$$

式中，Tcqi 为铁观音(春茶)气候品质指数，$M_1$、$M_2$、$M_3$、$M_4$、$N_1$、$N_2$、$N_3$ 分别表示采摘前 20 d 有效积温评价等级、采摘前 10 d 气温日较差均值评价等级、采摘前 60 d 平均湿度评价等级、采摘前 10 d 累计日照时数评价等级、采摘前 3 d 累计阴雨日数评价等级、萌芽至采摘期连续无雨日数评价等级、萌芽至采摘期极端最低气温评价等级。

4. 春茶气候品质认证等级标准

采用自然断点法和安溪铁观音(春茶)生产实际调查相结合方法,将安溪铁观音(春茶)气候品质认证等级划分如表 4.31 所示。

**表 4.31　安溪铁观音(春茶)气候品质认证等级**

| 等级 | 特优 | 优 | 良 | 一般 |
|---|---|---|---|---|
| 茶叶气候品质指数 | Tcqi≥2.2 | 1.7≤Tcqi<2.2 | 1.5≤Tcqi<1.7 | Tcqi<1.5 |

5. 春茶气候品质认证结果

利用 2010—2021 年的安溪县气象数据,根据铁观音(春茶)气候品质认证模型式(4.5)和春茶气候品质认证等级(表 4.31),计算获得 2010—2021 年各采样点铁观音(春茶)气候品质指数和认证等级(表 4.32)。

**表 4.32　2010—2021 年安溪县采样点春茶气候品质认证等级**

| 采样点 | 年份 | 品质指数 | 认证等级 | 采样点 | 年份 | 品质指数 | 认证等级 |
|---|---|---|---|---|---|---|---|
| 福建八马茶业有限公司 | 2010 | 2.0 | 优 | 福建省安溪刘金龙茶业有限公司 | 2010 | 2.0 | 优 |
| | 2011 | 1.5 | 良 | | 2011 | 1.9 | 优 |
| | 2012 | 1.9 | 优 | | 2012 | 1.5 | 良 |
| | 2013 | 1.5 | 良 | | 2013 | 1.8 | 优 |
| | 2014 | 1.8 | 优 | | 2014 | 2.2 | 特优 |
| | 2015 | 1.8 | 优 | | 2015 | 2.1 | 优 |
| | 2016 | 2.2 | 特优 | | 2016 | 1.5 | 良 |
| | 2017 | 2.7 | 特优 | | 2017 | 2.4 | 特优 |
| | 2018 | 1.7 | 优 | | 2018 | 2.0 | 优 |
| | 2019 | 2.9 | 特优 | | 2019 | 2.8 | 特优 |
| | 2020 | 2.6 | 特优 | | 2020 | 2.8 | 特优 |
| | 2021 | 2.2 | 特优 | | 2021 | 2.8 | 特优 |
| 华祥苑(福建)茶科技有限公司 | 2010 | 2.2 | 特优 | 福建安溪岐山魏荫名茶有限公司 1 | 2010 | 1.6 | 良 |
| | 2011 | 1.7 | 优 | | 2011 | 1.2 | 一般 |
| | 2012 | 1.9 | 优 | | 2012 | 2.0 | 优 |
| | 2013 | 1.7 | 优 | | 2013 | 1.8 | 优 |
| | 2014 | 1.8 | 优 | | 2014 | 2.0 | 优 |
| | 2015 | 2.4 | 特优 | | 2015 | 1.9 | 优 |
| | 2016 | 2.7 | 特优 | | 2016 | 2.7 | 特优 |
| | 2017 | 2.7 | 特优 | | 2017 | 2.3 | 特优 |
| | 2018 | 1.7 | 优 | | 2018 | 1.6 | 良 |
| | 2019 | 3.0 | 特优 | | 2019 | 2.1 | 优 |
| | 2020 | 3.0 | 特优 | | 2020 | 2.5 | 特优 |
| | 2021 | 2.1 | 优 | | 2021 | 2.2 | 特优 |

续表

| 采样点 | 年份 | 品质指数 | 认证等级 | 采样点 | 年份 | 品质指数 | 认证等级 |
|---|---|---|---|---|---|---|---|
| 安溪县香之纯茶业专业合作社 | 2010 | 2.2 | 特优 | 福建省安溪县云岭茶业有限公司 | 2010 | 1.7 | 优 |
| | 2011 | 1.3 | 一般 | | 2011 | 2.0 | 优 |
| | 2012 | 1.3 | 一般 | | 2012 | 1.5 | 良 |
| | 2013 | 1.8 | 优 | | 2013 | 2.2 | 特优 |
| | 2014 | 2.4 | 特优 | | 2014 | 2.5 | 特优 |
| | 2015 | 2.0 | 优 | | 2015 | 2.1 | 优 |
| | 2016 | 2.0 | 优 | | 2016 | 1.8 | 优 |
| | 2017 | 2.4 | 特优 | | 2017 | 2.1 | 优 |
| | 2018 | 1.1 | 一般 | | 2018 | 2.0 | 优 |
| | 2019 | 2.6 | 特优 | | 2019 | 2.6 | 特优 |
| | 2020 | 2.7 | 特优 | | 2020 | 2.5 | 特优 |
| | 2021 | 2.3 | 特优 | | 2021 | 2.1 | 优 |
| 福建省安溪县冠和茶业有限公司 | 2010 | 2.0 | 优 | 福建安溪岐山魏荫名茶有限公司2 | 2010 | 2.2 | 特优 |
| | 2011 | 0.9 | 一般 | | 2011 | 1.6 | 良 |
| | 2012 | 1.8 | 优 | | 2012 | 1.7 | 优 |
| | 2013 | 1.8 | 优 | | 2013 | 1.4 | 一般 |
| | 2014 | 2.0 | 优 | | 2014 | 1.6 | 良 |
| | 2015 | 2.0 | 优 | | 2015 | 2.1 | 优 |
| | 2016 | 2.6 | 特优 | | 2016 | 2.1 | 优 |
| | 2017 | 2.7 | 特优 | | 2017 | 2.7 | 特优 |
| | 2018 | 1.8 | 优 | | 2018 | 1.5 | 良 |
| | 2019 | 2.6 | 特优 | | 2019 | 2.7 | 特优 |
| | 2020 | 3.0 | 特优 | | 2020 | 3.0 | 特优 |
| | 2021 | 2.3 | 特优 | | 2021 | 2.1 | 优 |
| 福建省中闽华源茶业有限公司 | 2010 | 1.7 | 优 | 泉州不与茶事茶业有限公司 | 2010 | 1.6 | 良 |
| | 2011 | 1.9 | 优 | | 2011 | 1.8 | 优 |
| | 2012 | 1.8 | 优 | | 2012 | 1.4 | 一般 |
| | 2013 | 1.6 | 良 | | 2013 | 1.7 | 优 |
| | 2014 | 2.1 | 优 | | 2014 | 2.4 | 特优 |
| | 2015 | 2.1 | 优 | | 2015 | 2.4 | 特优 |
| | 2016 | 1.3 | 一般 | | 2016 | 1.7 | 优 |
| | 2017 | 2.0 | 优 | | 2017 | 1.8 | 优 |
| | 2018 | 1.9 | 优 | | 2018 | 1.9 | 优 |
| | 2019 | 2.7 | 特优 | | 2019 | 2.4 | 特优 |
| | 2020 | 2.8 | 特优 | | 2020 | 2.9 | 特优 |
| | 2021 | 2.4 | 特优 | | 2021 | 2.4 | 特优 |

续表

| 采样点 | 年份 | 品质指数 | 认证等级 | 采样点 | 年份 | 品质指数 | 认证等级 |
|---|---|---|---|---|---|---|---|
| 福建省安溪永胜茶厂 | 2010 | 2.0 | 优 | 福建琦泰茶业有限公司 | 2010 | 2.2 | 特优 |
| | 2011 | 1.5 | 良 | | 2011 | 1.5 | 良 |
| | 2012 | 1.9 | 优 | | 2012 | 1.4 | 一般 |
| | 2013 | 1.5 | 良 | | 2013 | 1.5 | 良 |
| | 2014 | 1.9 | 优 | | 2014 | 1.6 | 良 |
| | 2015 | 2.0 | 优 | | 2015 | 1.6 | 良 |
| | 2016 | 2.2 | 特优 | | 2016 | 1.9 | 优 |
| | 2017 | 2.7 | 特优 | | 2017 | 2.7 | 特优 |
| | 2018 | 1.6 | 良 | | 2018 | 1.4 | 一般 |
| | 2019 | 2.9 | 特优 | | 2019 | 2.2 | 特优 |
| | 2020 | 2.6 | 特优 | | 2020 | 2.3 | 特优 |
| | 2021 | 2.2 | 特优 | | 2021 | 1.6 | 良 |
| 福建省安溪怡芳茶业有限公司 | 2010 | 1.7 | 优 | / | / | / | / |
| | 2011 | 1.9 | 优 | | / | / | / |
| | 2012 | 1.8 | 优 | | / | / | / |
| | 2013 | 1.9 | 优 | | / | / | / |
| | 2014 | 2.6 | 特优 | | / | / | / |
| | 2015 | 2.3 | 特优 | | / | / | / |
| | 2016 | 1.9 | 优 | | / | / | / |
| | 2017 | 1.8 | 优 | | / | / | / |
| | 2018 | 2.1 | 优 | | / | / | / |
| | 2019 | 2.2 | 特优 | | / | / | / |
| | 2020 | 2.7 | 特优 | | / | / | / |
| | 2021 | 2.1 | 优 | | / | / | / |

从安溪县各茶叶生产基地不同年份的铁观音(春茶)气候品质评价的时间分布来看，2019年和2020年的铁观音(春茶)平均综合气候品质指数为最高，分别达到2.6和2.7。2019年仅福建安溪岐山魏荫名茶有限公司茶园(海拔855 m)的铁观音(春茶)气候品质等级为优，其余11家茶叶企业和福建安溪岐山魏荫名茶有限公司茶园(海拔800 m)的铁观音(春茶)气候品质等级均达到特优。2020年12家茶叶企业的铁观音(春茶)气候品质等级均达到特优。2011年铁观音(春茶)气候品质较差，各茶叶企业生产的铁观音(春茶)平均综合气候品质指数仅为1.6，12家茶叶企业中，该年度铁观音(春茶)气候品质为良以下的达到7家，占比达到58.3%。

从不同茶叶企业2010—2021年的铁观音(春茶)平均综合气候品质指数的地域分布来看，除福建琦泰茶业有限公司以外，其余11家茶叶企业生产的铁观音(春茶)的历年平均综合气候品质指数较为接近，在2.0～2.2。从不同茶叶企业认证等级达到优以上的年份占比来看，除福建安溪岐山魏荫名茶有限公司茶园(海拔800 m)和福建琦泰茶业有限公司以外，其余11家茶叶企业和福建安溪岐山魏荫名茶有限公司茶园(海拔 855 m)的 12 年春茶气候品质等级当中,达到优以上等级的年份占比均在 75%以上,华祥苑(福建)茶科技有限公司、福建省安溪怡芳茶业有限公司的优以上等级的年份占比达到 100%。

(二)铁观音(秋茶)

1. 秋茶气候品质认证表征指标

通过铁观音(秋茶)茶叶品质与气象因子相关性分析,确定影响秋茶品质的 4 个气候适宜性指标;另外通过资料查阅、生产调查、走访茶叶专家等方法,确定了影响铁观音(秋茶)品质的 3 个气象灾害指标,二者共同构成了铁观音(秋茶)气候品质认证的表征指标(表 4.33、表 4.34)。

**表 4.33　安溪铁观音(秋茶)气候品质气候适宜性指标及等级标准**

| 评价等级($M_i$) | 采摘日前 40 d 有效积温($\sum T$,℃) | 采摘日前 20 d 气温日较差均值($\Delta T$,℃) | 采摘日前 60 d 平均相对湿度($U$,%) | 采摘日前 40 d 累计日照时数($S$,h) |
|---|---|---|---|---|
| 4 | $\sum T \leqslant 500$ | $\Delta T \leqslant 8$ | $U>85$ | $S>300$ |
| 3 | $500<\sum T \leqslant 600$ | $8<\Delta T \leqslant 11$ | $80<U \leqslant 85$ | $275<S \leqslant 300$ |
| 2 | $600<\sum T \leqslant 700$ | $11<\Delta T \leqslant 12$ | $75<U \leqslant 80$ | $250<S \leqslant 275$ |
| 1 | $\sum T>700$ | $\Delta T>12$ | $U \leqslant 75$ | $S \leqslant 250$ |

**表 4.34　安溪铁观音(秋茶)气候品质气象灾害指标及等级标准**

| 评价等级($N_j$) | 采摘日前 3 d 累计阴雨(日雨量≥2 mm)日数($D_r$,d) | 7 月至采摘期(7 月 1 日至采摘日)连旱(日雨量<2 mm)日数($D_d$,d) | 采摘日前 30 d 高温(日最高气温≥35 ℃)日数($D_g$,℃) |
|---|---|---|---|
| 0 | $D_r=0$ | $D_d \leqslant 20$ | $D_g=0$ |
| 1 | $D_r=1$ | $20<D_d \leqslant 25$ | $0<D_g \leqslant 5$ |
| 2 | $D_r=2$ | $25<D_d \leqslant 30$ | $5<D_g \leqslant 10$ |
| 3 | $D_r=3$ | $D_d>30$ | $D_g>10$ |

2. 秋茶气候品质认证表征指标权重

用层次分析法确定影响铁观音(秋茶)品质的气候适宜性指标权重,通过咨询多个专家对各适宜性指标进行打分,构建判断矩阵(表 4.35)。

**表 4.35　影响铁观音(秋茶)品质的气候适宜性指标判断矩阵**

| 指标 | 采摘期前 60 d 平均相对湿度 | 采摘期前 40 d 累计日照时数 | 采摘期前 40 d 有效积温 | 采摘期前 20 d 气温日较差均值 |
|---|---|---|---|---|
| 采摘期前 60 d 平均相对湿度 | 1 | 3 | 5 | 1 |
| 采摘期前 40 d 累计日照时数 | 1/3 | 1 | 3 | 1/3 |
| 采摘期前 40 d 有效积温 | 1/5 | 1/3 | 1 | 1/5 |
| 采摘期前 20 d 气温日较差均值 | 1 | 3 | 5 | 1 |

用层次分析法确定影响铁观音(秋茶)品质的气象灾害指标权重,通过咨询多个专家对各灾害指标进行打分,构建判断矩阵(表 4.36)。

**表 4.36 影响铁观音(秋茶)品质的气象灾害指标判断矩阵**

| 指标 | 采摘日前 3 d 累计阴雨日数 | 采摘日前 30 d 高温日数 | 7 月至采摘期连旱日数 |
|---|---|---|---|
| 采摘期前 3 d 阴雨日数 | 1 | 3 | 1 |
| 采摘期前 30 d 高温日数 | 1/3 | 1 | 1/3 |
| 7 月至采摘期连旱日数 | 1 | 3 | 1 |

对判断矩阵进行最大特征根和特征向量计算、一致性检验等获得权重。用专家打分法确定影响铁观音(秋茶)品质的气候适宜性指标、气象灾害指标二者的权重。各评价指标的权重计算结果见表 4.37。

**表 4.37 安溪铁观音(秋茶)气候品质表征指标权重**

| 指标 | 影响品质的气候适宜性指标 | | | | 影响品质的气象灾害指标 | | |
|---|---|---|---|---|---|---|---|
| | 0.8 | | | | 0.2 | | |
| | 采摘前 60 d 平均相对湿度 | 采摘前 40 d 累计日照时数 | 前 40 d 有效积温 | 采摘前 20 d 气温日较差均值 | 采摘日前 3 d 累计阴雨日数 | 采摘日前 30 d 高温日数 | 7 月至采摘期连旱日数 |
| 权重 | 0.391 | 0.151 | 0.067 | 0.391 | 0.429 | 0.142 | 0.429 |

3. 秋茶气候品质评价模型

建立铁观音(秋茶)气候品质评价模型如下:

$$\begin{aligned}\text{Tcqi}=&0.8(0.391\,M_1+0.151\,M_2+0.067\,M_3+0.391\,M_4)\\&-0.2(0.429\,N_1+0.142\,N_2+0.429\,N_3)\end{aligned} \tag{4.6}$$

式中,Tcqi 为铁观音(秋茶)气候品质指数,$M_1$、$M_2$、$M_3$、$M_4$、$N_1$、$N_2$、$N_3$分别表示采摘前 60 d 平均相对湿度评价等级、采摘前 40 d 累计日照时数评价等级、前 40 d 有效积温评价等级、采摘前 20 d 气温日较差均值评价等级、采摘前 3 d 累计阴雨日数评价等级、采摘日前 30 d 高温日数评价等级、7 月至采摘期连旱日数评价等级。

4. 秋茶气候品质认证等级标准

采用自然断点法和安溪县铁观音(秋茶)生产实际调查相结合的方法,将安溪铁观音(秋茶)气候品质认证等级划分如表 4.38 所示。

**表 4.38 安溪铁观音(秋茶)气候品质认证等级**

| 等级 | 特优 | 优 | 良 | 一般 |
|---|---|---|---|---|
| 茶叶气候品质指数 | Tcqi≥2.4 | 2.1≤Tcqi<2.4 | 1.7≤Tcqi<2.1 | Tcqi<1.7 |

5. 秋茶气候品质认证结果

利用 2010—2020 年的安溪县气象数据,根据铁观音(秋茶)气候品质认证模型(式(4.6))和秋茶气候品质认证等级(表 4.38),计算获得 2010—2020 年各采样点铁观音(秋茶)气候品质指数和认证等级(表 4.39)。

从安溪县各茶叶生产基地不同年份的铁观音(秋茶)气候品质评价的时间分布来看,2010—2020 年 6 家茶叶企业的铁观音(秋茶)平均综合气候品质指数在 1.7~2.4,以 2019 年铁观音(秋茶)气候品质较差,平均综合气候品质指数仅为1.7,该年仅福建省安溪县冠和茶

**表 4.39　2010—2020 年安溪铁观音采样点秋茶气候品质认证等级**

| 采样点 | 年份 | 品质指数 | 认证等级 | 采样点 | 年份 | 品质指数 | 认证等级 |
|---|---|---|---|---|---|---|---|
| 安溪县香之纯茶业专业合作社 | 2010 | 2.1048 | 优 | 福建八马茶业有限公司 | 2010 | 2.212 | 优 |
| | 2011 | 2.1934 | 优 | | 2011 | 2.1612 | 优 |
| | 2012 | 2.0872 | 良 | | 2012 | 2.1408 | 优 |
| | 2013 | 1.9478 | 良 | | 2013 | 2.1408 | 优 |
| | 2014 | 2.0052 | 良 | | 2014 | 2.208 | 优 |
| | 2015 | 2.4 | 特优 | | 2015 | 2.3678 | 优 |
| | 2016 | 1.862 | 良 | | 2016 | 2.1962 | 优 |
| | 2017 | 1.8336 | 良 | | 2017 | 2.0588 | 良 |
| | 2018 | 2.0588 | 良 | | 2018 | 1.628 | 一般 |
| | 2019 | 1.3492 | 一般 | | 2019 | 1.1184 | 一般 |
| | 2020 | 2.2284 | 优 | | 2020 | 2.4536 | 特优 |
| 福建省安溪刘金龙茶业有限公司 | 2010 | 2.1584 | 优 | 华祥苑(福建)茶科技有限公司 | 2010 | 2.1584 | 优 |
| | 2011 | 2.3142 | 优 | | 2011 | 1.9664 | 良 |
| | 2012 | 2.0872 | 良 | | 2012 | 1.3758 | 一般 |
| | 2013 | 2.0872 | 良 | | 2013 | 1.7744 | 良 |
| | 2014 | 2.1544 | 优 | | 2014 | 1.554 | 一般 |
| | 2015 | 2.5208 | 特优 | | 2015 | 2.208 | 优 |
| | 2016 | 2.2284 | 优 | | 2016 | 2.3464 | 优 |
| | 2017 | 2.0014 | 良 | | 2017 | 1.9768 | 良 |
| | 2018 | 2.1408 | 优 | | 2018 | 2.0588 | 良 |
| | 2019 | 2.0014 | 良 | | 2019 | 1.5208 | 一般 |
| | 2020 | 2.4536 | 特优 | | 2020 | 2.0872 | 良 |
| 福建省安溪县冠和茶业有限公司 | 2010 | 2.8376 | 特优 | 福建省安溪岐山魏荫名茶有限公司 | 2010 | 2.1048 | 优 |
| | 2011 | 2.282 | 优 | | 2011 | 2.627 | 特优 |
| | 2012 | 2.09 | 良 | | 2012 | 2.4536 | 特优 |
| | 2013 | 2.5744 | 特优 | | 2013 | 2.4536 | 特优 |
| | 2014 | 1.7772 | 良 | | 2014 | 2.5208 | 特优 |
| | 2015 | 2.4886 | 特优 | | 2015 | 2.3492 | 优 |
| | 2016 | 2.8872 | 特优 | | 2016 | 2.282 | 优 |
| | 2017 | 2.4886 | 特优 | | 2017 | 2.0872 | 良 |
| | 2018 | 2.8872 | 特优 | | 2018 | 2.1408 | 优 |
| | 2019 | 2.282 | 优 | | 2019 | 2.0014 | 良 |
| | 2020 | 2.282 | 优 | | 2020 | 2.4536 | 特优 |

业有限公司的铁观音(秋茶)气候品质认证等级达到优，其余 5 家茶叶企业的铁观音(秋茶)气候品质认证等级均在良以下，究其原因，主要是 2019 年夏秋季连旱灾害严重，导致秋茶品质受

到一定程度影响；其余年份的平均综合气候品质指数均在 2.0 以上，以 2015 年铁观音(秋茶)气候品质最好，平均综合气候品质指数达到 2.4，该年安溪县香之纯茶业专业合作社、福建省安溪刘金龙茶业有限公司、福建省安溪县冠和茶业有限公司 3 家茶叶企业的铁观音(秋茶)气候品质等级达到特优，其余 3 家的铁观音(秋茶)气候品质等级达到优。

从不同茶叶企业 2010—2021 年的铁观音(秋茶)平均综合气候品质指数的地域分布来看，大部分茶叶企业的平均气候品质指数均在 2.0 以上，其中福建省安溪县冠和茶业有限公司平均综合气候品质指数最高，达到 2.4。从铁观音(秋茶)气候品质等级达到优以上的年份占比来看，以安溪县香之纯茶业专业合作社、华祥苑(福建)茶科技有限公司的优以上等级的年份占比分别为 36.4%和 27.3%，其余 4 家茶叶企业的优以上等级的年份占比均在 60%以上，其中福建省安溪县冠和茶业有限公司、福建省安溪岐山魏荫名茶有限公司的优以上等级的年份占比最高，均达到 81.8%。

## 第五节　福鼎白茶气候品质

### 一、福鼎白茶品质概况

茶多酚是茶叶中的主要物质之一，是构成茶汤浓度、强度和鲜爽感的重要呈味物质；氨基酸是茶叶品质成分中含氮化合物的突出化合物，是形成茶汤鲜爽感和香味的主要物质，白茶内含丰富的氨基酸、儿茶素等功能成分，其中游离氨基酸总量在六大茶类中含量最高，是影响白茶茶汤滋味鲜爽度的重要物质；酚氨比可以有效地反应茶叶的滋味品质。一般来说酚氨比低，鲜爽度高，茶叶品质相对较好；酚氨比高，鲜爽度低，茶叶品质相对较差。

福鼎市白茶主要产区在太姥山镇、点头镇、白琳镇、瑶溪镇，种植区分布在海拔 200～800 m区域，属中亚热带海洋性季风气候，东南面海，西靠太姥山脉，具得天独厚的地理条件。区域内年平均气温为 17.6～18.9 ℃，年降雨量为 1400～1800 mm，累计年平均日照时数为 1727.3 h；得天独厚的地理背景、气候环境为种植福鼎优质白茶提供了有利条件[83]。

研究表明，福鼎市海拔 300～400 m 的茶园生产的白茶品质最好，也较稳定，海拔 600 m 以上的茶园，由于日照少、温度低、土壤微生物活性弱等原因，反而影响了茶树生产及鲜叶物质的合成积累。海拔越高，气温随海拔增高而降低，高海拔容易产生雾气，形成漫射光，使得红黄光得到加强，有利于氨基酸、咖啡碱的合成，但并不是海拔越高茶叶品质越好，海拔 400 m 左右的茶青综合品质指标反而优于 600 m、800 m 的茶园。海拔在 300～600 m 茶园为福鼎白茶最优质区，其次为 600 m 以上的区域，这些区域云雾多，漫散射光强，茶叶能积累较多的芳香物质，茶青肥厚柔软，持嫩性强，可以作为良好的制茶原料[83]。

### 二、福鼎大白茶(春茶)茶青品质分析

在福鼎市不同地理位置的白茶种植区，选取 5 个白茶茶园采样点，分别是福建省大沁茶业有限公司(编号 C1)、福建鼎白茶业有限公司(编号 C2)、六妙白茶股份有限公司(编号 C3)、大荒(福建)茶叶有限公司(编号 C4)、福建品品香茶叶有限公司(编号 C5)。采样品种为福鼎大白茶，在 2018—2020 年白茶采摘期，采摘一芽二叶的叶片，每个样本采摘白茶鲜叶重 500g，蒸青烘干，进行白茶茶青品质数据检测，福鼎大白茶(春茶)主要理化成分检测结果见表 4.40。

表 4.40　福鼎大白茶(春茶)主要理化成分

| 茶园编号 | 海拔(m) | 茶多酚(%) | | | 游离氨基酸总量(%) | | | 水浸出物(%) | | | 咖啡碱(%) | | |
|---|---|---|---|---|---|---|---|---|---|---|---|---|---|
| | | 2018 | 2019 | 2020 | 2018 | 2019 | 2020 | 2018 | 2019 | 2020 | 2018 | 2019 | 2020 |
| C1 | 615 | 12.7 | / | / | 4.3 | / | / | 38.6 | / | / | 3.6 | / | / |
| C2 | 246 | 17.6 | / | / | 6.4 | / | / | 42.8 | / | / | 3.8 | / | / |
| C3 | 110 | 14.6 | / | / | 5.6 | / | / | 44.4 | / | / | 3.8 | / | / |
| C4 | 664 | 17.6 | / | / | 5.5 | / | / | 42.4 | / | / | 3.1 | / | / |
| C5 | 775 | 17.3 | 18.4 | 14.5 | 4.8 | 5.1 | 5.0 | 39.1 | 39.7 | 41.2 | 3.7 | 4.3 | 3.6 |

2018 年福鼎大白茶(春茶)的茶多酚含量在 12.7%～17.6%，其中福建鼎白茶业有限公司和大荒(福建)茶叶有限公司的福鼎大白茶(春茶)茶多酚含量最高，福建省大沁茶业有限公司的福鼎大白茶(春茶)茶多酚含量最低。福建品品香茶叶有限公司 2018—2020 年茶多酚含量来看，茶多酚含量在 14.5%～18.4%，以 2019 年最高，以 2020 年最低。

2018 年福鼎大白茶(春茶)的游离氨基酸含量在 4.3%～6.4%，其中福建鼎白茶业有限公司的福鼎大白茶(春茶)游离氨基酸含量最高，福建省大沁茶业有限公司的福鼎大白茶(春茶)游离氨基酸含量最低。福建品品香茶叶有限公司 2018—2020 年游离氨基酸含量在 4.8%～5.1%，以 2019 年最高，以 2018 年最低。

2018 年福鼎大白茶(春茶)的水浸出物含量在 38.6%～44.4%，其中六妙白茶股份有限公司的福鼎大白茶(春茶)水浸出物含量最高，福建省大沁茶业有限公司的福鼎大白茶(春茶)水浸出物含量最低。福建品品香茶叶有限公司 2018—2020 年水浸出物含量在 39.1%～41.2%，以 2020 年最高，以 2018 年最低。

2018 年福鼎大白茶(春茶)的咖啡碱含量在 3.1%～3.8%，其中六妙白茶股份有限公司和福建鼎白茶业有限公司的福鼎大白茶(春茶)咖啡碱含量最高，大荒(福建)茶叶有限公司的福鼎大白茶(春茶)咖啡碱含量最低。福建品品香茶叶有限公司 2018—2020 年咖啡碱含量在 3.6%～4.3%，以 2019 年最高，以 2020 年最低。

### 三、影响白茶(春茶)茶青品质的关键气象因子和影响时段

根据在福鼎市不同地理位置茶园各采样点的白茶采摘日期，统计各采样点春茶萌芽至采摘期的气象因子数据(采摘期前 40 d)，以 10 d 为间隔，即统计采摘前 10 d、前 20 d、…、前 40 d 的采样点平均温度、积温、有效积温、气温日较差均值、适温天数、累计雨日、平均相对湿度和累计日照时数。其中，采样点各采摘期下各时段的平均温度、积温、有效积温、气温日较差均值、适温天数、雨日采用临近气象站数据，平均湿度和累计日照时数通过福鼎市及周边地区气象台站数据插值获得，插值模型总体复相关系数均在 0.8 以上，模型拟合效果较好。

采用游离氨基酸、茶多酚、水浸出物、咖啡碱 4 项茶青品质检测数据作为白茶综合品质的表征指标，并对各表征指标进行归一化处理，按照式(4.7)加权求和，得到白茶综合品质指数。

$$I=0.4a_1+0.3a_2+0.15a_3+0.15a_4 \tag{4.7}$$

式中，$I$ 为白茶综合品质指数，$a_1$ 为游离氨基酸总量归一化序列，$a_2$ 为茶多酚归一化序列，$a_3$ 为水浸出物归一化序列，$a_4$ 为咖啡碱归一化序列。

将白茶茶青 4 项品质检测数据和综合品质指数分别与上述不同时间段的气象因子进行相关性分析，确定影响福鼎白茶(春茶)鲜叶品质的关键气象因子和主要影响时段。

(一)影响春茶茶多酚的气象因子

从福鼎白茶(春茶)茶多酚与气象因子相关性分析(表 4.41)可见,福鼎大白茶(春茶)茶多酚含量与采摘前 20 d 的气温日较差均值呈负相关,采摘前 20 d 气温波动越小,越有利于茶多酚含量的提高;与采摘前 40 d 的累计雨日和平均相对湿度呈正相关,雨日越多、相对湿度越大,会增加多酚含量;白茶茶多酚含量与有效积温、适温天数和累计日照时数关系不明显。综合来看,影响福鼎大白茶(春茶)茶多酚含量的主要气象因子有采摘前 40 d 的累计雨日和平均相对湿度,采摘前 20 d 气温日较差均值。

**表 4.41 福鼎白茶(春茶)茶多酚与气象因子相关系数**

| 时间段 | 有效积温 | 气温日较差均值 | 适温天数 | 累计雨日 | 累计日照时数 | 平均相对湿度 |
|---|---|---|---|---|---|---|
| 前 10 d | 0.105 | −0.185 | 0.007 | −0.088 | 0.003 | 0.443 |
| 前 20 d | −0.012 | −0.383 | −0.008 | 0.155 | −0.158 | 0.485 |
| 前 30 d | 0.002 | −0.223 | 0.048 | 0.077 | 0.022 | 0.443 |
| 前 40 d | −0.016 | −0.350 | 0.120 | 0.194 | −0.115 | 0.498 |

(二)影响春茶游离氨基酸含量的气象因子

从福鼎白茶(春茶)游离氨基酸与气象因子相关性分析(表 4.42)可见,福鼎大白茶(春茶)游离氨基酸含量与采摘前 40 d 的有效积温和适温天数呈显著正相关,尤以前 20 d 的有效积温、前 30 d 适温天数相关最大,采摘前 20～30 d 相对较高的温度、适宜温度天数越多,越有利于氨基酸的积累;与采摘前 10 d 的累计日照时数呈现明显正相关,采摘前 10 d 的光照越充足,越有利于氨基酸含量的提高;与采摘前 30 d 平均相对湿度呈明显正相关,采摘前 1 个月相对湿度越大,越有利于氨基酸的积累;与采摘前 20 d 的气温日较差均值、采摘前 10 d 累计雨日呈现负相关,可见雨日越多、气温波动越大,越不利于氨基酸含量的提高。综合来看,影响福鼎大白茶(春茶)游离氨基酸含量的主要气象因子是采摘前 30 d 的有效积温、适温天数和平均相对湿度,采摘前 10 d 的累计日照时数,采摘前 20 d 的累计雨日,采摘前 20 d 的气温日较差均值。

**表 4.42 福鼎白茶(春茶)游离氨基酸与气象因子相关系数**

| 时间段 | 有效积温 | 气温日较差均值 | 适温天数 | 累计雨日 | 累计日照时数 | 平均相对湿度 |
|---|---|---|---|---|---|---|
| 前 10 d | 0.487 | 0.095 | 0.425 | −0.580 | 0.463 | 0.227 |
| 前 20 d | 0.568 | −0.467 | 0.581 | −0.225 | 0.060 | 0.337 |
| 前 30 d | 0.555 | −0.305 | 0.691 | −0.245 | 0.094 | 0.339 |
| 前 40 d | 0.451 | −0.354 | 0.548 | −0.282 | 0.015 | 0.219 |

(三)影响春茶水浸出物的气象因子

从福鼎白茶(春茶)水浸出物与气象因子相关性分析(表 4.43)可见,福鼎大白茶(春茶)水浸出物含量与采摘前 20～30 d 的有效积温、适温天数呈显著正相关,可见采摘前 30～40 d 温度越高、适宜生长发育的天数越多,水浸出物也越多;与采摘前 10 d 的累计日照时数呈正相关,可见采摘前 10 d 光照越足,水浸出物含量越高;与采摘前 40 d 的雨日呈明显负相关,尤以与采摘前 10 d 累计雨日相关最大,可见累计雨日越多,水浸出物越小;与平均相对湿度、气温日较差均值关系不明显。综合来看,影响福鼎大白茶(春茶)水浸出物含量的主要气象因子是采摘前 30 d 的有效积温和适温天数以及采摘前 10 d 的累计日照时数和累计雨日。

**表 4.43　福鼎白茶(春茶)水浸出物与气象因子相关系数**

| 时间段 | 有效积温 | 气温日较差均值 | 适温天数 | 累计雨日 | 累计日照时数 | 平均相对湿度 |
|---|---|---|---|---|---|---|
| 前 10 d | 0.536 | 0.264 | 0.527 | −0.637 | 0.461 | −0.008 |
| 前 20 d | 0.802 | −0.223 | 0.809 | −0.389 | 0.093 | 0.120 |
| 前 30 d | 0.797 | −0.135 | 0.884 | −0.311 | 0.029 | 0.126 |
| 前 40 d | 0.700 | −0.160 | 0.737 | −0.415 | −0.009 | −0.012 |

### (四)影响春茶咖啡碱的气象因子

从福鼎白茶(春茶)咖啡碱与气象因子相关性分析(表 4.44)可见,福鼎大白茶(春茶)咖啡碱含量与采摘前 40 d 的平均相对湿度和累计雨日呈显著正相关,可见萌芽至采摘期雨日多、湿度大,越有利于咖啡碱含量的提高;与采摘前 40 d 的有效积温、气温日较差均值、适温天数、累计日照时数呈现显著负相关,可见采摘前 40 d 的温度和温差越低、日照时数越少,咖啡碱含量越高。综合来看,影响福鼎大白茶(春茶)咖啡碱含量的主要气象因子是采摘前 40 d 的平均相对湿度、累计雨日、累计日照时数、有效积温、气温日较差均值和适温天数。

**表 4.44　福鼎白茶(春茶)咖啡碱与气象因子相关系数**

| 时间段 | 有效积温 | 气温日较差均值 | 适温天数 | 累计雨日 | 累计日照时数 | 平均相对湿度 |
|---|---|---|---|---|---|---|
| 前 10 d | −0.507 | 0.097 | −0.468 | 0.256 | −0.104 | 0.728 |
| 前 20 d | −0.466 | −0.167 | −0.423 | 0.603 | −0.561 | 0.768 |
| 前 30 d | −0.551 | −0.464 | −0.430 | 0.517 | −0.403 | 0.813 |
| 前 40 d | −0.708 | −0.756 | −0.650 | 0.659 | −0.599 | 0.801 |

### (五)影响白茶茶青综合品质的气象因子

从福鼎白茶(春茶)综合品质指数与气象因子相关性分析(表 4.45)可见,福鼎大白茶(春茶)茶青综合品质与采摘前 30 d 有效积温、适温天数呈显著正相关,可见采摘前 1 个月温度越高、适温天数越多,越有利于茶青品质的提高;与采摘前 10 d 的累计雨日呈负相关、采摘前 10 d 的累计日照时数呈正相关,可见采摘前 10 d 累计雨日越少、光照越足,越有利于茶青品质的提高;与采摘前 40 d 的气温日较差均值呈现负相关,尤其与前 20 d 的温差相关最大,可见采摘前 20 d 气温波动越小,越有利于提高白茶茶青品质。综合来看,影响福鼎大白茶(春茶)茶青综合品质的主要气象因子是采摘前 20 d 的平均相对湿度和气温日较差均值,采摘前 10 d 的累计雨日和累计日照时数,采摘前 30 d 有效积温和适温天数。

**表 4.45　福鼎白茶(春茶)综合品质指数与气象因子相关系数**

| 时间段 | 有效积温 | 气温日较差均值 | 适温天数 | 累计雨日 | 累计日照时数 | 平均相对湿度 |
|---|---|---|---|---|---|---|
| 前 10 d | 0.353 | −0.003 | 0.270 | −0.415 | 0.277 | 0.393 |
| 前 20 d | 0.389 | −0.465 | 0.400 | −0.055 | −0.088 | 0.495 |
| 前 30 d | 0.388 | −0.302 | 0.491 | −0.092 | 0.028 | 0.473 |
| 前 40 d | 0.307 | −0.424 | 0.439 | −0.051 | −0.108 | 0.430 |

## 四、白茶(春茶)气候品质等级评价

### (一)白茶(春茶)气候品质认证表征指标

通过白茶品质与气象因子相关性分析,确定影响白茶(春茶)品质的4个气候适宜性指标;另外,通过资料查阅、生产调查、走访茶叶专家等方法确定了影响白茶品质的3个气象灾害指标;二者共同构成了白茶气候品质认证的表征指标(表4.46、表4.47)。

表4.46 福鼎白茶(春茶)气候品质气候适宜性指标及等级标准

| 评价等级($M_i$) | 采摘前30 d有效积温(℃) | 采摘前30 d适温(13 ℃$\leqslant T_{avg}\leqslant$25 ℃)天数(d) | 采摘前20 d平均相对湿度(%) | 采摘前10 d累计日照时数(h) |
|---|---|---|---|---|
| 4 | $\sum T>90$ | $D_s>12$ | $U>85$ | $S>50$ |
| 3 | $50<\sum T\leqslant 90$ | $8<D_s\leqslant 12$ | $75<U\leqslant 85$ | $30<S\leqslant 50$ |
| 2 | $35<\sum T\leqslant 50$ | $4<D_s\leqslant 8$ | $70<U\leqslant 75$ | $20<S\leqslant 30$ |
| 1 | $\sum T\leqslant 35$ | $D_s\leqslant 4$ | $U\leqslant 70$ | $S\leqslant 20$ |

表4.47 福鼎白茶(春茶)气候品质气象灾害指标及等级标准

| 评价等级($N_j$) | 采摘前10 d持续阴雨(日雨量>2 mm)日数(d) | 萌芽至采摘期连续无雨日数(d) | 萌芽至采摘期极端最低气温(℃) |
|---|---|---|---|
| 0 | $D_r\leqslant 1$ | $D_d\leqslant 10$ | $T_d\geqslant 4$ |
| 1 | $1<D_r\leqslant 3$ | $10<D_d\leqslant 15$ | $2\leqslant T_d<4$ |
| 2 | $3<D_r\leqslant 5$ | $15<D_d\leqslant 20$ | $0\leqslant T_d<2$ |
| 3 | $D_r>5$ | $D_d>20$ | $T_d<0$ |

### (二)白茶气候品质认证表征指标权重

用层次分析法确定影响白茶品质的气候适宜性指标权重,通过咨询多个专家对各适宜性指标进行打分,构建判断矩阵(表4.48)。

表4.48 影响福鼎白茶品质的气候适宜性指标判断矩阵

| 指标 | 采摘前30 d有效积温 | 采摘前30 d适温天数 | 采摘前20 d平均相对湿度 | 采摘前10 d累积日照时数 |
|---|---|---|---|---|
| 采摘前30 d有效积温 | 1 | 1/3 | 1/5 | 1/3 |
| 采摘前30 d适温天数 | 3 | 1 | 1/3 | 1 |
| 采摘前20 d平均相对湿度 | 5 | 3 | 1 | 3 |
| 采摘前10 d累积日照时数 | 3 | 1 | 1/3 | 1 |

用层次分析法确定影响白茶品质的气象灾害指标权重,通过咨询多个专家对各灾害指标进行打分,构建判断矩阵(表4.49)。

表4.49 影响福鼎白茶品质的气象灾害指标判断矩阵

| 指标 | 采摘前10 d累计阴雨日数 | 萌芽至采摘期连续无雨日数 | 萌芽至采摘期极端最低气温 |
|---|---|---|---|
| 采摘前10 d累计阴雨日数 | 1 | 5 | 3 |
| 萌芽至采摘期连续无雨日数 | 1/5 | 1 | 1/3 |
| 萌芽至采摘期极端最低气温 | 1/3 | 3 | 1 |

对判断矩阵进行最大特征根和特征向量计算、一致性检验等获得权重。用专家打分法确定气象灾害指标、气候适宜性指标二者之间的权重。各评价指标的权重计算结果见表 4.50。

**表 4.50　福鼎白茶气候品质表征指标权重**

| 指标 | 影响品质的气候适宜性指标 | | | | 影响品质的气象灾害指标 | | |
|---|---|---|---|---|---|---|---|
| | 0.8 | | | | 0.2 | | |
| | 采摘前 30 d 有效积温 | 采摘前 30 d 适温天数 | 采摘前 20 d 平均相对湿度 | 采摘前 10 d 累积日照时数 | 采摘日前 10 d 累计阴雨日数 | 萌芽至采摘期连续无雨日数 | 萌芽至采摘期极端最低气温 |
| 权重 | 0.0775 | 0.201 | 0.5205 | 0.201 | 0.637 | 0.1047 | 0.2583 |

(三)白茶气候品质评价模型

建立白茶气候品质评价模型如下：

$$\begin{aligned}\mathrm{Tcqi}=&0.8(0.0775\,M_1+0.201\,M_2+0.5205\,M_3+0.201\,M_4)\\&-0.2(0.637\,N_1+0.1047\,N_2+0.2583\,N_3)\end{aligned}\tag{4.8}$$

式中，Tcqi 为白茶气候品质指数，$M_1$、$M_2$、$M_3$、$M_4$、$N_1$、$N_2$、$N_3$ 分别表示采摘前 30 d 有效积温评价等级、采摘前 30 d 适温天数评价等级、采摘前 20 d 平均湿度评价等级、采摘前 10 d 累计日照时数评价等级、采摘前 10 d 累计阴雨日数评价等级、萌芽至采摘期连续无雨日数评价等级、萌芽至采摘期极端最低气温评价等级。

(四)白茶气候品质认证等级标准

采用自然断点法及福鼎白茶生产实际调查结果，将福鼎白茶(春茶)气候品质认证等级划分如表 4.51 所示。

**表 4.51　福鼎白茶(春茶)气候品质认证等级**

| 等级 | 特优 | 优 | 良 | 一般 |
|---|---|---|---|---|
| 白茶气候品质指数 | Tcqi≥2.2 | 1.8≤Tcqi<2.2 | 1.5≤Tcqi<1.8 | Tcqi<1.5 |

(五)白茶(春茶)气候品质认证结果

利用 2010—2020 年福鼎市气象数据，根据白茶气候品质认证模型(式(4.8))和福鼎白茶气候品质认证等级(表 4.51)，计算获得 2010—2020 年各采样点白茶(春茶)气候品质指数和认证等级(表 4.52)。

从福鼎市各茶叶生产基地不同年份的福鼎大白茶(春茶)气候品质评价的时间分布来看，2018 年和 2019 年的福鼎大白茶(春茶)平均综合气候品质指数为最高，分别达到 2.6 和 2.4。2018 年和 2019 年 5 家茶叶企业生产的福鼎大白茶(春茶)气候品质认证等级均达到特优。2011 年福鼎大白茶(春茶)气候品质较差，平均综合气候品质指数仅为 1.1，该年茶叶企业的福鼎大白茶(春茶)气候品质等级均为一般，其余年份的福鼎大白茶(春茶)平均综合气候品质指数在 1.9～2.3。

从不同茶叶企业 2010—2021 年的福鼎大白茶(春茶)平均综合气候品质指数的地域分布来看，茶叶企业生产的白茶 11 年平均综合气候品质指数较为接近，在 1.9～2.1。从气候品质等级达到优以上的年份占比来看，大荒(福建)茶叶有限公司 2015—2020 年白茶气候品质认证等级当中,达到优以上等级的年份占比达到100%;福建省大沁茶业有限公司、福建鼎白茶业有限公司、六妙白茶股份有限公司、福建品品香茶叶有限公司11年的气候品质认证等级当中,达到优以上等级的年份占比分别达到54.6%、90.9%、90.9%和72.7%。

**表4.52　2010—2020年福鼎白茶采样点白茶气候品质认证等级**

| 采样点 | 年份 | 品质指数 | 认证等级 | 采样点 | 年份 | 品质指数 | 认证等级 |
|---|---|---|---|---|---|---|---|
| 福建省大沁茶业有限公司 | 2010 | 1.4 | 一般 | 福建鼎白茶业有限公司 | 2010 | 2.2 | 特优 |
| | 2011 | 1 | 一般 | | 2011 | 1.2 | 一般 |
| | 2012 | 1.7 | 良 | | 2012 | 2.1 | 优 |
| | 2013 | 2.2 | 特优 | | 2013 | 1.9 | 优 |
| | 2014 | 2 | 优 | | 2014 | 1.8 | 优 |
| | 2015 | 1.7 | 良 | | 2015 | 2 | 优 |
| | 2016 | 2 | 优 | | 2016 | 2.3 | 特优 |
| | 2017 | 2.2 | 特优 | | 2017 | 1.9 | 优 |
| | 2018 | 2.4 | 特优 | | 2018 | 2.7 | 特优 |
| | 2019 | 2.3 | 特优 | | 2019 | 2.6 | 特优 |
| | 2020 | 1.5 | 良 | | 2020 | 2.1 | 优 |
| 六妙白茶股份有限公司 | 2010 | 2 | 优 | 大荒(福建)茶叶有限公司 | 2010 | / | / |
| | 2011 | 1.2 | 一般 | | 2011 | / | / |
| | 2012 | 2.1 | 优 | | 2012 | / | / |
| | 2013 | 2.2 | 特优 | | 2013 | / | / |
| | 2014 | 1.8 | 优 | | 2014 | / | / |
| | 2015 | 2.2 | 特优 | | 2015 | / | / |
| | 2016 | 2.4 | 特优 | | 2016 | 2.6 | 特优 |
| | 2017 | 2.4 | 特优 | | 2017 | 2.7 | 特优 |
| | 2018 | 2.7 | 特优 | | 2018 | 2.8 | 特优 |
| | 2019 | 2.4 | 特优 | | 2019 | 2.4 | 特优 |
| | 2020 | 2.1 | 优 | | 2020 | 2 | 优 |
| 福建品品香茶叶有限公司 | 2010 | 2.1 | 优 | / | / | / | / |
| | 2011 | 1.1 | 一般 | | / | / | / |
| | 2012 | 1.9 | 优 | | / | / | / |
| | 2013 | 2.2 | 特优 | | / | / | / |
| | 2014 | 1.9 | 优 | | / | / | / |
| | 2015 | 1.5 | 良 | | / | / | / |
| | 2016 | 2.1 | 优 | | / | / | / |
| | 2017 | 1.8 | 优 | | / | / | / |
| | 2018 | 2.4 | 特优 | | / | / | / |
| | 2019 | 2.4 | 特优 | | / | / | / |
| | 2020 | 1.6 | 良 | | / | / | / |

## 第六节　绿茶气候品质

### 一、绿茶品质概况

叶绿素含量影响绿茶的外形色泽和成茶汤色。氨基酸是重要的含氮化合物，其含量高低决定着绿茶茶汤的鲜爽度，其中茶氨酸是茶叶中特有的一种氨基酸，它是茶叶中主要的化学成分之一，茶氨酸占茶叶中氨基酸总含量的50%～60%，占干茶总量的1%～2%，直接影响着茶叶的品质，是组成绿茶品质极为重要的成分之一。茶多酚是从茶叶中分离提纯出来的多酚类化合物的复合体，决定茶汤滋味的主体成分，绿茶中茶多酚大约占茶叶干重的30%。绿茶中多酚类物质含量较高，氨基酸、维生素等营养丰富，滋味鲜爽清醇带收敛性，香气清鲜高长，汤色碧绿，所以绿茶味苦，微甘，性寒凉，是清热、消暑降温的凉性饮品。氨基酸含量增加、茶多酚含量和酚氨比值降低，有利于提高绿茶品质。

温度与绿茶品质关系很大，发芽期早的品种制出的绿茶品质优良，主要是因为春季气温相对较低，发芽早的品种其氨基酸含量相对较高，品质较好，发芽较迟的品种，随着气温的逐渐升高，茶多酚含量也逐步提高，氨基酸含量逐渐降低，品质也逐渐下降，尤其到夏季高温季节，滋味逐渐变浓并带有涩味。

### 二、绿茶(春茶)茶青品质分析

在福州市不同地理位置的绿茶种植区，选取9个绿茶品种的茶园采样点，分别是永泰县白云乡樟洋力振权茶厂(编号C1)、福建鸿山岩茶叶有限公司(编号C2)、福建省南湖山茶业有限公司(编号C3)、罗源生春源茶业有限责任公司(编号C4)、福建省卢峰茶业有限公司(编号C5)、福建绿之优农业科技有限公司(编号C6)、闽清县下祝乡茶园基地(编号C7)、连江县长龙芦峰寺茶园基地(编号C8)、连江县长龙鹿池村茶园基地(编号C9)。采样品种为“福云6号”，在2018—2019年绿茶(春茶)采摘期，采摘一芽二叶，每个样本采摘绿茶(春茶)鲜叶重500 g，蒸青烘干，进行茶青品质数据检测，“福云6号”茶青主要理化成分检测结果见表4.53。

2018年“福云6号”(春茶)的茶多酚含量在12.1%～15.8%，其中福建鸿山岩茶叶有限公司的春茶茶多酚含量最高，闽清县下祝乡茶园基地的春茶茶多酚含量最低。从永泰县白云乡樟洋力振权茶厂和罗源生春源茶业有限责任公司来看，两个茶叶企业2018—2019年春茶茶多酚含量平均值以2018年较高，达到14.0%，以2019年较低，为13.2%。

2018年“福云6号”(春茶)的游离氨基酸含量在2.6%～5.3%，其中福建省卢峰茶业有限公司的春茶游离氨基酸最高，罗源生春源茶业有限责任公司的春茶游离氨基酸最低。从永泰县白云乡樟洋力振权茶厂和罗源生春源茶业有限责任公司来看，两个茶叶企业2018—2019年春茶游离氨基酸平均值以2019年较高，达到4.6%，以2018年较低，为3.3%。

2018年“福云6号”(春茶)的水浸出物含量在37.6%～47.6%，其中永泰县白云乡樟洋力振权茶厂的春茶水浸出物含量最高，罗源生春源茶业有限责任公司的春茶水浸出物含量最低。从永泰县白云乡樟洋力振权茶厂和罗源生春源茶业有限责任公司来看，两个茶叶企业2018—2019年水浸出物含量平均值以2018年较高，达到42.6%，以2019年较低，为37.3%。

2018年“福云6号”(春茶)的咖啡碱含量较接近，在3.0%～3.4%，其中永泰县白云乡樟洋力振权茶厂、闽清县下祝乡茶园基地、福建省南湖山茶业有限公司的绿茶(春茶)咖啡碱含量最高,福建鸿山岩茶叶有限公司和连江县长龙芦峰寺茶园基地的绿茶(春茶)咖啡碱含量最低。从永泰县白云乡樟洋力振权茶厂和罗源生春源茶业有限责任公司来看,两个茶叶企业2018—2019年咖啡碱含量平均值以2019年较高,达到3.6%,以2018年较低,为3.3%。

**表4.53 福云6号(春茶)主要理化成分**

| 茶园编号 | 海拔(m) | 茶多酚(%) | | 游离氨基酸总量(%) | | 水浸出物(%) | | 咖啡碱(%) | |
|---|---|---|---|---|---|---|---|---|---|
| | | 2018 | 2019 | 2018 | 2019 | 2018 | 2019 | 2018 | 2019 |
| C1 | 681 | 15.4 | 14.5 | 4.0 | 4.6 | 47.6 | 37.3 | 3.4 | 3.4 |
| C2 | 773 | 15.8 | / | 4.7 | / | 43.9 | / | 3.0 | / |
| C3 | 821 | 14.1 | / | 4.7 | / | 42.4 | / | 3.4 | / |
| C4 | 508 | 12.6 | 11.9 | 2.6 | 4.6 | 37.6 | 37.2 | 3.1 | 3.7 |
| C5 | 810 | 14.7 | / | 5.3 | / | 42.7 | / | 3.1 | / |
| C6 | 650 | 15.2 | / | 5.2 | / | 44.7 | / | 3.2 | / |
| C7 | 763 | 12.1 | / | 4.6 | / | 41.0 | / | 3.4 | / |
| C8 | 474 | 14.2 | / | 4.6 | / | 40.3 | / | 3.0 | / |
| C9 | 429 | 15.3 | / | 4.2 | / | 42.1 | / | 3.3 | / |

## 三、影响绿茶(春茶)茶青品质的关键气象因子和影响时段

选择绿茶茶树品种“福云6号”,根据在福州市不同地理位置各采样点的春茶采摘日期,统计“福云6号”各采样点萌芽至采摘期的气象因子数据(采摘期前50 d),以10 d为间隔,即统计采摘前10 d、前20 d、…、前50 d的采样点平均温、积温、有效积温、气温日较差均值、适温天数、雨日、平均湿度和累计日照时数。其中,采样点各采摘期下各时段的平均温、积温、有效积温、气温日较差均值、适温天数、雨日采用临近气象站数据,平均湿度和累计日照时数通过福州市及周边地区气象台站数据插值获得,插值模型总体复相关系数均在0.6以上,模型拟合效果较好。

采用酚氨比、游离氨基酸总量、水浸出物、咖啡碱作为绿茶综合品质表征指标,并对各指标数据进行归一化处理,按照式(4.9)计算获得绿茶综合品质。

$$I=0.6a_1+0.2a_2+0.2a_3 \tag{4.9}$$

式中,$I$为绿茶综合品质,$a_1$为酚氨比归一化序列,$a_2$为水浸出物归一化序列,$a_3$为咖啡碱归一化序列。

将茶多酚、游离氨基酸总量、水浸出物、咖啡碱、酚氨比5项茶青品质检测数据、绿茶综合品质数据和上述不同时间段的气象因子进行相关分析,确定影响福州绿茶(春茶)鲜叶品质的关键气象因子和主要影响时段。

### (一)影响绿茶(春茶)茶多酚的气象因子

从“福云6号”(春茶)茶多酚与气象因子相关性分析(表4.54)可见,“福云6号”(春茶)茶多酚含量与采摘前10 d的气温日较差均值、累计日照时数呈明显正相关,采摘前10 d光照越充足,温差越大,越有利于茶多酚含量的积累;与采摘前20 d的有效积温、适温天数呈负相关,采摘前20 d的温度越低,更有利于茶多酚含量的累积;与采摘前50 d的累计雨日、采摘前10 d

的平均相对湿度呈负相关，雨日越多、湿度越大，越会降低多酚含量。综合来看，影响“福云 6 号”(春茶)茶多酚含量的主要气象因子有采摘前 10 d 的气温日较差均值、累计日照时数和平均相对湿度，采摘前 20 d 的有效积温、适温天数；采摘前 50 d 的累计雨日。

**表 4.54　“福云 6 号”春茶茶多酚与气象因子相关系数**

| 时间段 | 有效积温 | 气温日较差均值 | 适温天数 | 累计雨日 | 累计日照时数 | 平均相对湿度 |
|---|---|---|---|---|---|---|
| 前 10 d | −0.290 | 0.501 | −0.202 | −0.061 | 0.572 | −0.415 |
| 前 20 d | −0.421 | 0.454 | −0.391 | −0.440 | 0.429 | −0.374 |
| 前 30 d | −0.304 | 0.368 | −0.173 | −0.377 | 0.283 | −0.224 |
| 前 40 d | −0.222 | 0.343 | −0.086 | −0.508 | 0.209 | −0.172 |
| 前 50 d | −0.274 | 0.347 | −0.134 | −0.541 | 0.319 | −0.385 |

(二)影响绿茶(春茶)游离氨基酸含量的气象因子

从“福云 6 号”(春茶)游离氨基酸与气象因子相关性分析(表 4.55)可见，“福云 6 号”(春茶)游离氨基酸含量与采摘前 50 d 的有效积温和适温天数呈负相关，尤以前 20 d 的有效积温和适温天数相关最大，“福云 6 号”萌芽至采摘期间的温度越低，越有利于氨基酸的积累；与采摘前 10 d 平均相对湿度呈正相关，采摘前 10 d 平均相对湿度越大，越有利于氨基酸的积累；与采摘前 30 d 的累计日照时数呈现弱正相关，采摘前 1 个月光照越足，氨基酸含量越高；与采摘前 10 d 的累计雨日和气温日较差均值呈现弱负相关，累计雨日越多，越不利于氨基酸含量的提高。综合来看，影响“福云 6 号”(春茶)游离氨基酸含量的主要气象因子是采摘前 20 d 的有效积温和适温天数，采摘前 10 d 的累计雨日和平均相对湿度。

**表 4.55　“福云 6 号”春茶游离氨基酸与气象因子相关系数**

| 时间段 | 有效积温 | 气温日较差均值 | 适温天数 | 累计雨日 | 累计日照时数 | 平均相对湿度 |
|---|---|---|---|---|---|---|
| 前 10 d | −0.424 | −0.123 | −0.209 | −0.162 | 0.063 | 0.199 |
| 前 20 d | −0.539 | −0.028 | −0.412 | −0.084 | 0.060 | −0.008 |
| 前 30 d | −0.464 | −0.024 | −0.351 | −0.031 | 0.101 | 0.027 |
| 前 40 d | −0.368 | −0.024 | −0.262 | −0.135 | 0.025 | 0.141 |
| 前 50 d | −0.454 | −0.117 | −0.340 | −0.183 | −0.001 | 0.042 |

(三)影响绿茶(春茶)水浸出物的气象因子

从“福云 6 号”(春茶)水浸出物与气象因子相关性分析(表 4.56)可见，“福云 6 号”(春茶)水浸出物含量与采摘前 50 d 的气温日较差均值和累计日照时数呈显著正相关，尤其与采摘前 20 d 的气温日较差均值、采摘前 10 d 的日照时数相关最大，“福云 6 号”萌芽至采摘期间光照越足、温差越大，水浸出物含量越高；与采摘前 50 d 的累计雨日和平均相对湿度呈显著负相关，尤其与采摘前 50 d 的累计雨日、采摘前 20 d 的平均相对湿度相关性最大，萌芽至采摘期间雨日越多，湿度越大，越不利于水浸出物含量的提高；与采摘前 20 d 的有效积温和适温天数呈负相关，采摘前 20 d 相对较低的温度，有利于提高水浸出物含量。综合来看，影响“福云 6 号”(春茶)水浸出物含量的主要气象因子是采摘前 20 d 的气温日较差均值和平均相对湿度，采摘前 10 d 的累计日照时数，采摘前 50 d 的累计雨日。

**表 4.56 “福云 6 号”春茶水浸出物与气象因子相关系数**

| 时间段 | 有效积温 | 气温日较差均值 | 适温天数 | 累计雨日 | 累计日照时数 | 平均相对湿度 |
|---|---|---|---|---|---|---|
| 前 10 d | −0.131 | 0.774 | −0.085 | −0.524 | 0.797 | −0.637 |
| 前 20 d | −0.230 | 0.846 | −0.242 | −0.423 | 0.612 | −0.709 |
| 前 30 d | −0.169 | 0.708 | −0.079 | −0.619 | 0.614 | −0.595 |
| 前 40 d | −0.150 | 0.565 | −0.080 | −0.639 | 0.405 | −0.424 |
| 前 50 d | −0.163 | 0.651 | −0.060 | −0.785 | 0.575 | −0.662 |

(四)影响绿茶(春茶)咖啡碱的气象因子

从“福云 6 号”(春茶)咖啡碱与气象因子相关性分析(表 4.57)可见,“福云 6 号”(春茶)咖啡碱含量与采摘前 40～50 d 的平均相对湿度和累计雨日呈显著正相关,萌芽至采摘期雨日越多、湿度越大,越有利于咖啡碱含量的提高;与采摘前 50 d 的有效积温、气温日较差均值、适温天数、累计日照时数均呈现负相关,尤其与累计日照时数负相关最大,萌芽至采摘期温度和温差越低、日照时数越少,咖啡碱含量越高。综合来看,影响“福云 6 号”(春茶)咖啡碱含量的主要气象因子是采摘前 50 d 的平均相对湿度、累计雨日、累计日照时数和气温日较差均值。

**表 4.57 “福云 6 号”春茶咖啡碱与气象因子相关系数**

| 时间段 | 有效积温 | 气温日较差均值 | 适温天数 | 累计雨日 | 累计日照时数 | 平均相对湿度 |
|---|---|---|---|---|---|---|
| 前 10 d | −0.172 | −0.080 | −0.042 | −0.006 | −0.449 | 0.415 |
| 前 20 d | −0.034 | −0.190 | 0.002 | 0.418 | −0.690 | 0.533 |
| 前 30 d | −0.066 | −0.139 | −0.038 | 0.549 | −0.533 | 0.420 |
| 前 40 d | −0.124 | −0.167 | −0.129 | 0.669 | −0.559 | 0.473 |
| 前 50 d | −0.090 | −0.197 | −0.111 | 0.575 | −0.596 | 0.597 |

(五)影响绿茶(春茶)酚氨比的气象因子

从“福云 6 号”(春茶)酚氨比与气象因子相关性分析(表 4.58)可见,“福云 6 号”(春茶)酚氨比与采摘前 50 d 有效积温、气温日较差均值、适温天数、累计日照时数呈正相关,“福云 6 号”萌芽至采摘期间温度越高、适温天数越多、温差越大、光照越足,越有利于酚氨比的提高;与采摘前 30 d 的累计雨日、采摘前 10 d 的平均相对湿度呈负相关,采摘前 1 个月累计雨日越多、采摘前 10 d 平均相对湿度越大,酚氨比值越高。综合来看,影响“福云 6 号”(春茶)酚氨比的主要气象因子是采摘前 50 d 有效积温和适温天数,采摘前 10 d 的平均相对湿度、日照时数和气温日较差均值,采摘前 30 d 的累计雨日。

**表 4.58 “福云 6 号”春茶酚氨比与气象因子相关系数**

| 时间段 | 有效积温 | 气温日较差均值 | 适温天数 | 累计雨日 | 累计日照时数 | 平均相对湿度 |
|---|---|---|---|---|---|---|
| 前 10 d | 0.320 | 0.296 | 0.139 | 0.141 | 0.217 | −0.402 |
| 前 20 d | 0.373 | 0.206 | 0.262 | −0.067 | 0.209 | −0.164 |
| 前 30 d | 0.310 | 0.149 | 0.235 | −0.167 | 0.096 | −0.135 |
| 前 40 d | 0.246 | 0.166 | 0.190 | −0.143 | 0.164 | −0.244 |
| 前 50 d | 0.323 | 0.246 | 0.260 | −0.080 | 0.207 | −0.219 |

（六）影响绿茶（春茶）茶青综合品质的气象因子

从“福云 6 号”（春茶）综合品质指数与气象因子相关性分析（表 4.59）可见，“福云 6 号”（春茶）茶青综合品质与采摘前 50 d 的平均相对湿度呈正相关，尤其与采摘前 10 d 的平均相对湿度相关最大，可见相对湿度越大，茶青品质越好；与采摘前 20 d 的累计雨日呈负相关，采摘前 10 d 累计雨日越少，越有利于茶青品质的提高；与萌芽至采摘期有效积温、适温天数、气温日较差均值呈负相关，期间相对较低的温度水平、较小的气温波动，有利于“福云 6 号”茶青品质的提高。综合来看，影响“福云 6 号”（春茶）茶青综合品质的主要气象因子是采摘前 10 d 的累计雨日、平均相对湿度和气温日较差均值，采摘前 20 d 有效积温和累计日照时数，采摘前 50 d 的适温天数。

**表 4.59 “福云 6 号”春茶综合品质指数与气象因子相关系数**

| 时间段 | 有效积温 | 气温日较差均值 | 适温天数 | 累计雨日 | 累计日照时数 | 平均相对湿度 |
|---|---|---|---|---|---|---|
| 前 10 d | −0.307 | −0.249 | −0.125 | −0.206 | −0.187 | 0.368 |
| 前 20 d | −0.338 | −0.142 | −0.232 | 0.146 | −0.194 | 0.151 |
| 前 30 d | −0.312 | −0.109 | −0.249 | 0.164 | −0.056 | 0.111 |
| 前 40 d | −0.269 | −0.133 | −0.228 | 0.155 | −0.136 | 0.234 |
| 前 50 d | −0.324 | −0.208 | −0.273 | 0.073 | −0.183 | 0.223 |

## 四、绿茶（春茶）气候品质等级评价

（一）绿茶（春茶）气候品质认证表征指标

通过“福云 6 号”绿茶品种（春茶）品质与气象因子相关性分析，确定了 4 个影响绿茶品质的气候适宜性指标；并通过资料查阅、生产调查、走访茶叶专家等方法确定了影响绿茶品质的 3 个气象灾害指标，二者共同构成了绿茶（春茶）气候品质认证的表征指标和评价等级标准（表 4.60、表 4.61）。

**表 4.60 绿茶（春茶）气候品质气候适宜性指标及等级标准**

| 评价等级（$M_i$） | 采摘前 20 d 有效积温（℃） | 采摘前 10 d 气温日较差均值（℃） | 采摘前 10 d 平均相对湿度（%） | 采摘前 20 d 累计日照时数（h） |
|---|---|---|---|---|
| 4 | $\sum T>80$ | $\Delta T\leqslant 8$ | $U>85$ | $S>100$ |
| 3 | $40<\sum T\leqslant 80$ | $8<\Delta T\leqslant 11$ | $78<U\leqslant 85$ | $70<S\leqslant 100$ |
| 2 | $20<\sum T\leqslant 40$ | $11<\Delta T\leqslant 13$ | $70<U\leqslant 78$ | $50<S\leqslant 70$ |
| 1 | $\sum T\leqslant 20$ | $\Delta T>13$ | $U\leqslant 70$ | $S\leqslant 50$ |

**表 4.61 绿茶（春茶）气候品质气象灾害指标及等级标准**

| 评价等级（$N_j$） | 采摘前 3 d 累计阴雨日数（d） | 萌芽至采摘期连续无雨日数（d） | 萌芽至采摘期极端最低气温（℃） |
|---|---|---|---|
| 0 | $D_r=0$ | $D_d\leqslant 10$ | $T_d\geqslant 4$ |
| 1 | $D_r=1$ | $10<D_d\leqslant 15$ | $2\leqslant T_d<4$ |
| 2 | $D_r=2$ | $15<D_d\leqslant 20$ | $0\leqslant T_d<2$ |
| 3 | $D_r=3$ | $D_d>20$ | $T_d<0$ |

（二）绿茶（春茶）气候品质认证表征指标权重

用层次分析法确定影响绿茶（春茶）品质的气候适宜性指标权重，通过咨询多个专家对各适宜性指标进行打分，构建判断矩阵（表 4.62）。

**表 4.62　影响绿茶品质的气候适宜性指标判断矩阵**

| 指标 | 前 20 d 有效积温 | 前 10 d 气温日较差均值 | 前 10 d 平均相对湿度 | 前 20 d 累计日照时数 |
|---|---|---|---|---|
| 前 20 d 有效积温 | 1 | 1/3 | 1/5 | 1/3 |
| 前 10 d 气温日较差均值 | 3 | 1 | 1/3 | 1 |
| 前 10 d 平均相对湿度 | 5 | 3 | 1 | 3 |
| 前 20 d 累计日照时数 | 3 | 1 | 1/3 | 1 |

用层次分析法确定影响绿茶（春茶）品质的气象灾害指标权重，通过咨询多个专家对各灾害指标进行打分，构建判断矩阵（表 4.63）。

**表 4.63　影响绿茶品质的气象灾害指标判断矩阵**

| 指标 | 采摘前 3 d 持续阴雨日数 | 萌芽至采摘期连续无雨日数 | 萌芽至采摘期极端最低气温 |
|---|---|---|---|
| 采摘日前 3 d 持续阴雨日数 | 1 | 5 | 3 |
| 萌芽至采摘期连续无雨日数 | 1/5 | 1 | 1/3 |
| 萌芽至采摘期极端最低气温 | 1/3 | 3 | 1 |

对判断矩阵进行最大特征根和特征向量计算、一致性检验等获得气候适宜性评价指标权重。用专家打分法确定气象灾害指标、气候适宜性指标二者之间的权重以及气象灾害各指标的权重。各评价指标的权重计算结果见表 4.64。

**表 4.64　绿茶（春茶）气候品质表征指标权重**

| 指标 | 影响品质的气候适宜性指标 | | | | 影响品质的气象灾害指标 | | |
|---|---|---|---|---|---|---|---|
| | 0.8 | | | | 0.2 | | |
| | 前 20 d 有效积温 | 前 10 d 气温日较差均值 | 前 10 d 平均相对湿度 | 前 20 d 累计日照时数 | 持续阴雨日数 | 连续无雨日数 | 极端最低气温 |
| 权重 | 0.0776 | 0.201 | 0.5205 | 0.201 | 0.637 | 0.1047 | 0.2583 |

（三）绿茶（春茶）气候品质评价模型

建立绿茶（春茶）气候品质评价模型如下：

$$\mathrm{Tcqi}=0.8(0.0776\,M_1+0.201\,M_2+0.5205\,M_3+0.201\,M_4)-0.2(0.637\,N_1+0.1047\,N_2+0.2583\,N_3) \tag{4.10}$$

式中，Tcqi 为绿茶（春茶）气候品质指数，$M_1$、$M_2$、$M_3$、$M_4$、$N_1$、$N_2$、$N_3$分别表示采摘前 20 d 有效积温评价等级、采摘前 10 d 气温日较差均值评价等级、采摘前 10 d 平均相对湿度评价等级、采摘前 20 d 累计日照时数评价等级、持续阴雨日数评价等级、连续无雨日数评价等级、极端最低气温评价等级。

（四）绿茶（春茶）气候品质认证等级标准

采用自然断点法和绿茶（春茶）品质生产实际调查相结合的方法，将绿茶气候品质认证等级划分如表 4.65 所示。

**表 4.65　绿茶(春茶)气候品质认证等级**

| 等级 | 特优 | 优 | 良 | 差 |
|---|---|---|---|---|
| 绿茶(春茶)气候品质指数 | Tcqi≥2.2 | 1.7≤Tcqi<2.2 | 1.4≤Tcqi<1.7 | Tcqi<1.4 |

(五)绿茶(春茶)气候品质认证结果

利用2010—2019年的气象数据分别计算历年各采样点的气候适宜性指标和气象灾害指标。根据绿茶(春茶)气候品质认证模型和绿茶气候品质认证等级,计算获得2010—2019年各采样点绿茶(春茶)气候品质指数和认证等级(表4.66)。

**表 4.66　2010—2019 年绿茶采样点春茶气候品质认证等级**

| 采样点 | 年份 | 品质指数 | 认证等级 | 采样点 | 年份 | 品质指数 | 认证等级 |
|---|---|---|---|---|---|---|---|
| 永泰县白云乡樟洋力振权茶厂 | 2010 | 2.3 | 特优 | 福建鸿山岩茶叶有限公司 | 2010 | 1.7 | 优 |
| | 2011 | 1.2 | 一般 | | 2011 | 1.5 | 良 |
| | 2012 | 2.0 | 优 | | 2012 | 2.0 | 优 |
| | 2013 | 1.2 | 一般 | | 2013 | 2.4 | 特优 |
| | 2014 | 1.8 | 优 | | 2014 | 1.6 | 良 |
| | 2015 | 2.2 | 特优 | | 2015 | 2.1 | 优 |
| | 2016 | 2.6 | 特优 | | 2016 | 2.3 | 特优 |
| | 2017 | 2.1 | 优 | | 2017 | 2.4 | 特优 |
| | 2018 | 1.8 | 优 | | 2018 | 2.3 | 特优 |
| | 2019 | 2.7 | 特优 | | 2019 | 2.3 | 特优 |
| 福建省南湖山茶业有限公司 | 2010 | 1.6 | 良 | 罗源生春源茶业有限责任公司 | 2010 | 1.7 | 优 |
| | 2011 | 1.4 | 良 | | 2011 | 1.3 | 一般 |
| | 2012 | 2.1 | 优 | | 2012 | 1.5 | 良 |
| | 2013 | 2.2 | 特优 | | 2013 | 2.1 | 优 |
| | 2014 | 1.6 | 良 | | 2014 | 1.7 | 优 |
| | 2015 | 1.8 | 优 | | 2015 | 1.7 | 优 |
| | 2016 | 2.2 | 特优 | | 2016 | 1.8 | 优 |
| | 2017 | 2.2 | 特优 | | 2017 | 2.5 | 特优 |
| | 2018 | 2.6 | 特优 | | 2018 | 2.4 | 特优 |
| | 2019 | 2.3 | 特优 | | 2019 | 2.6 | 特优 |
| 福建省卢峰茶业有限公司 | 2010 | 2.2 | 特优 | 福建绿之优农业科技有限公司 | 2010 | 1.7 | 优 |
| | 2011 | 1.0 | 一般 | | 2011 | 1.2 | 一般 |
| | 2012 | 1.6 | 良 | | 2012 | 1.3 | 一般 |
| | 2013 | 2.4 | 特优 | | 2013 | 2.6 | 特优 |
| | 2014 | 2.3 | 特优 | | 2014 | 2.3 | 特优 |
| | 2015 | 2.0 | 优 | | 2015 | 1.6 | 良 |
| | 2016 | 2.1 | 优 | | 2016 | 1.7 | 优 |
| | 2017 | 2.0 | 优 | | 2017 | 1.7 | 优 |
| | 2018 | 2.3 | 特优 | | 2018 | 1.7 | 优 |
| | 2019 | 2.8 | 特优 | | 2019 | 2.5 | 特优 |

续表

| 采样点 | 年份 | 品质指数 | 认证等级 | 采样点 | 年份 | 品质指数 | 认证等级 |
| --- | --- | --- | --- | --- | --- | --- | --- |
| 闽清县下祝乡茶园基地 | 2010 | 2.1 | 优 | 连江县长龙芦峰寺茶园基地 | 2010 | 1.7 | 优 |
| | 2011 | 1.0 | 一般 | | 2011 | 1.5 | 良 |
| | 2012 | 2.6 | 特优 | | 2012 | 1.9 | 优 |
| | 2013 | 1.5 | 良 | | 2013 | 2.4 | 特优 |
| | 2014 | 2.2 | 特优 | | 2014 | 1.8 | 优 |
| | 2015 | 2.2 | 特优 | | 2015 | 2.1 | 优 |
| | 2016 | 2.3 | 特优 | | 2016 | 2.1 | 优 |
| | 2017 | 2.0 | 优 | | 2017 | 2.4 | 特优 |
| | 2018 | 2.9 | 特优 | | 2018 | 2.3 | 特优 |
| | 2019 | 2.7 | 特优 | | 2019 | 2.7 | 特优 |
| 连江县长龙鹿池村茶园基地 | 2010 | 1.8 | 优 | / | / | / | / |
| | 2011 | 1.7 | 优 | | / | / | / |
| | 2012 | 1.9 | 优 | | / | / | / |
| | 2013 | 2.1 | 优 | | / | / | / |
| | 2014 | 1.8 | 优 | | / | / | / |
| | 2015 | 2.0 | 优 | | / | / | / |
| | 2016 | 2.0 | 优 | | / | / | / |
| | 2017 | 2.4 | 特优 | | / | / | / |
| | 2018 | 2.4 | 特优 | | / | / | / |
| | 2019 | 2.4 | 特优 | | / | / | / |

从福州市各茶叶生产基地不同年份的绿茶(春茶)气候品质评价的时间分布来看,2018 年和 2019 年的绿茶(春茶)平均综合气候品质指数最高,分别达到 2.3 和 2.6。2018 年 9 家茶叶企业中,除永泰县白云乡樟洋力振权茶厂、福建绿之优农业科技有限公司的绿茶(春茶)气候品质等级为优以外,其余 7 家的绿茶(春茶)气候品质等级均达到特优。2019 年 9 家茶叶企业的绿茶(春茶)气候品质认证等级均达到特优。2011 年绿茶(春茶)气候品质较差,平均综合品质指数仅为 1.3,该年除连江县长龙鹿池村茶园基地的绿茶(春茶)气候品质等级达到优以外,其余 8 家茶叶企业的绿茶(春茶)气候品质等级均在良以下;其余年份的绿茶(春茶)平均综合气候品质指数在 1.9～2.2。

从不同茶叶企业 2010—2021 年的绿茶(春茶)平均综合气候品质指数的地域分布来看,9 家茶叶企业的 10 年平均综合气候品质指数较为接近,在 1.8～2.1。从气候品质等级达到优以上的年份占比来看,9 家茶叶企业 10 年当中,绿茶气候品质达到优以上等级的年份占比均在 70%以上,以连江县长龙鹿池村茶园基地生产的绿茶优以上等级的年份占比最高,达到 100%。

# 第五章　茶叶气象指数保险

## 第一节　农业气象指数保险

### 一、农业气象指数保险概念

农业气象指数保险是指把一个或几个气候条件(如气温、降水、风速等)对农作物损害程度指数化,每个指数都有对应的农作物产量和损益,保险合同以这种指数为基础,当指数达到一定水平并对农产品造成一定影响时,投保人就可以获得相应标准的赔偿。农业气象指数保险是根据现实天气指数和约定天气指数之间的偏差进行标准统一的赔付,是农业保险的一种创新性产品。

### 二、国内外农业气象指数保险现状

目前国内外在农业气象指数保险研究与应用方面,国外主要集中在气象指数保险理论方法、天气指数保险产品设计、应用与评估等方面的研究,一些国家开展了气象指数保险研究,如墨西哥、美国等国开展了农业旱涝灾害的降水指数保险研究与应用,南非开展了苹果(Malus domestica)霜冻的气象指数保险,印度农业保险公司开展了咖啡(Coffeaarabica)、芒果(Mangifera indica)等经济作物干旱的降水指数保险等[89-90];在农作物保险费率厘定方法方面,主要采用经验费率法和单产分布模型法[91-92],如 Ozaki 等[93]以县级数据为单位,使用参数法和非参数法计算巴拉那州农作物的保险费率;Turvey 等[94]运用蒙特卡罗模型估计对葡萄(Vitis vinifera)产量主要影响的天气指数保险费率,不考虑海拔高度、地理位置等因素;Marletto 等[95]利用 Wofost 模型对意大利小麦(Triticum aestivum)产量进行实证研究;Lu 等[96]通过检验 Johnson 分布的灵活性精算保险费率。国内农业气象指数保险研究开始较晚,一些学者采用统计历年作物产量资料,选取拟合程度较好的分布模型(如信息扩散模型、非参数核密度估计等)[97-102],分析作物歉年减产率与气象灾害之间的关系,最终确定出合理的指数保险费率;杨太明等[14]、王春乙等[103]、娄伟平等[104-105]、陈盛伟等[106]、孙擎等[107]、杨平等[108]分别开展了安徽冬小麦气象灾害、海南芒果寒害、浙江茶叶霜冻、山东苹果低温冻害、江西水稻(Oryza sativa)热害、黄淮海玉米(Zea mays)干旱的研究,但厘定的保险费率大多是以县域为单元的统一费率,未能体现县域内不同地形下的区域费率差异。

福建省政府鼓励各地积极探索开展天气指数保险。2018 年开始,福建省气象局根据福建省全面深化改革领导小组和农业农村体制机制改革专项领导小组有关《2018 年农业农村体制机制改革工作要点任务分解方案》的文件精神,牵头开展天气指数保险试点,福建省气象服务中心根据保险市场需求,研发了茶叶等特色农产品气象指数保险产品,并提供给中国人寿财产保险福建分公司应用,首个茶叶低温指数保险产品在漳平市永福镇成功落地,达成万亩茶园茶叶低温指数保险项目合作协议，标志着福建农业气象指数保险市场成功开启；并以此为契机，陆续推出寿宁县、武夷山市、清流县等茶叶气象指数产品，并落地应用；同时福建省气象服务中心与中国人寿、中国人保、中国平安财险福建省分公司签订农业气象指数保险业务合作协议，开展农业气象指数保险关键技术研究，推出了茶叶、沃柑、百香果、蚕豆、大棚蔬菜、枇杷、露地胡萝卜的气象指数保险产品，通过保险风险转移，提升了政府部门灾后救助能力，有效保障当地保户在灾后快速恢复生产。

## 三、农业气象指数保险的优劣

### (一)优点

(1)农业气象指数保险克服了信息不对称问题，有利于减少逆选择，防范道德风险。农业气象指数保险以客观的气象指数作为赔付依据，与作物产量损失多少无关；且气象信息是公共信息，保险人和投保人都可以获得，减少了逆选择和道德风险问题。所谓的“逆选择”指投保人利用信息不对称，隐瞒自己真实的危险情况，使保险人相信自己是低危险投保人，从而达到少缴保费而获得较大保障；形成高风险愿意投保，低风险不愿意投保的情况。所谓的“道德风险”指传统农业保险中，如农户购买保险后，当造成损失时，可以得到赔偿，这会导致农户风险发生时不作为，甚至在损失较小的情况下人为扩大损失；或者出现冒保、替保、虚保和骗保的现象，存在瞒报、谎报甚至制造假现场等问题，隐瞒种植、养殖面积和数量进行欺诈，将没有投保的作物一并要求保险公司赔付等。逆选择和道德风险问题的根源往往是信息不对称。尽管投保人相对于保险人更了解自己的农作物状况，但农业气象指数保险并不以个别生产者所实现的产量作为保险赔付的标准，而是根据现实天气指数和约定天气指数之间的偏差进行标准统一的赔付。

(2)农业气象指数保险降低了保险管理运营成本。农业气象指数保险管理成本远远低于传统农业保险，首先是农业气象指数保险不需要查勘定损，只需从约定的气象监测站获取气象数据，对照事先确定的保险方案，即可确定赔偿，减少了运营成本；其次是农业气象指数产品和气象数据挂钩，一旦发生保险责任损失，保险公司并不需要复杂的理赔技术和程序，无须保险公司对每个农户或农田核定灾损情况，也不用农民费口舌，只要保险气象指标数据达到或超过约定的理赔标准，就可以马上启动赔付，保户可直接按照公布的指数领取赔偿金，直接把钱打到农民账户，极大地缩短了理赔时间。

(3)农业气象指数产品透明且通俗易懂。农业气象指数产品依据气象部门权威观测数据作为理赔依据，透明性强；同时产品采用简易设计原则，农户容易理解。

(4)激励农民主动防灾减灾。传统农业保险的赔付依据是灾害造成的最终损失，农户在被保对象风险发生时，若采取有效措施减少灾害损失，其所获得的赔付也相应减少；同时采取措施的成本却得不到补偿，因此，不愿意防灾减灾。而农业气象指数保险是按照触发天气指数理赔，不考虑实际损失多少，因此，保户除了受灾获得理赔之外，还可以通过采取防灾减灾措施减少灾害损失，保住的成果归保户自己所有，这样有利保户主动防灾减灾，取得双重保障。

(5)减少农户与保险公司之间的保险纠纷。依据气象数据理赔，赔付较为客观，能减少农户与保险公司之间的保险纠纷，对于支持农业生产、维护社会稳定有积极作用。

### (二)不足

(1)基差风险难以规避。基差风险是指由于气象指数保险造成的接受赔偿的对象与遭受损失的对象不一致、赔偿的金额与损失的程度不匹配的现象。指数保险赔付的根据是现实天气指数和约定天气指数之间的偏差，因此，在同一农业保险风险区划内，所有的投保人以同样的费率购买保险，当灾害发生时投保人获得相同的赔付。但即使是遭到同样的灾害，村民与村民之间、村与村之间的受灾程度是不一样的，这样就有可能会出现这样一种状况：有的农户没有受灾，也会得到赔偿；有的受灾很严重，但得到的赔偿不足以弥补其灾害损失。这种基差风险只能通过改善指数保险产品设计和加密气象监测站点予以减小。

（2）农业气象指数难于精确确定。农业气象指数是这种保险进行赔付所依据的标准，其准确与否与保险公司的费率确定及盈余亏损息息相关。福建省地形复杂，自然环境和气候条件复杂多变，再考虑到部分地区的小气候的存在和气象技术的有限性，要想确定与农作物产量准确相关的气象指数，难度较大。

（3）并非所有地区、所有种类、所有灾种都适合开展天气指数保险。某些高风险的地域，因为那里的风险不具有可保性，或者说用保险的方式不经济，所以在这些地区用救灾的方式可能更有效。天气指数保险也不适用于某种耕作方式或某种作物，例如某些受天气风险影响很小且灌溉系统十分发达的地域，因为那里作物的产量变化与天气指数变化的关联度很小。局地性气象灾害如冰雹、雷雨大风等的气象指数难以以点代面，也不适合开展农业气象指数保险。

## 四、农业气象指数保险技术流程

农业气象指数保险产品设计规程主要涵盖保险标的物气象灾害指标的构建，保险时段的界定，灾损程度的气象指数量化，格点致灾危险性指数计算，保险纯费率、基准保险费率及区域保险费率厘定，保险金额及保费的确定、保险赔付等级标准制定，赔付合理性检验等内容，最终形成包括保险标的、保险责任、保险期间、保险费率、保险金额、保险费、赔偿处理等条款的农业气象指数保险产品，具体技术路线见图 5.1。

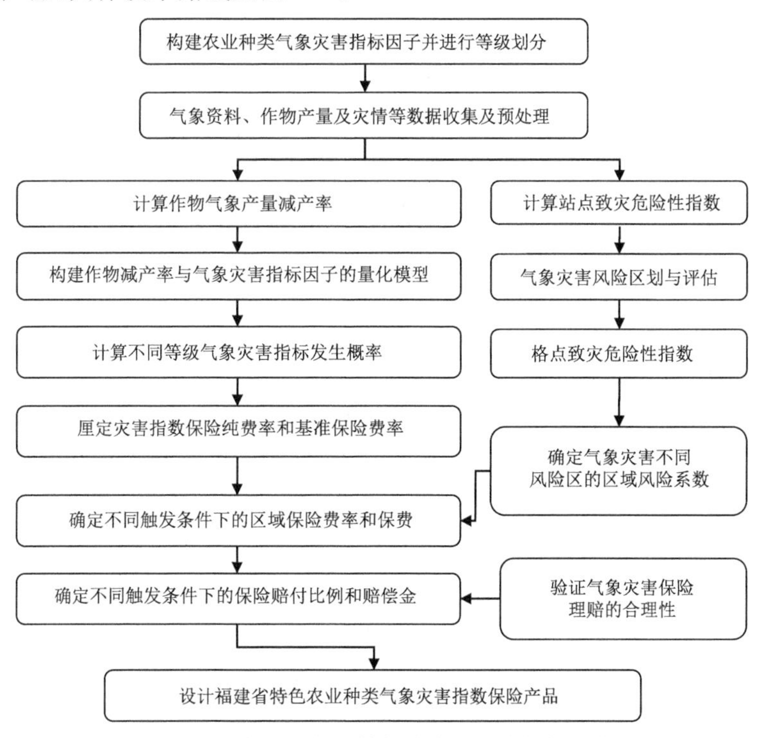


图 5.1　农业气象指数保险产品设计技术路线

## 第二节　茶叶寒冻害保险气象指标

通过调查研究和收集保险标的物(茶叶)生物学特性资料及前人研究成果，分析其当地种植的主要品种及生长发育期，主要气象灾害的主要致灾时段，确定出标的物(茶叶)气象灾害的表征指标，触发条件及等级范围。

茶树从冬季的休眠期到春季萌发新芽，其生长期大致可以分为3个阶段，每一个生长阶段茶树对于气温都有不同的要求：①芽尖萌动阶段，大多数茶树品种需要气温高于10 ℃，并且持续半个月甚至20 d左右，积温达到一定程度会促进鳞片裂开，芽尖逐渐萌动。②新芽萌发阶段，这一时期要求气温保持在12～16 ℃的时间连续10～15 d，气温满足条件后鱼叶展开，新芽开始萌发。③新梢长出阶段，需要气温稳定在16～21 ℃，并且持续15～20 d。

通过对茶叶生物学特性的调查研究发现，由于茶树是一个长季节性的亚热带叶用植物，生长周期长，整个过程都受到气候因素的制约，期间会受到诸如越冬期冻害、萌芽—采摘期寒冻害、采摘期连阴雨、夏秋旱、冰雹、暴雨、台风等多种气象灾害的影响，这些灾害会对茶叶生产造成不同程度的损害，但是茶树大部分种植在丘陵、山地等地区，台风、暴雨、冰雹等致灾因子的影响较局限，所以对茶树的影响不大。

春茶是一年中产量最大、品质最高的优质茶，福建省春茶产量占全年茶叶总产量的40%～50%，质量上乘，收益占全年的一半以上。因此，春茶的产量多少和品质高低直接决定了茶农的收益，在整个生长周期中占有重要地位。3—4月茶树新的生长周年开始，当春季气温上升到大约10 ℃，茶树开始萌发新芽，一些早芽品种可能已经长到一芽一叶，而后发出新梢，此时细胞壁变薄，茶幼芽含水量达到大约75%，自由水的比例明显增加，渗透压降低，茶叶抗寒能力明显降低，对低温较敏感，最容易受到冷空气的侵袭。若在此期间，气温骤降至5 ℃以下，轻则导致芽叶焦灼，出现“麻点”现象，阻碍茶叶的正常生长，重则造成已经萌发的嫩芽叶枯死，对茶农收益造成极大损失，进而导致春茶开采期延迟，高峰期也随之延后，也会影响夏茶、秋茶的萌发生长。

萌芽至采摘期寒冻害是对当年春茶的产量和品质构成主要威胁的气象灾害，因此，选取萌芽至采摘期寒冻害作为茶叶致灾因子危险性指标，以县级行政单元为基本评价单元，以极端最低气温作为茶树萌芽至采摘期寒冻害的表征指标，界定萌芽至采摘期作为茶叶寒冻害保险时段，并以极端最低气温值作为寒冻害气象指数，确定萌芽至采摘期寒冻害的起始最低气温值，以1 ℃区间间隔确定出寒冻害保险的气象等级范围。

福建省茶叶寒冻害主要以晚霜冻为主，考虑省内各县市茶叶主栽品种主要是乌龙茶、红茶、白茶、绿茶等，大多数属于中晚熟品种，特早熟品种占比较小，所以以中晚熟品种的物候期为参考，将茶叶寒冻害保险时段界定在3月1日—5月10日，可以覆盖福建省大面积茶叶种植区春茶的寒冻害影响时期。根据气象指数保险指标稳定简单、可操作性强且易于保护理解接受的原则，以保险时段内人为因素影响较小、历年波动较小、与历史灾害情况吻合较好的极端最低气温($T_d$)作为寒冻害保险触发指标，同时考虑茶树不同品种的幼芽、嫩叶等组织器官寒冻害气象指标差异性不大的情况，设计4 ℃以下每隔1 ℃区间的寒冻害保险气象等级，将寒冻害划分为3 ℃$<T_d\leqslant$4 ℃、2 ℃$<T_d\leqslant$3 ℃、1 ℃$<T_d\leqslant$2 ℃、0 ℃$<T_d\leqslant$1 ℃、−1 ℃$<T_d\leqslant$0 ℃、−2 ℃$<T_d\leqslant$−1 ℃、$T_d\leqslant$−2 ℃ 7个指标区间。

## 第三节　茶叶保险费率的厘定

### 一、确定茶叶寒冻害历年产量减产率

（一）产量减产率计算方法

影响茶叶产量的因素有很多，一般可分为基础性因素、自然因素、随机扰动项三种。基础性因素包括自然（土壤环境、地形地貌、水文条件等）和人为（生产力水平、管理技术、劳动力水平等）两方面，它是衡量一个地区农业发展水平高低的重要标准之一，由于土壤状况改变、耕作技术改进、管理水平提高等基础条件影响引起的产量变化称为趋势产量，它是农作物长时间序列的相对稳定产量。自然因素是指因自然条件改变引起农作物产量的上下浮动，气象条件是影响作物产量的关键因素，由此引起的产量变化称为气象产量，风调雨顺、气象灾害少的年份作物产量会高于常年，气象产量为正；霜冻、高温、干旱等灾害发生频率较多的年份作物产量会明显下降，气象产量为负，此时即为作物的损失量。随机扰动项指因为某些偶然因素或者人为统计中出现的误差等引起的作物产量变化。

采用气象产量序列分离法模拟计算历年茶叶相对气象产量（$y_r$），剔除高温、连阴雨、干旱等其他气象灾害的歉年年份，筛选出由于晚霜冻引起的寒冻害减产年，建立各县茶叶减产率与极端最低气温之间的回归模型，进而利用回归模型计算各等级指标的区间减产率和平均减产率，可将茶叶实际产量分解为趋势产量、气象产量和随机扰动项，计算公式为：

$$y = y_t + y_w + \varepsilon \tag{5.1}$$

式中，$y$ 代表茶叶的实际单产量，$y_t$代表茶叶趋势产量，$y_w$代表茶叶气象产量，$\varepsilon$ 为随机扰动项。$y_w$由茶叶生长发育过程中的气象条件决定，$y_w \geqslant 0$ 表示当年的气象状况较好，有利于茶叶生长发育和产量提高；反之，$y_w \leqslant 0$ 则表示气象灾害较多，对茶叶生长发育造成不利影响或危害，导致茶叶减产；$\varepsilon$ 的不确定因素较大，且随机扰动项所占比例小，通常可忽略不计。

茶叶相对气象产量（$y_r$）计算公式为：

$$y_r = (y - y_t)/y_t \times 100\% \tag{5.2}$$

采用正交多项式、五点三次滤波、灰色模型平滑、调和权重的方法来模拟茶叶趋势产量，根据各县市茶叶产量拟合效果的好坏，最终选择不同的模拟方法。

依据茶叶寒冻害的保险气象等级，运用 excel 统计出各县历年茶叶萌芽至采摘期出现的寒冻害频次，按照式（5.3）计算得出福建省各县茶叶不同等级寒冻害出现的概率，确定出各茶叶种植县不同等级寒冻害出现的概率。

$$\pi_i = n/N \times 100\% \tag{5.3}$$

式中，$\pi_i$为不同寒冻害等级的出现概率，$n$ 为不同等级低温出现年数，$N$ 为统计样本的总年数。

（二）茶叶寒冻害产量减产率

通过建立各县茶叶寒冻害歉年减产率和极端最低气温值之间的线性回归模型，同时结合茶叶萌芽展叶期寒冻害气象指标，将极端最低气温 4 ℃作为茶叶寒冻害指数保险起始触发指标，并按照间隔 1 ℃划分 7 个等级，统计出各县不同等级寒冻害的平均减产率。

将筛选出的各县（区）由于寒冻害造成茶叶减产年份的产量减产率和对应的极端最低气温进行单相关分析，得到福建省各县国家气象台站的回归方程及相关系数（表 5.1），各站点的负

相关系数 $R^2$>0.5,说明二者之间相关性较好,可以很好地反映茶叶寒冻害减产率与极端最低气温的关系。

**表 5.1 茶叶减产率与极端最低气温的相关分析**

| 站点 | 回归方程 | 负相关系数 $R^2$ | 站点 | 回归方程 | 负相关系数 $R^2$ |
|---|---|---|---|---|---|
| 建瓯 | $y=0.196x-1.0703$ | 0.9369 | 屏南 | $y=0.2857x-1.3616$ | 0.6799 |
| 建阳 | $y=0.4148x-2.0525$ | 0.9222 | 寿宁 | $y=0.5954x-2.2314$ | 0.9925 |
| 南平 | $y=0.9426x-8.7709$ | 0.7813 | 柘荣 | $y=0.5815x-3.0072$ | 0.7955 |
| 邵武 | $y=1.1474x-4.5979$ | 0.8495 | 周宁 | $y=0.1224x-1.5335$ | 0.6913 |
| 顺昌 | $y=0.5234x-2.705$ | 0.9333 | 华安 | $y=0.7035x-6.1541$ | 0.9517 |
| 沙县 | $y=0.7524x-4.2887$ | 0.7618 | 南靖 | $y=0.5125x-5.0897$ | 0.6963 |
| 永安 | $y=0.4137x-5.8464$ | 0.9818 | 连城 | $y=0.6287x-7.9652$ | 0.6797 |
| 三明 | $y=2.0431x-10.961$ | 0.9335 | 龙岩 | $y=0.7827x-6.9397$ | 0.6948 |
| 浦城 | $y=0.326x-2.2703$ | 0.9242 | 上杭 | $y=0.1854x-1.2996$ | 0.9346 |
| 松溪 | $y=1.379x-5.8005$ | 0.8042 | 武平 | $y=0.2581x-2.0011$ | 0.9174 |
| 武夷山 | $y=0.5221x-4.7502$ | 0.8318 | 永定 | $y=0.406x-2.9927$ | 0.6253 |
| 政和 | $y=1.3987x-8.1869$ | 0.7592 | 漳平 | $y=0.488x-3.5118$ | 0.7549 |
| 建宁 | $y=0.9394x-4.1772$ | 0.8743 | 长汀 | $y=0.881x-5.7504$ | 0.7581 |
| 明溪 | $y=1.4279x-8.0672$ | 0.6296 | 福清 | $y=0.2152x-1.8169$ | 0.8424 |
| 宁化 | $y=0.6959x-5.0198$ | 0.7548 | 长乐 | $y=0.686x-4.8377$ | 0.7547 |
| 清流 | $y=0.4065x-2.0969$ | 0.9827 | 莆田 | $y=0.5344x-5.3924$ | 0.5259 |
| 泰宁 | $y=0.9808x-7.5285$ | 0.6252 | 仙游 | $y=0.1304x-4.3521$ | 0.6086 |
| 将乐 | $y=2.1656x-9.9491$ | 0.8397 | 安溪 | $y=0.694x-6.4913$ | 0.7588 |
| 光泽 | $y=0.9303x-5.2426$ | 0.6594 | 南安 | $y=0.2751x-2.8375$ | 0.7211 |
| 连江 | $y=0.9214x-7.5601$ | 0.6269 | 永春 | $y=0.3792x-2.6927$ | 0.6965 |
| 罗源 | $y=0.9291x-7.1085$ | 0.7791 | 惠安 | $y=0.7209x-6.9138$ | 0.7156 |
| 闽侯 | $y=0.3447x-2.8639$ | 0.6316 | 泉州 | $y=0.8262x-8.6577$ | 0.9975 |
| 闽清 | $y=1.0362x-8.0447$ | 0.5169 | 厦门 | $y=0.8431x-6.7992$ | 0.6435 |
| 永泰 | $y=0.7426x-4.971$ | 0.6588 | 平和 | $y=0.4475x-3.9084$ | 0.7564 |
| 福安 | $y=1.2872x-8.6613$ | 0.8994 | 长泰 | $y=0.6606x-5.7161$ | 0.9818 |
| 福鼎 | $y=0.4865x-2.8378$ | 0.9776 | 诏安 | $y=0.6728x-5.4918$ | 0.9671 |
| 宁德 | $y=1.0039x-7.0768$ | 0.7099 | 龙海 | $y=0.1977x-3.6122$ | 0.9985 |
| 霞浦 | $y=0.545x-3.1403$ | 0.9769 | 云霄 | $y=0.7722x-9.1259$ | 0.9195 |
| 古田 | $y=0.9078x-5.328$ | 0.6370 | 漳浦 | $y=0.4687x-4.6172$ | 1.0000 |
| 大田 | $y=0.7608x-6.191$ | 0.7084 | 漳州 | $y=0.748x-6.5158$ | 0.9268 |
| 尤溪 | $y=1.7559x-9.4586$ | 0.9172 | 福州 | $y=0.0483x-1.5318$ | 0.5424 |
| 德化 | $y=1.1589x-5.6118$ | 0.8598 | | | |

根据各县茶叶减产率与极端最低气温的回归方程(表5.1),计算各县4 ℃以下不同等级区间(间隔1 ℃)寒冻害的平均减产率(表5.2)。由表5.2分析可知,极端最低气温处于3 ℃<$T_d$≤4 ℃区间的寒害平均减产率为2.6%,其中寿宁县最低为0.1%,云霄县最大为6.4%;2 ℃<$T_d$≤3 ℃区间的寒害平均减产率为3.3%,其中建瓯市最小为0.6%,云霄县最大为7.2%;1 ℃<$T_d$≤2 ℃区间的寒害平均减产率为4.1%,其中建瓯市最小为0.8%,云霄县最大为8.0%;0 ℃<$T_d$≤1 ℃区间的寒害平均减产率为4.8%,其中建瓯市最小为1.0%,三明市辖区最大为9.9%;−1 ℃<$T_d$≤0 ℃区间的冻害平均减产率为5.5%,其中建瓯市最小为1.2%,三明市辖区最大为12.0%;−2 ℃<$T_d$≤−1 ℃区间的冻害平均减产率为6.2%,其中建瓯市最小为1.4%,三明市辖区最大为14.0%,南平市辖区、明溪县、云霄县、政和县、福安市、尤溪县、将乐县、三明市辖区8个县市的平均减产率超过10.0%;$T_d$≤−2 ℃区间的冻害平均减产率为6.6%,其中建瓯市最小为1.5%,三明市最大为15.0%,闽清县、泉州市辖区、南平市辖区、明溪县、云霄县、政和县、福安县、尤溪县、将乐县、三明市辖区10个县市的平均减产率超过10.0%。全省茶叶种植区不同等级区间寒冻害平均减产率在2.6%~6.6%,寒害(0 ℃<$T_d$≤4 ℃)平均减产率占0.1%,冻害($T_d$≤0 ℃)平均减产率占18.3%,冻害造成的茶叶产量损失较大。总体上看,随着极端最低气温的降低,各县市茶叶平均减产率均呈逐渐增加趋势,位于闽西南地区的县市各等级的平均减产率最小,位于闽西北地区的县市平均减产率最大。

**表5.2　茶叶不同等级寒冻害的平均减产率**

| 站点 | 平均减产率(%) | | | | | | | 站点 | 平均减产率(%) | | | | | | |
|---|---|---|---|---|---|---|---|---|---|---|---|---|---|---|---|
| | (3,4] | (2,3] | (1,2] | (0,1] | (−1,0] | (−2,−1] | (−∞,−2] | | (3,4] | (2,3] | (1,2] | (0,1] | (−1,0] | (−2,−1] | (−∞,−2] |
| 建瓯 | 0.4 | 0.6 | 0.8 | 1.0 | 1.2 | 1.4 | 1.5 | 屏南 | 0.4 | 0.6 | 0.9 | 1.2 | 1.5 | 1.8 | 1.9 |
| 建阳 | 0.6 | 1.0 | 1.4 | 1.8 | 2.3 | 2.7 | 2.9 | 寿宁 | 0.1 | 0.7 | 1.3 | 1.9 | 2.5 | 3.1 | 3.4 |
| 南平 | 5.5 | 6.4 | 7.4 | 8.3 | 9.2 | 10.2 | 10.7 | 柘荣 | 1.0 | 1.6 | 2.1 | 2.7 | 3.3 | 3.9 | 4.2 |
| 邵武 | 0.6 | 1.7 | 2.9 | 4.0 | 5.2 | 6.3 | 6.9 | 周宁 | 1.1 | 1.2 | 1.3 | 1.5 | 1.6 | 1.7 | 1.8 |
| 顺昌 | 0.9 | 1.4 | 1.9 | 2.4 | 3.0 | 3.5 | 3.8 | 华安 | 3.7 | 4.4 | 5.1 | 5.8 | 6.5 | 7.2 | 7.6 |
| 沙县 | 1.7 | 2.4 | 3.2 | 3.9 | 4.7 | 5.4 | 5.8 | 南靖 | 3.3 | 3.8 | 4.3 | 4.8 | 5.3 | 5.9 | 6.1 |
| 永安 | 4.4 | 4.8 | 5.2 | 5.6 | 6.1 | 6.5 | 6.7 | 连城 | 5.8 | 6.4 | 7.0 | 7.7 | 8.3 | 8.9 | 9.2 |
| 三明 | 3.8 | 5.9 | 7.9 | 9.9 | 12.0 | 14.0 | 15.0 | 龙岩 | 4.2 | 5.0 | 5.8 | 6.5 | 7.3 | 8.1 | 8.5 |
| 浦城 | 1.1 | 1.5 | 1.8 | 2.1 | 2.4 | 2.8 | 2.9 | 上杭 | 0.7 | 0.8 | 1.0 | 1.2 | 1.4 | 1.6 | 1.7 |
| 松溪 | 1.0 | 2.4 | 3.7 | 5.1 | 6.5 | 7.9 | 8.6 | 武平 | 1.1 | 1.4 | 1.6 | 1.9 | 2.1 | 2.4 | 2.5 |
| 武夷山 | 2.9 | 3.4 | 4.0 | 4.5 | 5.0 | 5.5 | 5.8 | 永定 | 1.6 | 2.0 | 2.4 | 2.8 | 3.2 | 3.6 | 3.8 |
| 政和 | 3.3 | 4.7 | 6.1 | 7.5 | 8.9 | 10.3 | 11.0 | 漳平 | 1.8 | 2.3 | 2.8 | 3.3 | 3.8 | 4.2 | 4.5 |
| 建宁 | 0.9 | 1.8 | 2.8 | 3.7 | 4.6 | 5.6 | 6.1 | 长汀 | 2.7 | 3.5 | 4.4 | 5.3 | 6.2 | 7.1 | 7.5 |
| 明溪 | 3.1 | 4.5 | 5.9 | 7.4 | 8.8 | 10.2 | 10.9 | 福清 | 1.1 | 1.3 | 1.5 | 1.7 | 1.9 | 2.1 | 2.2 |
| 宁化 | 2.6 | 3.3 | 4.0 | 4.7 | 5.4 | 6.1 | 6.4 | 长乐 | 2.4 | 3.1 | 3.8 | 4.5 | 5.2 | 5.9 | 6.2 |
| 清流 | 0.7 | 1.1 | 1.5 | 1.9 | 2.3 | 2.7 | 2.9 | 莆田 | 3.5 | 4.1 | 4.6 | 5.1 | 5.7 | 6.2 | 6.5 |
| 泰宁 | 4.1 | 5.1 | 6.1 | 7.0 | 8.0 | 9.0 | 9.5 | 仙游 | 3.9 | 4.0 | 4.2 | 4.3 | 4.4 | 4.5 | 4.6 |

续表

| 站点 | 平均减产率(%) | | | | | | | 站点 | 平均减产率(%) | | | | | | |
|---|---|---|---|---|---|---|---|---|---|---|---|---|---|---|---|
| | (3,4] | (2,3] | (1,2] | (0,1] | (−1,0] | (−2,−1] | (−∞,−2] | | (3,4] | (2,3] | (1,2] | (0,1] | (−1,0] | (−2,−1] | (−∞,−2] |
| 将乐 | 2.4 | 4.5 | 6.7 | 8.9 | 11.0 | 13.2 | 14.3 | 安溪 | 4.1 | 4.8 | 5.5 | 6.1 | 6.8 | 7.5 | 7.9 |
| 光泽 | 2.0 | 2.9 | 3.8 | 4.8 | 5.7 | 6.6 | 7.1 | 南安 | 1.9 | 2.1 | 2.4 | 2.7 | 3.0 | 3.3 | 3.4 |
| 连江 | 4.3 | 5.3 | 6.2 | 7.1 | 8.0 | 8.9 | 9.4 | 永春 | 1.4 | 1.7 | 2.1 | 2.5 | 2.9 | 3.3 | 3.5 |
| 罗源 | 3.9 | 4.8 | 5.7 | 6.6 | 7.6 | 8.5 | 9.0 | 惠安 | 4.4 | 5.1 | 5.8 | 6.6 | 7.3 | 8.0 | 8.4 |
| 闽侯 | 1.7 | 2.0 | 2.3 | 2.7 | 3.0 | 3.4 | 3.6 | 泉州 | 5.8 | 6.6 | 7.4 | 8.2 | 9.1 | 9.9 | 10.3 |
| 闽清 | 4.4 | 5.5 | 6.5 | 7.5 | 8.6 | 9.6 | 10.1 | 厦门 | 3.8 | 4.7 | 5.5 | 6.4 | 7.2 | 8.1 | 8.5 |
| 永泰 | 2.4 | 3.1 | 3.9 | 4.6 | 5.3 | 6.1 | 6.5 | 平和 | 2.3 | 2.8 | 3.2 | 3.7 | 4.1 | 4.6 | 4.8 |
| 福安 | 4.2 | 5.4 | 6.7 | 8.0 | 9.3 | 10.6 | 11.2 | 长泰 | 3.4 | 4.1 | 4.7 | 5.4 | 6.0 | 6.7 | 7.0 |
| 福鼎 | 1.1 | 1.6 | 2.1 | 2.6 | 3.1 | 3.6 | 3.8 | 诏安 | 3.1 | 3.8 | 4.5 | 5.2 | 5.8 | 6.5 | 6.8 |
| 宁德 | 3.6 | 4.6 | 5.6 | 6.6 | 7.6 | 8.6 | 9.1 | 龙海 | 2.9 | 3.1 | 3.3 | 3.5 | 3.7 | 3.9 | 4.0 |
| 霞浦 | 1.2 | 1.8 | 2.3 | 2.9 | 3.4 | 4.0 | 4.2 | 云霄 | 6.4 | 7.2 | 8.0 | 8.7 | 9.5 | 10.3 | 10.7 |
| 古田 | 2.2 | 3.1 | 4.0 | 4.9 | 5.8 | 6.7 | 7.1 | 漳浦 | 3.0 | 3.4 | 3.9 | 4.4 | 4.9 | 5.3 | 5.6 |
| 大田 | 3.5 | 4.3 | 5.0 | 5.8 | 6.6 | 7.3 | 7.7 | 漳州 | 3.9 | 4.6 | 5.4 | 6.1 | 6.9 | 7.6 | 8.0 |
| 尤溪 | 3.3 | 5.1 | 6.8 | 8.6 | 10.3 | 12.1 | 13.0 | 福州 | 1.4 | 1.4 | 1.5 | 1.5 | 1.6 | 1.6 | 1.6 |
| 德化 | 1.6 | 2.7 | 3.9 | 5.0 | 6.2 | 7.4 | 7.9 | | | | | | | | |

## 二、茶叶不同等级寒冻害指标出现概率

结合茶叶萌芽展叶期寒冻害气象指标，将极端最低气温 4 ℃作为茶叶寒冻害指数保险起始触发指标，并按照间隔 1 ℃划分 7 个等级，统计出各县不同等级寒冻害的出现概率(表 5.3)。

由福建省各县茶叶不同等级寒冻害的出现概率可知(表 5.3)，全省不同等级寒冻害的平均发生概率在 3.2%～10.7%，寒害(0 ℃$<T_d\leqslant$4 ℃)平均发生概率占 34.1%，冻害($T_d\leqslant$0 ℃)平均发生概率占 13.5%。位于西北部地区的茶叶种植区寒冻害发生概率明显高于其他地区，尤以三明市西北部县市和南平北部县市发生概率较高；东南沿海县市寒冻害发生概率最小，一些地势低平的地区几乎没有出现冻害；东北部地区位于鹫峰山区的屏南、寿宁、周宁、柘荣 4 个县由于海拔较高，所以发生概率要明显高于附近其他县市。极端最低气温处于 3 ℃$<T_d\leqslant$4 ℃区间的寒害平均出现概率为 10.7%，其中顺昌县概率最大，为 27.1%，惠安县、厦门市、龙海市、寿宁县、柘荣县、周宁县出现概率为 0；2 ℃$<T_d\leqslant$3 ℃区间的寒害出现概率为 8.7%，其中福鼎市出现概率最大，为 25.0%，寿宁县、惠安县、漳浦县、云霄县出现概率为 0；1 ℃$<T_d\leqslant$2 ℃区间的寒害出现概率为 8.1%，其中武夷山市出现概率最大，为 25.0%，云霄县、厦门市辖区、漳州市辖区、泉州市辖区、龙海市、平和县出现概率为 0；0 ℃$<T_d\leqslant$1 ℃区间的寒害出现概率为 6.6%，其中柘荣县出现概率最大，为 25.0%，沿海地区的 13 个县市出现概率为 0；−1 ℃$<T_d\leqslant$0 ℃区间的冻害出现概率为 5.6%，其中寿宁县出现概率最大，为 25.0%，沿海 22 个县市出现概率为 0；−2 ℃$<T_d\leqslant$−1 ℃区间的冻害出现概率为 3.2%，其

**表 5.3　茶叶不同等级寒冻害的出现概率**

| 站点 | 寒冻害出现概率(%) | | | | | | | 站点 | 寒冻害出现概率(%) | | | | | | |
|---|---|---|---|---|---|---|---|---|---|---|---|---|---|---|---|
| | (3,4] | (2,3] | (1,2] | (0,1] | (−1,0] | (−2,−1] | (−∞,−2] | | (3,4] | (2,3] | (1,2] | (0,1] | (−1,0] | (−2,−1] | (−∞,−2] |
| 建瓯 | 16.7 | 22.9 | 8.3 | 12.5 | 4.2 | 2.1 | 6.3 | 屏南 | 2.1 | 2.1 | 14.6 | 14.6 | 22.9 | 18.8 | 25.0 |
| 建阳 | 18.8 | 12.5 | 10.4 | 10.4 | 14.6 | 4.2 | 6.3 | 寿宁 | 0.0 | 0.0 | 14.6 | 14.6 | 25.0 | 20.8 | 25.0 |
| 南平 | 6.3 | 6.3 | 10.4 | 2.1 | 0.0 | 4.2 | 0.0 | 柘荣 | 0.0 | 4.2 | 16.7 | 25.0 | 22.9 | 14.6 | 16.7 |
| 邵武 | 14.6 | 10.4 | 10.4 | 10.4 | 14.6 | 10.4 | 10.4 | 周宁 | 0.0 | 2.1 | 10.4 | 25.0 | 18.8 | 22.9 | 20.8 |
| 顺昌 | 27.1 | 10.4 | 4.2 | 10.4 | 8.3 | 2.1 | 4.2 | 华安 | 8.3 | 2.1 | 2.1 | 2.1 | 4.2 | 0.0 | 0.0 |
| 沙县 | 22.9 | 2.1 | 14.6 | 4.2 | 4.2 | 2.1 | 4.2 | 南靖 | 6.3 | 4.2 | 4.2 | 4.2 | 0.0 | 0.0 | 0.0 |
| 永安 | 16.7 | 4.2 | 8.3 | 4.2 | 6.3 | 0.0 | 4.2 | 连城 | 18.8 | 20.8 | 12.5 | 2.1 | 4.2 | 6.3 | 2.1 |
| 三明 | 16.7 | 4.2 | 8.3 | 4.2 | 6.3 | 2.1 | 0.0 | 龙岩 | 18.8 | 2.1 | 4.2 | 2.1 | 6.3 | 0.0 | 0.0 |
| 浦城 | 6.3 | 16.7 | 14.6 | 20.8 | 20.8 | 2.1 | 10.4 | 上杭 | 10.4 | 6.3 | 6.3 | 2.1 | 4.2 | 2.1 | 0.0 |
| 松溪 | 6.3 | 16.7 | 20.8 | 14.6 | 14.6 | 2.1 | 8.3 | 武平 | 14.6 | 14.6 | 14.6 | 2.1 | 4.2 | 0.0 | 4.2 |
| 武夷山 | 8.3 | 12.5 | 25.0 | 16.7 | 8.3 | 4.2 | 8.3 | 永定 | 10.4 | 10.4 | 2.1 | 4.2 | 4.2 | 4.2 | 0.0 |
| 政和 | 7.0 | 23.3 | 20.9 | 11.6 | 7.0 | 4.7 | 2.3 | 漳平 | 10.4 | 6.3 | 4.2 | 4.2 | 2.1 | 2.1 | 2.1 |
| 建宁 | 10.4 | 14.6 | 6.3 | 16.7 | 18.8 | 2.1 | 27.1 | 长汀 | 10.4 | 14.6 | 16.7 | 12.5 | 12.5 | 2.1 | 8.3 |
| 明溪 | 14.6 | 14.6 | 14.6 | 12.5 | 16.7 | 4.2 | 12.5 | 福清 | 4.2 | 2.1 | 2.1 | 2.1 | 0.0 | 0.0 | 0.0 |
| 宁化 | 12.5 | 10.4 | 14.6 | 18.8 | 10.4 | 14.6 | 10.4 | 长乐 | 14.6 | 2.1 | 2.1 | 0.0 | 2.1 | 0.0 | 0.0 |
| 清流 | 12.5 | 12.5 | 22.9 | 6.3 | 12.5 | 2.1 | 12.5 | 莆田 | 4.2 | 4.2 | 2.1 | 2.1 | 0.0 | 0.0 | 0.0 |
| 泰宁 | 16.7 | 14.6 | 16.7 | 12.5 | 6.3 | 14.6 | 12.5 | 仙游 | 4.2 | 8.3 | 4.2 | 2.1 | 0.0 | 0.0 | 0.0 |
| 将乐 | 20.8 | 10.4 | 10.4 | 6.3 | 2.1 | 4.2 | 6.3 | 安溪 | 4.2 | 2.1 | 4.2 | 0.0 | 0.0 | 0.0 | 0.0 |
| 光泽 | 8.3 | 14.6 | 10.4 | 12.5 | 14.6 | 10.4 | 20.8 | 南安 | 4.2 | 4.2 | 2.1 | 0.0 | 0.0 | 0.0 | 0.0 |
| 连江 | 20.8 | 4.2 | 8.3 | 2.1 | 4.2 | 0.0 | 0.0 | 永春 | 6.3 | 4.2 | 4.2 | 6.3 | 0.0 | 0.0 | 0.0 |
| 罗源 | 20.8 | 6.3 | 6.3 | 6.3 | 2.1 | 0.0 | 0.0 | 惠安 | 0.0 | 0.0 | 2.1 | 0.0 | 0.0 | 0.0 | 0.0 |
| 闽侯 | 12.5 | 4.2 | 4.2 | 4.2 | 0.0 | 0.0 | 0.0 | 泉州 | 2.1 | 2.1 | 0.0 | 0.0 | 0.0 | 0.0 | 0.0 |
| 闽清 | 22.9 | 4.2 | 10.4 | 4.2 | 2.1 | 0.0 | 2.1 | 厦门 | 0.0 | 2.1 | 0.0 | 0.0 | 0.0 | 0.0 | 0.0 |
| 永泰 | 16.7 | 18.8 | 4.2 | 10.4 | 2.1 | 2.1 | 2.1 | 平和 | 8.3 | 6.3 | 0.0 | 4.2 | 0.0 | 0.0 | 0.0 |
| 福安 | 8.3 | 14.6 | 10.4 | 4.2 | 2.1 | 0.0 | 2.1 | 长泰 | 2.1 | 4.2 | 2.1 | 0.0 | 0.0 | 0.0 | 0.0 |
| 福鼎 | 22.9 | 25.0 | 10.4 | 6.3 | 4.2 | 2.1 | 2.1 | 诏安 | 6.3 | 2.1 | 2.1 | 0.0 | 0.0 | 0.0 | 0.0 |
| 宁德 | 10.4 | 6.3 | 2.1 | 2.1 | 0.0 | 0.0 | 0.0 | 龙海 | 0.0 | 6.3 | 0.0 | 0.0 | 0.0 | 0.0 | 0.0 |
| 霞浦 | 22.9 | 12.5 | 4.2 | 6.3 | 0.0 | 0.0 | 0.0 | 云霄 | 6.3 | 0.0 | 0.0 | 0.0 | 0.0 | 0.0 | 0.0 |
| 古田 | 16.7 | 18.8 | 14.6 | 8.3 | 2.1 | 6.3 | 2.1 | 漳浦 | 4.2 | 0.0 | 2.1 | 0.0 | 0.0 | 0.0 | 0.0 |
| 大田 | 18.8 | 16.7 | 8.3 | 2.1 | 4.2 | 2.1 | 4.2 | 漳州 | 2.1 | 4.2 | 0.0 | 0.0 | 0.0 | 0.0 | 0.0 |
| 尤溪 | 12.5 | 16.7 | 4.2 | 12.5 | 4.2 | 0.0 | 6.3 | 福州 | 10.4 | 4.2 | 4.2 | 0.0 | 0.0 | 0.0 | 0.0 |
| 德化 | 12.5 | 18.8 | 14.6 | 8.3 | 4.2 | 6.3 | 2.1 | | | | | | | | |

中周宁县出现概率最大，为 22.9%，沿海地区和西南地区共 31 个县市出现概率为 0；$T_d \leqslant -2$ ℃区间的冻害出现概率为 4.7%，其中建宁县出现概率最大，为 27.1%，三明市辖区、南平市辖区、沿海县市和西南部分县市共 30 个县市出现概率为 0。总体来看，除高海拔山区和西北部地区部分县市外，随着极端最低气温的降低，不同区域寒冻害发生概率呈下降趋势，其他茶叶种植区寒冻害出现概率呈现出高海拔县市>低海拔县市，西北部地区>东南部沿海地区的趋势。

## 三、寒冻害指数保险的纯费率和基准保险费率

### （一）纯费率

设计 4 ℃以下每隔 1 ℃区间的寒冻害保险气象等级，将茶叶寒冻害划分为 7 个等级，把不同等级的平均减产率及出现的概率相乘，再把各等级寒冻害的纯费率累加，计算得出各县的茶叶寒冻害保险纯费率。计算公式如下：

$$R = E(\text{Loss}) = \sum_{i=1}^{m} (x_i \pi_i) \tag{5.4}$$

式中，$R$ 为纯费率，$E(\text{Loss})$为产量损失的数学期望（预期损失），$i$ 为寒冻害等级数量，$x_i$ 为某等级平均减产率，$\pi_i$ 为某等级指标出现概率。

### （二）基准保险费率

结合考虑保险公司在开展保险业务时需要的费用、利润及风险附加，按照式(5.5)计算得出各个县域不同触发条件下的基准保险费率。

$$P_{T_d \leqslant m_i} = \frac{\sum R_{T_d \leqslant m_i}}{1 - E - M} \tag{5.5}$$

式中，$P$ 为基准保险费率，$R$ 为不同触发条件下纯费率，$E$ 为费用附加，$M$ 为风险及利润附加，$T_d$ 为极端最低气温，$m_i$ 为保险不同触发条件下的极端最低气温指标阈值。

根据式(5.4)计算各县极端最低气温低于 4 ℃触发条件下的茶叶寒冻害指数保险纯费率，并将保险费用附加设定 20%，风险及利润附加设定 10%，依据式(5.5)计算得出各县基准保险费率（表 5.4）。

**表 5.4　福建省各县茶叶寒冻害保险纯费率及基准费率**

| 站点 | 纯费率 | 基准费率 | 站点 | 纯费率 | 基准费率 | 站点 | 纯费率 | 基准费率 |
|---|---|---|---|---|---|---|---|---|
| 建瓯 | 0.55 | 0.79 | 闽侯 | 0.50 | 0.72 | 永定 | 0.82 | 1.17 |
| 建阳 | 1.20 | 1.72 | 闽清 | 2.62 | 3.74 | 漳平 | 0.84 | 1.20 |
| 南平 | 2.11 | 3.01 | 永泰 | 1.99 | 2.85 | 长汀 | 3.74 | 5.35 |
| 邵武 | 3.11 | 4.45 | 福安 | 2.60 | 3.72 | 福清 | 0.14 | 0.20 |
| 顺昌 | 1.19 | 1.70 | 福鼎 | 1.33 | 1.90 | 长乐 | 0.61 | 0.87 |
| 沙县 | 1.60 | 2.29 | 宁德 | 0.91 | 1.30 | 莆田 | 0.52 | 0.74 |
| 永安 | 2.26 | 3.23 | 霞浦 | 0.78 | 1.12 | 仙游 | 0.76 | 1.09 |
| 三明 | 2.99 | 4.27 | 古田 | 2.60 | 3.72 | 安溪 | 0.50 | 0.71 |
| 浦城 | 1.88 | 2.69 | 大田 | 2.67 | 3.81 | 南安 | 0.22 | 0.31 |
| 松溪 | 3.80 | 5.43 | 尤溪 | 3.86 | 5.51 | 永春 | 0.40 | 0.58 |
| 武夷山 | 3.55 | 5.06 | 德化 | 2.57 | 3.67 | 惠安 | 0.12 | 0.17 |
| 政和 | 4.82 | 6.88 | 屏南 | 1.50 | 2.14 | 泉州 | 0.26 | 0.37 |

续表

| 站点 | 纯费率 | 基准费率 | 站点 | 纯费率 | 基准费率 | 站点 | 纯费率 | 基准费率 |
|---|---|---|---|---|---|---|---|---|
| 建宁 | 3.78 | 5.40 | 寿宁 | 2.62 | 3.74 | 厦门 | 0.10 | 0.14 |
| 明溪 | 6.14 | 8.77 | 柘荣 | 3.12 | 4.45 | 平和 | 0.52 | 0.75 |
| 宁化 | 4.23 | 6.05 | 周宁 | 1.60 | 2.28 | 长泰 | 0.34 | 0.48 |
| 清流 | 1.39 | 1.98 | 华安 | 0.90 | 1.28 | 诏安 | 0.37 | 0.53 |
| 泰宁 | 6.31 | 9.02 | 南靖 | 0.75 | 1.07 | 龙海 | 0.19 | 0.28 |
| 将乐 | 3.89 | 5.56 | 连城 | 4.54 | 6.49 | 云霄 | 0.40 | 0.57 |
| 光泽 | 4.59 | 6.56 | 龙岩 | 1.73 | 2.47 | 漳浦 | 0.21 | 0.29 |
| 连江 | 2.12 | 3.03 | 上杭 | 0.30 | 0.43 | 漳州 | 0.27 | 0.39 |
| 罗源 | 2.03 | 2.90 | 武平 | 0.83 | 1.18 | 福州 | 0.26 | 0.37 |

从福建省各县市茶叶寒冻害保险纯费率及基准费率(表 5.4)可知,全省平均纯费率为 1.83%,泰宁县纯费率最高,为 6.31%,厦门市纯费率最低,为 0.10%,大致呈现出高海拔山区向低海拔地区、西北内陆向东南沿海逐渐减少的趋势。上杭县和沿海地区的 17 个县市纯费率都低于 0.55%,属于费率低值区,平均纯费率为 0.31%;宁化县、政和县、连城县、光泽县、明溪县、泰宁县 6 个县市属于费率高值区,平均纯费率为 5.11%;其余县市纯费率都在 0.55~3.89%,平均纯费率为 2.03%。

商业保险公司的运营需要一定的运营管理费用、风险保障费用和附加利润,所以在指数产品设计时需考虑到这些因素,综合调查分析保险公司运营情况和可能承受的风险,将运营成本和管理费用设定为 20%,风险及利润附加设定为 10%。从基准费率计算结果(表 5.4)可知,全省平均基准保险费率为 2.62%,泰宁县基准保险费率最高,为 9.02%,厦门市基准保险费率最低,为 0.14%,与纯费率分布规律一致。上杭县和沿海地区的 17 个县市基准保险费率都低于 0.79%,属于费率低值区,平均基准保险费率为 0.45%;宁化县、政和县、连城县、光泽县、明溪县、泰宁县 6 个县市属于费率高值区,平均基准保险费率为 7.30%;其余县市基准保险费率都在 0.79%~5.56%,平均基准保险费率为 2.90%。

## 四、不同触发条件下的区域保险费率和保费

### (一)区域保险费率计算方法

根据已经计算得出的不同触发条件下的基础保险费率,结合茶叶寒冻害致灾危险性区划结果,统计各区域不同海拔区间的危险性指数,并以区域气象观测站点所处海拔区间为基准,计算不同海拔高度区间的“区域风险系数”,订正出不同县域不同触发条件不同海拔高度茶园的区域保险费率。

$$R_g = P \times (i_h / i_b) \tag{5.6}$$

式中,$R_g$为区域保险费率,$P$ 为基准保险费率,$i_h$为区域某海拔区间的寒冻害危险性指数,$i_b$为区域气象基准站点海拔区间的寒冻害危险性指数。

### (二)不同触发条件下的基准保险费率

为了给保户提供更多的茶叶寒冻害气象指数保险选项,设置极端最低气温低于 4 ℃、3 ℃、2 ℃、1 ℃、0 ℃、−1 ℃和−2 ℃为触发条件的基准保险费率,表 5.5 列出了福建省各县

市茶叶寒冻害保险不同触发条件下的基准保险费率。

**表 5.5　福建省各县市茶叶寒冻害保险不同触发条件下的基准保险费率**

| 站点 | 不同触发条件下的基准保险费率(%) | | | | | | | 站点 | 不同触发条件下的基准保险费率(%) | | | | | | |
|---|---|---|---|---|---|---|---|---|---|---|---|---|---|---|---|
| | ≤4 | ≤3 | ≤2 | ≤1 | ≤0 | ≤−1 | ≤−2 | | ≤4 | ≤3 | ≤2 | ≤1 | ≤0 | ≤−1 | ≤−2 |
| 建瓯 | 0.79 | 0.70 | 0.51 | 0.41 | 0.24 | 0.17 | 0.13 | 屏南 | 2.14 | 2.13 | 2.11 | 1.92 | 1.66 | 1.17 | 0.69 |
| 建阳 | 1.72 | 1.56 | 1.37 | 1.16 | 0.89 | 0.42 | 0.26 | 寿宁 | 3.74 | 3.74 | 3.74 | 3.46 | 3.06 | 2.15 | 1.22 |
| 南平 | 3.01 | 2.52 | 1.95 | 0.85 | 0.61 | 0.61 | 0.00 | 柘荣 | 4.45 | 4.45 | 4.36 | 3.85 | 2.88 | 1.80 | 0.99 |
| 邵武 | 4.45 | 4.33 | 4.07 | 3.64 | 3.04 | 1.97 | 1.03 | 周宁 | 2.28 | 2.28 | 2.25 | 2.04 | 1.52 | 1.09 | 0.53 |
| 顺昌 | 1.70 | 1.37 | 1.16 | 1.04 | 0.68 | 0.33 | 0.22 | 华安 | 1.28 | 0.84 | 0.71 | 0.56 | 0.39 | 0.00 | 0.00 |
| 沙县 | 2.29 | 1.75 | 1.67 | 1.02 | 0.78 | 0.51 | 0.34 | 南靖 | 1.07 | 0.77 | 0.54 | 0.29 | 0.00 | 0.00 | 0.00 |
| 永安 | 3.23 | 2.18 | 1.90 | 1.27 | 0.94 | 0.40 | 0.40 | 连城 | 6.49 | 4.95 | 3.04 | 1.79 | 1.56 | 1.07 | 0.27 |
| 三明 | 4.27 | 3.37 | 3.02 | 2.08 | 1.49 | 0.42 | 0.00 | 龙岩 | 2.47 | 1.34 | 1.19 | 0.85 | 0.65 | 0.00 | 0.00 |
| 浦城 | 2.69 | 2.59 | 2.24 | 1.87 | 1.24 | 0.52 | 0.43 | 上杭 | 0.43 | 0.33 | 0.26 | 0.17 | 0.13 | 0.05 | 0.00 |
| 松溪 | 5.43 | 5.34 | 4.78 | 3.67 | 2.61 | 1.25 | 1.02 | 武平 | 1.18 | 0.95 | 0.67 | 0.33 | 0.28 | 0.15 | 0.15 |
| 武夷山 | 5.06 | 4.72 | 4.10 | 2.68 | 1.62 | 1.02 | 0.69 | 永定 | 1.17 | 0.94 | 0.64 | 0.57 | 0.40 | 0.21 | 0.00 |
| 政和 | 6.88 | 6.56 | 5.00 | 3.18 | 1.93 | 1.05 | 0.36 | 漳平 | 1.20 | 0.94 | 0.73 | 0.57 | 0.37 | 0.26 | 0.13 |
| 建宁 | 5.40 | 5.26 | 4.88 | 4.64 | 3.75 | 2.51 | 2.34 | 长汀 | 5.35 | 4.95 | 4.21 | 3.16 | 2.21 | 1.10 | 0.89 |
| 明溪 | 8.77 | 8.13 | 7.20 | 5.96 | 4.65 | 2.56 | 1.95 | 福清 | 0.20 | 0.13 | 0.10 | 0.05 | 0.00 | 0.00 | 0.00 |
| 宁化 | 6.05 | 5.58 | 5.10 | 4.27 | 3.02 | 2.22 | 0.95 | 长乐 | 0.87 | 0.36 | 0.27 | 0.15 | 0.15 | 0.00 | 0.00 |
| 清流 | 1.98 | 1.86 | 1.67 | 1.18 | 1.01 | 0.60 | 0.52 | 莆田 | 0.74 | 0.53 | 0.29 | 0.15 | 0.00 | 0.00 | 0.00 |
| 泰宁 | 9.02 | 8.04 | 6.98 | 5.54 | 4.29 | 3.57 | 1.69 | 仙游 | 1.09 | 0.85 | 0.37 | 0.13 | 0.00 | 0.00 | 0.00 |
| 将乐 | 5.56 | 4.85 | 4.18 | 3.18 | 2.39 | 2.06 | 1.28 | 安溪 | 0.71 | 0.47 | 0.32 | 0.00 | 0.00 | 0.00 | 0.00 |
| 光泽 | 6.56 | 6.32 | 5.72 | 5.14 | 4.29 | 3.10 | 2.11 | 南安 | 0.31 | 0.20 | 0.07 | 0.00 | 0.00 | 0.00 | 0.00 |
| 连江 | 3.03 | 1.74 | 1.42 | 0.69 | 0.48 | 0.00 | 0.00 | 永春 | 0.58 | 0.45 | 0.35 | 0.22 | 0.00 | 0.00 | 0.00 |
| 罗源 | 2.90 | 1.76 | 1.33 | 0.82 | 0.23 | 0.00 | 0.00 | 惠安 | 0.17 | 0.17 | 0.17 | 0.00 | 0.00 | 0.00 | 0.00 |
| 闽侯 | 0.72 | 0.42 | 0.30 | 0.16 | 0.00 | 0.00 | 0.00 | 泉州 | 0.37 | 0.20 | 0.00 | 0.00 | 0.00 | 0.00 | 0.00 |
| 闽清 | 3.74 | 2.29 | 1.97 | 1.00 | 0.56 | 0.30 | 0.30 | 厦门 | 0.14 | 0.14 | 0.00 | 0.00 | 0.00 | 0.00 | 0.00 |
| 永泰 | 2.85 | 2.28 | 1.45 | 1.22 | 0.53 | 0.37 | 0.19 | 平和 | 0.75 | 0.47 | 0.22 | 0.22 | 0.00 | 0.00 | 0.00 |
| 福安 | 3.72 | 3.22 | 2.09 | 1.09 | 0.61 | 0.33 | 0.33 | 长泰 | 0.48 | 0.38 | 0.14 | 0.00 | 0.00 | 0.00 | 0.00 |
| 福鼎 | 1.90 | 1.53 | 0.95 | 0.63 | 0.40 | 0.22 | 0.11 | 诏安 | 0.53 | 0.25 | 0.13 | 0.00 | 0.00 | 0.00 | 0.00 |
| 宁德 | 1.30 | 0.77 | 0.36 | 0.20 | 0.00 | 0.00 | 0.00 | 龙海 | 0.28 | 0.28 | 0.00 | 0.00 | 0.00 | 0.00 | 0.00 |
| 霞浦 | 1.12 | 0.71 | 0.39 | 0.26 | 0.00 | 0.00 | 0.00 | 云霄 | 0.57 | 0.00 | 0.00 | 0.00 | 0.00 | 0.00 | 0.00 |
| 古田 | 3.72 | 3.21 | 2.39 | 1.56 | 0.98 | 0.81 | 0.21 | 漳浦 | 0.29 | 0.12 | 0.12 | 0.00 | 0.00 | 0.00 | 0.00 |
| 大田 | 3.81 | 2.86 | 1.84 | 1.24 | 1.07 | 0.68 | 0.46 | 漳州 | 0.39 | 0.28 | 0.00 | 0.00 | 0.00 | 0.00 | 0.00 |
| 尤溪 | 5.51 | 4.92 | 3.71 | 3.31 | 1.77 | 1.16 | 1.16 | 福州 | 0.37 | 0.17 | 0.09 | 0.00 | 0.00 | 0.00 | 0.00 |
| 德化 | 3.67 | 3.39 | 2.67 | 1.86 | 1.26 | 0.89 | 0.24 | | | | | | | | |

从福建省各县市茶叶寒冻害保险不同触发条件下的基准保险费率可以看出(表 5.5),全省不同触发条件下的基准保险费率在 0.38%～2.62%,各县市极端最低气温 $T_d$≤4 ℃为触发条件的平均基准保险费率为 2.62%,其中,泰宁县基准保险费率最高为 9.02%,厦门市辖区最低为 0.14%,6 个县市(宁化县、连城县、光泽县、政和县、明溪县、泰宁县)基准费率均高于 6%,20 个县市费率低于 1%,除上杭县、建瓯市外,其他都位于沿海地区。极端最低气温 $T_d$≤3 ℃为触发条件的平均基准保险费率为 2.23%,其中,明溪县基准保险费率最高为 8.13%,云霄县最低为 0,闽西南和闽东南地区 28 个县市费率低于 1%。极端最低气温 $T_d$≤2 ℃为触发条件的平均基准保险费率为 1.83%,其中,明溪县基准费率最高为 7.20%,泉州市辖区、厦门市辖区、龙海市、云霄县、漳州市辖区费率均为 0,建瓯市、西南部分县市和沿海地区 29 个县市基准费率低于 1%。极端最低气温 $T_d$≤1 ℃为触发条件的平均基准保险费率为 1.39%,其中,明溪县基准费率最高为 5.96%,沿海有 12 个县市的基准费率为 0,33 个县市费率低于 1%。极端最低气温 $T_d$≤0 ℃为触发条件的平均基准保险费率为 0.99%,其中,明溪县基准费率最高为 4.65%,沿海 21 个县市的基准费率为 0。极端最低气温 $T_d$≤−1 ℃为触发条件的平均基准保险费率为 0.62%,其中,泰宁县基准费率最高为 3.57%,沿海 26 个县市的基准费率为 0。极端最低气温 $T_d$≤−2 ℃为触发条件的平均基准保险费率为 0.38%,其中,建宁县基准费率最高为 2.34%,沿海 30 个县市的基准费率为 0。

(三)不同风险区的保险费率

首先根据福建农业气候相似的原理,将福建省划分为西北部、东北部、西南部、东南部 4 个气候相似区,再结合气象指数保险产品对研究区合理精细化的设计要求,根据福建省茶叶寒冻害危险性区划结果,分析轻度、中度、重度和严重 4 个不同寒冻害程度的危险性区域指数分布情况,在致灾危险性精细化区划图中找出 4 个不同等级危险区域之间的海拔高度临界阈值,作为 4 个气候相似区不同海拔风险区划分的依据,将西北部和东北部按照不同等级寒冻害风险区海拔高度范围划分为<200 m、200～600 m、600～900 m、>900 m 4 个寒冻害风险区,将西南部和东南部各县划分为<300 m、300～700 m、700～1100 m、>1100 m 4 个寒冻害风险区,来分别厘定不同区域不同海拔风险区的保险费率(图 5.2)。

在茶叶种植气候相似区区划图中,统计 4 个风险区不同海拔高度地域的致灾危险性指数值,并以区域气象观测站点所处海拔区间为基准位置,修订其他海拔高度区域的费率。西北部<200 m、200～600 m、600～900 m、>900 m 4 个寒冻害风险区的指数范围分别为 0.15～0.16、0.16～0.68、0.68～0.98、0.98～1.98;东北部<200m、200～600 m、600～900 m、>900 m 4 个寒冻害风险区的指数范围分别为 0.13～0.16、0.16～0.68、0.68～0.98、0.98～1.57;西南部<300 m、300～700 m、700～1100 m、>1100 m 4 个寒冻害风险区的指数范围分别为 0.07～0.16、0.16～0.68、0.68～0.98、0.98～1.55;东南部<300 m、300～700 m、700～1100 m、>1100 m 4 个寒冻害风险区的指数范围分别为 0.01～0.16、0.16～0.68、0.68～0.98、0.98～1.53。

西北部以海拔 200～600 m 区域危险性平均指数为基准;东北部中低海拔县以 200～600 m、高海拔县(柘荣县、寿宁县、屏南县、周宁县)以 600～900 m 区域指数为基准;西南部以 300～700 m 区域指数为基准;东南部以<300 m 区域指数为基准。通过计算其他不同海拔地域指数与基准海拔区域指数比值,确定出 4 个区域不同海拔高度的寒冻害风险订正系数(表 5.6),以此来订正各县市不同海拔风险区的保险费率。表 5.7 列出了福建省不同区域不同海

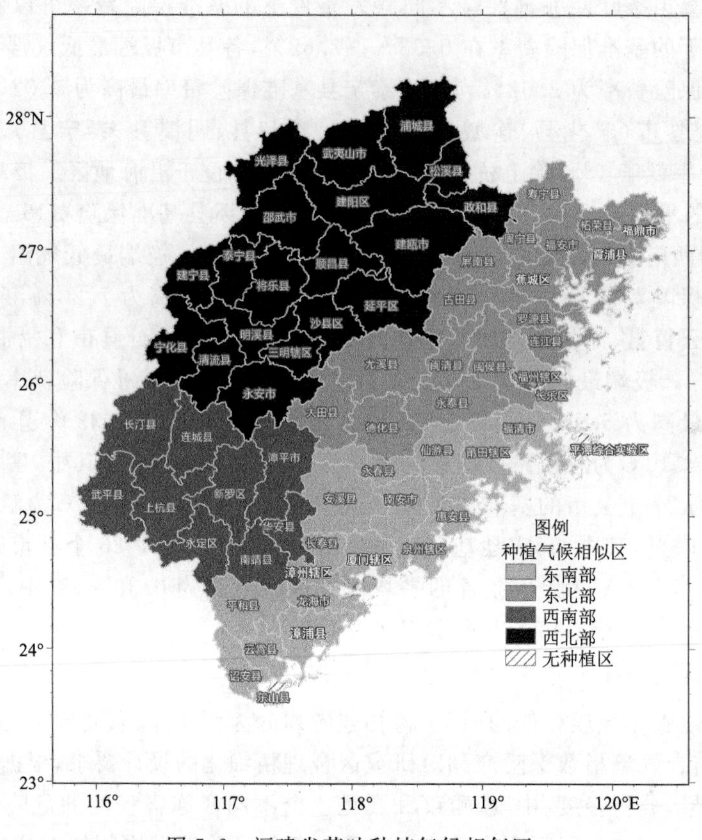


图 5.2　福建省茶叶种植气候相似区

拔不同触发条件下的区域保险费率。

**表 5.6　茶叶不同寒冻害风险区的风险订正系数**

| 项目 | 区域 | 海拔高度(m) | | | | 区域 | 海拔高度(m) | | | |
|---|---|---|---|---|---|---|---|---|---|---|
| | | <200 | 200～600 | 600～900 | >900 | | <300 | 300～700 | 700～1100 | >1100 |
| 指数均值 | 西北部 | 0.15 | 0.49 | 0.80 | 1.13 | 西南部 | 0.11 | 0.46 | 0.80 | 1.10 |
| 订正系数 | | 0.31 | 1 | 1.62 | 2.29 | | 0.24 | 1 | 1.74 | 2.41 |
| 指数均值 | 东北部 | 0.15 | 0.45 | 0.81 | 1.08 | 东南部 | 0.10 | 0.38 | 0.78 | 1.08 |
| 订正系数 | 中低海拔县 | 0.33 | 1 | 1.81 | 2.42 | | 1.00 | 3.93 | 8.01 | 11.05 |
| 订正系数 | 高海拔县 | 0.18 | 0.55 | 1 | 1.34 | | — | — | — | — |

从福建省不同风险区不同触发条件下的区域保险费率可以看出(表 5.7),4 个风险区随着海拔高度的增加,茶叶寒冻害致灾危险性越大,保险费率就越高,同时保险触发的气温越低,保险费率也相应降低;在同一保险触发条件下,保险费率呈现出西北部＞东北部＞西南部＞东南部的规律。

以极端最低气温 4 ℃以下保险触发条件为例,西北部区域茶叶寒冻害保险纯费率为

3.13%，基准费率为4.47%，海拔200 m以下、200～600 m、600～900 m、900 m以上的区域保险费率分别为1.37%、4.47%、7.24%和10.24%；东北部区域保险纯费率为2.08%，基准费率为2.98%，海拔200 m以下、200～600 m、600～900 m、900 m以上的区域保险费率分别为0.87%、2.64%、4.78%和6.39%；西南部区域保险纯费率为1.61%，基准费率为2.29%，海拔300 m以下、300～700 m、700～1100 m、1100 m以上的区域保险费率分别为0.54%、2.29%、3.98%和5.52%；东南部区域保险纯费率为0.34%，基准费率为0.49%，海拔300 m以下、300～700 m、700～1100 m、1100 m以上的区域保险费率分别为0.49%、1.93%、3.93%和5.43%。不同区域不同触发条件不同风险区的费率精算结果，可为科学设计茶叶寒冻害保险产品提供支撑。

**表5.7　茶叶不同风险区不同触发条件下的区域保险费率**　单位：%

| 区域 | 触发条件(℃) | 海拔高度(m) | | | | 区域 | 海拔高度(m) | | | |
|---|---|---|---|---|---|---|---|---|---|---|
| | | <200 | 200～600 | 600～900 | >900 | | <300 | 300～700 | 700～1100 | >1100 |
| 西北部 | $T_d \leqslant 4$ | 1.37 | 4.47 | 7.24 | 10.24 | 西南部 | 0.54 | 2.29 | 3.98 | 5.52 |
| | $T_d \leqslant 3$ | 1.25 | 4.05 | 6.57 | 9.30 | | 0.42 | 1.78 | 3.09 | 4.28 |
| | $T_d \leqslant 2$ | 1.09 | 3.55 | 5.76 | 8.15 | | 0.32 | 1.33 | 2.32 | 3.21 |
| | $T_d \leqslant 1$ | 0.86 | 2.78 | 4.51 | 6.37 | | 0.22 | 0.92 | 1.60 | 2.22 |
| | $T_d \leqslant 0$ | 0.64 | 2.08 | 3.37 | 4.76 | | 0.16 | 0.67 | 1.16 | 1.60 |
| | $T_d \leqslant -1$ | 0.41 | 1.33 | 2.16 | 3.05 | | 0.08 | 0.32 | 0.55 | 0.76 |
| | $T_d \leqslant -2$ | 0.25 | 0.83 | 1.34 | 1.90 | | 0.04 | 0.16 | 0.28 | 0.39 |
| 东北部 | $T_d \leqslant 4$ | 0.87 | 2.64 | 4.78 | 6.39 | 东南部 | 0.49 | 1.93 | 3.93 | 5.43 |
| | $T_d \leqslant 3$ | 0.70 | 2.12 | 3.84 | 5.13 | | 0.30 | 1.19 | 2.42 | 3.35 |
| | $T_d \leqslant 2$ | 0.54 | 1.63 | 2.95 | 3.95 | | 0.15 | 0.58 | 1.18 | 1.62 |
| | $T_d \leqslant 1$ | 0.39 | 1.19 | 2.16 | 2.88 | | 0.05 | 0.20 | 0.41 | 0.57 |
| | $T_d \leqslant 0$ | 0.25 | 0.76 | 1.38 | 1.84 | | 0.01 | 0.03 | 0.07 | 0.09 |
| | $T_d \leqslant -1$ | 0.16 | 0.48 | 0.87 | 1.17 | | 0.00 | 0.00 | 0.00 | 0.00 |
| | $T_d \leqslant -2$ | 0.10 | 0.29 | 0.52 | 0.70 | | 0.00 | 0.00 | 0.00 | 0.00 |

（四）不同触发条件下的亩保费

通过征询茶农有关茶叶生产管理成本和保险公司的意见，综合考虑福建省历年[①]的茶叶产量和价格实际水平以及茶农投入的水肥管理、耕作除草、采摘管理、修剪管理、病虫害防治、防寒防旱养护管理等生产成本，将茶叶保险金额设定为2000元/亩。

亩保费计算公式为：

$$P_g = R_g \times 2000 \tag{5.7}$$

式中，$P_g$为亩保费，$R_g$为区域保险费率，2000为每亩保险金额。

表5.8列出了不同区域不同海拔高度不同触发条件下的亩保费。

① 历年指1991—2020年的平均，下同。

表 5.8　茶叶不同风险区不同触发条件下的亩保费　　单位:元

| 区域 | 触发条件(℃) | 海拔高度(m) | | | | 区域 | 海拔高度(m) | | | |
|---|---|---|---|---|---|---|---|---|---|---|
| | | ＜200 | 200～600 | 600～900 | ＞900 | | ＜300 | 300～700 | 700～1100 | ＞1100 |
| 西北部 | $T_d\leqslant 4$ | 27 | 89 | 145 | 205 | 西南部 | 11 | 46 | 80 | 110 |
| | $T_d\leqslant 3$ | 25 | 81 | 131 | 186 | | 8 | 36 | 62 | 86 |
| | $T_d\leqslant 2$ | 22 | 71 | 115 | 163 | | 6 | 27 | 46 | 64 |
| | $T_d\leqslant 1$ | 17 | 56 | 90 | 127 | | 4 | 18 | 32 | 44 |
| | $T_d\leqslant 0$ | 13 | 42 | 67 | 95 | | 3 | 13 | 23 | 32 |
| | $T_d\leqslant -1$ | 8 | 27 | 43 | 61 | | 2 | 6 | 11 | 15 |
| | $T_d\leqslant -2$ | 5 | 17 | 27 | 38 | | 1 | 3 | 6 | 8 |
| 东北部 | $T_d\leqslant 4$ | 17 | 53 | 96 | 128 | 东南部 | 10 | 39 | 79 | 109 |
| | $T_d\leqslant 3$ | 14 | 42 | 77 | 103 | | 6 | 24 | 48 | 67 |
| | $T_d\leqslant 2$ | 11 | 33 | 59 | 79 | | 3 | 12 | 24 | 32 |
| | $T_d\leqslant 1$ | 8 | 24 | 43 | 58 | | 1 | 4 | 8 | 11 |
| | $T_d\leqslant 0$ | 5 | 15 | 28 | 37 | | 0 | 1 | 1 | 2 |
| | $T_d\leqslant -1$ | 3 | 10 | 17 | 23 | | 0 | 0 | 0 | 0 |
| | $T_d\leqslant -2$ | 2 | 6 | 10 | 14 | | 0 | 0 | 0 | 0 |

## 第四节　茶叶寒冻害保险理赔

### 一、保险赔付比例和保险赔偿金

茶叶不同生长阶段发生寒冻害,对茶叶的危害和造成损失程度不同。茶叶刚开始萌芽阶段出现寒冻害,由于萌芽时间有早有晚,或者只是部分开始萌芽,此时出现寒冻害损失会小一些,此外,在春茶大部分已经采摘完毕,就是过了集中采摘期之后,所剩茶青不多,此时发生寒冻害,损失也小,可见在春茶萌芽至采摘结束时间段内,在茶叶展叶和集中采摘期出现寒冻害,损失就大,而在初期和后期所造成的损失会减小。因此,在赔付比例设置时,应充分考虑不同强度极端最低气温对茶叶的危害程度、茶叶寒冻害历年平均赔付率和茶叶保险时段不同阶段寒冻害对茶叶造成损失的综合情况来综合确定。赔付比例设置的基本原则是:

首先是考虑不同强度极端最低气温对茶叶的危害程度。赔付从触发茶叶寒冻害的极端最低气温阈值指标(4 ℃)开始,按照间隔 1 ℃的区间进行赔付,极端气温越低,赔付比例越大。

其次是考虑茶叶寒冻害历年平均赔付率情况,按照保险公司与保户利益平衡的情况,将茶叶寒冻害历年平均赔付率大致确定在 70%～80%;通过分析各县茶叶寒冻害历年平均赔付比例,来考量各县相应的赔付比例。

最后考虑茶叶保险时段内不同阶段寒冻害对茶叶造成损失情况,在茶芽开始萌发阶段和采摘末期出现寒冻害,造成的损失要小,而在充分展叶、集中采摘时段出现寒冻害,造成的损失要大。

因此,根据福建茶叶物候期出现时间以及茶叶不同时段的寒冻害危害程度,将保险时段(3

月1日—5月10日）划分为3月1—5日、3月6—10日、3月11—15日、3月16—20日、3月21—25日、3月26—30日、3月31日—4月4日、4月5—9日、4月10—14日、4月15—19日、4月20—24日、4月25日—5月10日这12个时间段，结合考虑茶叶集中采摘期和保险历年平均赔付情况，分别制定出不同寒冻害等级的赔付比例（表5.9）。经统计各年的低温事件发生情况可知，历年的极端最低气温多出现于3月20日之前。

由低温事件出现日期对应的赔付比例（表5.9）可以看出，不同低温等级赔付比例不同，极端最低气温越低，所对应的赔付比例越高；低温事件出现的不同时期赔付比例也不同，在茶叶开始萌芽直至大面积开采时间段内，随着时间推移，越靠近茶叶集中采摘期，寒冻害对茶叶造成的损失越大，与之对应的赔付比例越高；3月31日—4月24日正是春茶集中采摘期，其中4月15—19日是最集中采摘时段，气温越低，茶叶的受冻情况越严重，对当年茶农的收益影响越大，所以，在此期间制定的赔付比例要高于其他时间段。而在春茶采摘末期，即4月25日以后，大部分春茶已采摘，剩余未采摘的茶叶面积减少，此时发生寒冻害，对当年茶叶总产量影响减小，造成的损失也相应减小，因此，赔付比例低于集中采摘期。

**表5.9　茶叶低温事件出现日期对应的赔付比例**

| 极端最低气温（℃） | 低温事件出现日期对应的赔付比例（%） | | | | | |
|---|---|---|---|---|---|---|
| | 3月1—5日 | 3月6—10日 | 3月11—15日 | 3月16—20日 | 3月21—25日 | 3月26—30日 |
| $3<T_d\leqslant 4$ | 1 | 1 | 2 | 2 | 3 | 3 |
| $2<T_d\leqslant 3$ | 2 | 2 | 3 | 3 | 4 | 4 |
| $1<T_d\leqslant 2$ | 3 | 3 | 4 | 4 | 5 | 5 |
| $0<T_d\leqslant 1$ | 4 | 4 | 5 | 5 | 6 | 6 |
| $-1<T_d\leqslant 0$ | 5 | 6 | 7 | 8 | 9 | 10 |
| $-2<T_d\leqslant -1$ | 6 | 7 | 8 | 9 | 10 | 11 |
| $T_d\leqslant -2$ | 7 | 8 | 9 | 10 | 15 | 20 |
| 极端最低气温（℃） | 3月31日—4月4日 | 4月5—9日 | 4月10—14日 | 4月15—19日 | 4月20—24日 | 4月25日—5月10日 |
| $3<T_d\leqslant 4$ | 4 | 5 | 5 | 7 | 5 | 3 |
| $2<T_d\leqslant 3$ | 5 | 6 | 6 | 8 | 6 | 4 |
| $1<T_d\leqslant 2$ | 6 | 7 | 8 | 10 | 7 | 5 |
| $0<T_d\leqslant 1$ | 7 | 8 | 15 | 20 | 15 | 10 |
| $-1<T_d\leqslant 0$ | 13 | 15 | 20 | 30 | 20 | 15 |
| $-2<T_d\leqslant -1$ | 15 | 20 | 40 | 60 | 30 | 20 |
| $T_d\leqslant -2$ | 30 | 40 | 50 | 100 | 40 | 25 |

按照投保人选择的投保可选项，触发到哪一级别指标区间的条件，分别以起始下限作为启动赔付的触发值（条件），可获得相应的赔偿金额（表5.10），亩赔偿最大金额设置不能超过亩保险金额。

保险赔偿金公式为：

$$Q=\begin{cases}0 & T_d<T_c \\ x\times I & T_d\geqslant T_c\end{cases} \tag{5.8}$$

式中，$Q$ 为赔偿金额，$x$ 为赔付比例，$I$ 为保险金额，$T_c$ 为触发保险的极端最低气温指标阈值。

**表 5.10 茶叶低温事件出现日期对应的亩赔偿金额**

| 极端最低气温(℃) | 低温事件出现日期对应的亩赔偿金额(元/亩/份) | | | | | |
|---|---|---|---|---|---|---|
| | 3月1—5日 | 3月6—10日 | 3月11—15日 | 3月16—20日 | 3月21—25日 | 3月26—30日 |
| $3<T_d\leqslant4$ | 20 | 20 | 40 | 40 | 60 | 60 |
| $2<T_d\leqslant3$ | 40 | 40 | 60 | 60 | 80 | 80 |
| $1<T_d\leqslant2$ | 60 | 60 | 80 | 80 | 100 | 100 |
| $0<T_d\leqslant1$ | 80 | 80 | 100 | 100 | 120 | 120 |
| $-1<T_d\leqslant0$ | 100 | 120 | 140 | 160 | 180 | 200 |
| $-2<T_d\leqslant-1$ | 120 | 140 | 160 | 180 | 200 | 220 |
| $T_d\leqslant-2$ | 140 | 160 | 180 | 200 | 300 | 400 |
| 极端最低气温(℃) | 3月31日—4月4日 | 4月5—9日 | 4月10—14日 | 4月15—19日 | 4月20—24日 | 4月25日—5月10日 |
| $3<T_d\leqslant4$ | 80 | 100 | 100 | 140 | 100 | 60 |
| $2<T_d\leqslant3$ | 100 | 120 | 120 | 160 | 120 | 80 |
| $1<T_d\leqslant2$ | 120 | 140 | 160 | 200 | 140 | 100 |
| $0<T_d\leqslant1$ | 140 | 160 | 300 | 400 | 300 | 200 |
| $-1<T_d\leqslant0$ | 260 | 300 | 400 | 600 | 400 | 300 |
| $-2<T_d\leqslant-1$ | 300 | 400 | 800 | 1200 | 600 | 400 |
| $T_d\leqslant-2$ | 600 | 800 | 1000 | 2000 | 800 | 500 |

## 二、寒冻害理赔的合理性

### (一)平均赔付率检验

通过调查各风险区各县市的茶叶种植区海拔分布情况发现，西北部和东北部的县市茶园主要分布在海拔 400 m 左右，西南部县市茶园主要分布在海拔 500 m 左右，东南部县市茶园主要分布在海拔 800 m 左右，部分气象站点的海拔与茶园分布不一致，监测的极端最低气温与茶园实际温度会有所差异。因此，为了使极端气温更准确地反映茶园的实际温度，各风险区分别以茶园主要分布海拔范围订正极端最低气温，西北部和东北部以海拔 400 m 为基准订正极端最低气温，西南部以海拔 500 m 为基准订正极端最低气温，东南部以 800 m 为基准订正极端最低气温，以此茶园位置的极端最低气温为基准，并以极端最低气温 4 ℃以下作为保险触发条件，根据各县历年出现的寒冻害事件极端最低气温及赔付情况，根据公式(5.9)计算各县历年的赔付率。

$$\text{赔付率}=(\text{亩赔额}/\text{亩保费})\times100\% \tag{5.9}$$

从福建省各区域各县市的茶叶寒冻害历年平均赔付率可以看出(表 5.11)，全省春茶寒冻害平均赔付率为 69.54%，西北部、东北部、西南部、东南部 4 个风险区的平均赔付率分别为 78.37%、90.48%、72.69%、36.60%。可见全省茶叶寒冻害平均赔付率接近保险公司对 70%～80%赔付率的基本要求，说明设置的赔付比例较为合适；当然，不同区域的平均赔付率存在差异，如东南部区域由于低温强度较低，发生概率较小，平均赔付率较低；而东北部区域由于部分县市处于高海拔地域，低温强度大，发生概率大，平均赔付率较高，因此，针对不同区域的风险情况，可因地制宜地对保险赔付比例做适当调整。

**表 5.11　福建省各区域各县市的茶叶寒冻害气象指数保险平均赔付率**

| 区域 | 站点 | 赔付率(%) | 区域 | 站点 | 赔付率(%) | 区域 | 站点 | 赔付率(%) |
|---|---|---|---|---|---|---|---|---|
| 西北部 | 建瓯 | 82.10 | 东北部 | 闽侯 | 48.93 | 西南部 | 永定 | 73.59 |
| | 建阳 | 96.56 | | 闽清 | 82.07 | | 漳平 | 68.14 |
| | 南平 | 44.78 | | 永泰 | 108.90 | | 长汀 | 136.29 |
| | 邵武 | 114.29 | | 福安 | 85.23 | 东南部 | 福清 | 49.29 |
| | 顺昌 | 69.51 | | 福鼎 | 124.68 | | 长乐 | 64.66 |
| | 沙县 | 56.91 | | 宁德 | 40.25 | | 莆田 | 38.69 |
| | 永安 | 51.31 | | 霞浦 | 78.91 | | 仙游 | 59.89 |
| | 三明 | 47.11 | | 古田 | 84.44 | | 安溪 | 41.87 |
| | 浦城 | 91.43 | | 大田 | 61.55 | | 南安 | 35.51 |
| | 松溪 | 80.70 | | 尤溪 | 69.44 | | 永春 | 66.25 |
| | 武夷山 | 77.44 | | 德化 | 86.02 | | 惠安 | 20.67 |
| | 政和 | 63.53 | | 屏南 | 132.93 | | 泉州 | 27.56 |
| | 建宁 | 108.69 | | 寿宁 | 133.59 | | 厦门 | 24.91 |
| | 明溪 | 88.16 | | 柘荣 | 122.04 | | 平和 | 42.93 |
| | 宁化 | 100.29 | | 周宁 | 131.62 | | 长泰 | 25.97 |
| | 清流 | 76.50 | 西南部 | 华安 | 42.70 | | 诏安 | 20.67 |
| | 泰宁 | 90.03 | | 南靖 | 33.62 | | 龙海 | 23.85 |
| | 将乐 | 45.25 | | 连城 | 85.41 | | 云霄 | 12.72 |
| | 光泽 | 104.49 | | 龙岩 | 34.53 | | 漳浦 | 23.32 |
| 东北部 | 连江 | 70.23 | | 上杭 | 74.50 | | 漳州 | 18.02 |
| | 罗源 | 77.34 | | 武平 | 105.39 | | 福州 | 62.01 |

（二）基差比检验

通过对比历年寒冻害低温事件触发的保险指数赔付比例和相对应的实际产量损失率，计算基差比，验证茶叶寒冻害指数保险理赔的赔付条件的合理性。

基差比公式为：

$$Z_{ij}=(X_{ij}-Y_{ij})/Y_{ij} \tag{5.10}$$

式中，$Z_{ij}$ 为基差比，$X_{ij}$ 为某县域某触发条件下的赔付比例，$Y_{ij}$ 为某县域某触发条件下的产量损失率，$i$ 为县，$j$ 为年份。

将计算得出的赔付比例与各县市茶叶历年产量损失率情况进行对比，根据式(5.10)计算各区域基差比。从表 5.12 可知，福建省各县茶叶寒冻害平均赔付比例为 2.91%，西北部最高，东南部最低；平均损失比例为 2.96%，西北部最高，东南部最低；全省基差比均值为－1.65%，西北部最高，西南部最低，损失比例略大于赔付比例。通过检验，寒冻害指数计算的赔付比例与实际损失比例较为接近，基差比较小，说明保险赔付较为合理。

表 5.12　福建省各区域茶叶寒冻害保险基差比、平均赔付比例及损失比例

| 区域 | 赔付比例(%) | 损失比例(%) | 基差比(%) |
|---|---|---|---|
| 西北部 | 3.60 | 3.74 | −2.83 |
| 东北部 | 3.08 | 3.08 | −1.26 |
| 西南部 | 2.48 | 2.48 | −0.50 |
| 东南部 | 1.99 | 2.00 | −1.09 |
| 福建省 | 2.91 | 2.96 | −1.65 |

以福建西北部的光泽县为例，给出茶叶历年寒冻害赔付比例和损失比例对比图(图 5.3)，来分析单县茶叶寒冻害气象指数保险赔付基差比，可见 1996—2016 年茶叶因寒冻害造成的损失年份均有赔付，历年平均赔付比例为 4.83%；平均损失比例为 5.19%；基差比为 0.07%，说明制定的赔付比例较为合理。

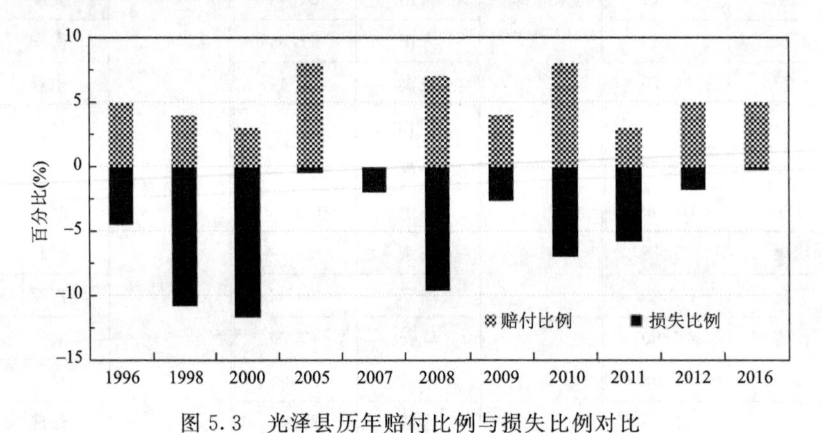


图 5.3　光泽县历年赔付比例与损失比例对比

(三)个例检验

目前，基于厘定的区域保险费率的茶叶寒冻害气象指数保险产品已在福建省寿宁县、清流县、漳平市和武夷山市等多地落地应用，2019—2020 年投保的茶叶面积达 2800 $hm^2$，为茶叶提供了 4200 万元的风险保障。2020 年 4 月 13 日，地处西北部的清流县苏福茶业有限公司投保茶园(海拔 400～500 m)附近自动气象站(海拔 494 m)观测的最低气温为 1.8 ℃，触发设定的 4 ℃保险理赔指标；同日地处西南部的漳平市永福镇投保茶园(海拔 700～800 m)附近区域自动气象站(海拔 822 m)观测的最低气温为 1.6 ℃；从两地的茶园寒害受灾调查来看，苏福茶业公司的茶园寒害总体损失程度略大于永福镇茶园，同时由表 5.7 可见，这两个投保茶园相应海拔区域触发的保险费率分别为 4.47%和 3.98%，与实际减产率的趋势吻合，符合高风险、高减产率与高费率之间的因果关系，一定程度说明了研究设置的区域保险费率具有合理性。

**三、赔偿处理**

按照保险赔付约定的具体气象站观测的气象指数数据，作为认定保险事故的依据；按照制定的不同触发条件下不同等级灾害对应的赔偿比例和赔偿金额进行赔付；保险期间或结束后，进行一次性赔付。

$$\mathrm{PD}=(I-A)\times B \tag{5.11}$$

式中，PD 为每亩赔付金额(元/亩)；$I$ 为天气指数值；$A$ 为天气指数起赔值(阈值)；$B$ 为天气指数的赔付标准(由保险公司根据保障程度确定)。

### 四、福建茶叶寒冻害气象指数保险合同的产品条款

茶叶寒冻害气象指数保险产品设计条款包括保险标的、保险责任、保险期间、保险费率、保险金额、保险费、赔偿处理 7 个部分。

# 参考文献


[1] 福建省统计局.福建统计年鉴[M].北京:中国统计出版社,2021.

[2] 张文锦,冯廷佺.福建乌龙茶生产现状及闽台茶业合作建议[J].茶叶科学技术,2014(2):31-33.

[3] 董秀云,郑金贵.福建省茶叶标准化发展现状与对策[J].福建农业学报,2013,28(12):1298-1302.

[4] 陈凌文,陈潜,杨巍.福建茶产业发展现状分析[J].台湾农业探索,2007(4):61-64.

[5] 陈宪泽,吴声怡.福建茶叶的品牌建设[J].台湾农业探索,2006(4):43-46.

[6] 杨如兴,何孝延,张磊,等.福建茶树品种选育及其对茶产业的推动作用[C]."科技创新与茶叶发展"学术研讨会,7-15.

[7] 骆耀平.名优茶叶生产与加工技术[M].北京:中国农业出版社,2003.

[8] 陈常颂,王秀萍,钟秋生,等.基于生育期与遗传多态性的福建主栽茶树品种搭配选择[J].中国茶叶,2013(11):26-27.

[9] 冯廷俭.福建名优茶叶发展现状与未来前景[J].福建茶叶,2005(4):4-5.

[10] 陈志辉,游小妹,林郑和,等.福建省白茶品种遗传多样性分析[J].茶叶学报,2017,58(3):108-114.

[11] 陈荣冰.福建红茶的发展历程及其品质特征[J].福建茶叶,2010(3):14-16.

[12] 魏先林,徐建新.浅谈茶叶的分类与品质特点[J].南昌高专学报,2011(5):186-188.

[13] 陈力.福建茉莉花茶品质特征、审评技巧及其拼配技术[J].中国茶叶加工,2015(3):58-60.

[14] 危赛明.白茶的产区和品质特征[J].中国茶叶加工,2019(3):77-78.

[15] 陈林,张应根,项丽慧,等.'茗科1号'等5个福建乌龙茶品种的白茶适制性鉴定[J].茶叶学报,2019,60(2):64-68.

[16] 福建省统计局农村处.福建农村统计年鉴[M].北京:中国统计出版社,2021.

[17] 王长君,田丽丽.茶高效栽培[M].北京:机械工业出版社,2015.

[18] 姚清华,张居德,苏德森,等.福建省茶叶主产区茶叶质量安全管理与隐患点比较分析[J].福建农业学报2014,29(4):393-397.

[19] 白金木.提升铁观音茶叶品质的关键采摘技术[J].蚕桑茶叶通讯,2009(4):36-37.

[20] 许长同,江月平,黄江等."榕春绿"的生物学特性及栽培技术初报[J].福建茶叶,2004(3):11-12.

[21] 钟德民,戈佩贞,吴在田.武平绿茶史考及优质成因探讨[J].茶叶通讯,2017,44(2):58-60.

[22] 刘德发.武平绿茶名优品种引种与适制性试验小结[J].中国茶叶,2012(11):8-9.

[23] 唐伯成,俞诗雯,施平.闽侯县山区发展茶叶生产的气象条件分析[J].新农民,2011(9):36-37.

[24] 林笑茹,高吟婷.福鼎市发展茶叶生产的气象条件分析[J].中国茶叶,2009,31(3):24-25.

[25] 叶榕,王文建.铁观音茶树生产性状调控试验初报[J].福建茶叶,2000(2):23,29.

[26] 张玮玮,申双和,刘敏,等.湖北省茶树种植气候区划[J].气象科学,2011,31(2):153-159.

[27] 罗京义,晏理华,徐大红,等.铜仁地区茶树生长的气候适应性分析及优质绿茶种植区划[J].茶叶科学,2011,31(2):136-142.

[28] 谢庆梓.福建茶树的气候带划分[J].亚热带植物通讯,1993,22(2):25-29.

[29] 于仲吾,尹连荣,刘新华.气候变暖对茶叶生产的影响[J].茶叶,2002,28(3):162-163.

[30] 曾华聪,池仰坤.生态条件对茶叶品质的影响[J].东南园艺,2015(5):28-30.

[31] 夏先江,罗仲兴,刘盛旭.茶树栽培中的气象影响及防灾技术[J].茶叶通报,2010,32(2):70-72.

[32] 黄海涛,余继忠,周铁锋,等.茶树早春受冻的原因与防御补救措施[J].杭州农业科技,2007(5):28-29.

[33] 洪晓湘,陈娇娜,施宗强.漳州市茶叶生产的气象条件分析[J].福建农业科技,2009(6):75-76.
[34] 陈铁芳.三明市茶树的气候条件分析及气候区划[J].厦门科技,2012(4):59-62.
[35] 程传枢.中国农业百科全书农业气象卷[M].北京:农业出版社,1986.
[36] 陈勇.基于GIS的文成县茶树栽培气候区划[J].广东气象,2013,35(2):36-37.
[37] 龙振熙,姚正兰.茶叶生长期气象条件分析[J].农技服务,2010,27(11):1498-1500.
[38] 石春华,虞轶均.茶叶无公害生产技术[M].北京:中国农业出版社,2003.
[39] 陈惠,岳辉英.福建省茶树生长的气候适应性[J].广西气象,2005,26(增刊):16-18.
[40] 蒋宗孝,林森知,魏荣源,等.三明市茶树气候条件分析及气候区划[J].气象科技,2004(增刊):87-90.
[41] 朱秀红.层次分析法在鲁东南山区茶树种植因子权重中的应用[J].中国茶叶,2013(7):18-21.
[42] 杨如兴,张磊,陈志辉.福建茶树种质的抗寒力鉴定[J].中国农学通报,2014,30(4):157-161.
[43] 李云杰.宜宾县茶叶生产适应性气候分析及高产对策[J].四川气象,2005,25(4):25-27.
[44] 朱秀红,马品印,王军.日照地区茶树冻害气候原因分析[J].中国茶叶,2008,30(2):28-29.
[45] 黄新忠.建宁县茶树冻害成因调查与防御对策[J].茶叶科学简报,1994(1):25-27.
[46] 肖林兴.浅谈闽西北山区茶树冻害及防冻技术[J].茶叶科学技术,2000(4):33-34.
[47] 高水练.不良天气对乌龙茶产业的影响及其补偿措施[J].亚热带农业研究,2011,7(4):261-265.
[48] 叶永发.2005年早春茶园大面积冻害原因分析及预防对策[J].中国农技推广,2006,22(11):41-42.
[49] 尤志明,杨如兴,张文锦,等.不同农艺措施对茶树冻害后产量恢复的影响初报[J].茶叶科学技术,2010(2):1-2.
[50] 杨如兴,王振康,陈常颂.国家茶叶产业技术体系专家深入福建受冻茶区指导科技减灾[J].茶叶科学技术,2010(1):1-2.
[51] 沈长华,吴灰全.闽北"2018·04·08"春季茶叶晚霜冻害调查[C].2018年福建省气象学会学术年会,2018.
[52] 张丽霞,赵淑娟,王桂雪,等.泰安市茶树种植气候条件分析[J].中国农业气象,2006,27(3):244-248.
[53] 黎健龙,李家贤,唐劲驰,等.热旱对茶树产量的影响及防灾措施浅析[J].茶叶科学技术,2007(4):9-10.
[54] 秦仁艳,陈开洪,何明远.正安县茶叶种植气候条件分析[J].农技服务,2010,27(12):1637-1638.
[55] 陈尧荣.茶树旱害发生的原因及预防措施[J].福建茶叶,2013(6):34-35.
[56] 刘声传,陈亮.茶树耐旱机理及抗旱节水研究进展[J].茶叶科学,2014,34(2):111-121.
[57] 余秀宏,吴荣梅,余书平,等.从旱灾情况引起对茶园管理方式的思考[J].中国茶叶,2013(10):26-27.
[58] 庄丽玲.南靖县发展茶树种植的气象条件分析[J].福建气象,2004(4):25-27.
[59] 周理飞.持续高温干旱茶园管理技术措施[J].茶叶科学技术,2003(3):38.
[60] 艾琴.加强旱灾后茶园管理,促进长巷茶叶发展[J].茶叶科学技术,2003(4):28.
[61] 何雅芬,陈新海,张文风,等.铁观音茶树灌溉技术研究Ⅰ——铁观音茶树主栽区的降雨特征分析[J].中国农学通报,2011,27(2):196-200.
[62] 谢一菁,戴柯伟,陈新海,等.铁观音茶树的灌溉技术Ⅱ——茶园节水灌溉的控制系统[J].福建农林大学学报(自然科学版),2010,39(2):139-142.
[63] 韩文炎,肖强.2013年夏季茶园旱热害成因及防治建议[J].中国茶叶,2013(9):18-19.
[64] 兰雅萍,李南杰,施宗强.夏旱对漳州市农业生产的影响—以2020年6—7月夏旱为例[J].福建热作科技,2021,46(1):66-69.
[65] 李桥,何磊.2011年春季气候条件对大田高山茶生产的影响分析[J].农技服务,2013,30(6):640-641.
[66] 金志凤,封秀燕.基于GIS的浙江省茶树栽培气候区划[J].茶叶,2006,32(1):7-10.
[67] 吴灰全,万瀚仁,周萌.武夷山茶叶生产的气候条件分析[J].农业与技术,2014(12):122.
[68] 吴礼辉.夏秋季茶园防旱抗旱技术[J].茶叶科学技术,2007(3):52-53.
[69] 李鑫,张丽平,张兰,等.茶园高温干旱灾害防控技术[J].中国茶叶,2018(7):38-41.

[70] 蔡华春.白茶品质形成研究概述[J].茶叶科学技术,2012(1):15-17.
[71] 陈岱卉,叶乃兴,邹长如.茶树品种的适制性与茶叶品质[J].福建茶叶,2008(1):2-5.
[72] 陆锦时,魏芳华,李春华.树新梢中主要游离氟基酸含量及组成对茶品种品质的影响[J].西南农业学报,1994,7(S1):13-16.
[73] 郭颖,陈琦,黄峻榕,等.茶叶滋味与其品质成分的关系[J].茶叶通讯,2015,42(3):13-15.
[74] 刘小文,高晓余,何月秋,等.几种微量元素对茶树生理及茶叶品质的影响[J].广东农业科学,2010(6):162-165.
[75] 陈念,沈佐民.基于化学成分检测和 SVM 分类的茶叶品质鉴定[J].安徽农业科学,2010,38(15):7851-7852.
[76] 叶江华,张奇,刘德发,等.武夷肉桂茶品质差异分析及其与矿质元素间的关系[J].茶叶通讯,2021,48(1):105-113.
[77] 万思谦.浅谈环境因素对绿茶品质的影响[J].现代农业科技,2005(1):24.
[78] 李纪艳.不同生态条件对茶叶品质的影响[C]//第二届海峡两岸茶博会国际茶业高峰论坛论文集.武夷山,2008:329-332.
[79] 王新超,马春雷,姚明哲,等.影响绿茶季节间品质差异的生化因子探析[J].西北植物学报,2011,31(6):1229-12137.
[80] 余会康,黄荣锋,黄文霖.闽东茶区春秋季气候与茶叶品质的差异性[J].贵州农业科学,2020,48(10):143-147.
[81] 余会康,黄荣锋,祝杰伟,等.蕉城区不同海拔茶园气候差异与茶叶化学品质分析[J].茶叶学报,2019,60(4):162-166.
[82] 方洪生,周迎春,苏有健.海拔高度对茶园环境及茶叶品质的影响[J].安徽农业科学,2014,42(20):6573-6575.
[83] 甘秋玲.福建福鼎白茶主产区地球化学特征及区划研究[J].福建地质,2021,40(1):34-44.
[84] 王婷婷,金心怡.生态条件对茶叶品质的影响探析[J].茶叶科学技术,2014(3):6-12.
[85] 陈泉宾,孙威江.武夷岩茶品质影响因素的研究现状[J].福建茶叶,2003(3):44-46.
[86] 陈华葵,杨江帆.不同岩区肉桂品种茶叶品质化学成分分析[J].食品安全质量检测学报,2015,6(4):1287-1293.
[87] 李远华,陈潇倩.武夷山主栽茶树品种的植物学性状观察及主要生化成分分析[J].蚕桑茶叶通讯,2014(1):21-25.
[88] 魏杰,田永辉,梁远发,等.环境因子对茶树产生生化物质的影响[J].福建茶叶,2003(4):4-6.
[89] 朱俊生.中国天气指数保险试点的运行及其评估[J].保险研究,2011(3):19-25.
[90] TEIXEIRA E I,FISCHER G,VAN V H,et al. Global hot-spots of heat stress on agricultural crops due to climate change[J]. Agricultural and Forest Meteorology,2013,170:206-215.
[91] CHEN S L,MIRANDA J M. Modeling Texas dry land cotton yields,with application to crop insurance actuarial rating[J]. Journal of Agricultur-al and Applied Economics,2008,40(1):239-252.
[92] 姜会飞.农业保险费率和保费的计算方法研究[J].中国农业大学学报,2009,14(6):109-117.
[93] OZAKI V A,GOODWIN B K,SHIROTA R. Parametric and nonparametric statistical modelling of crop yield:implications for pricing crop insuran-ce contracts[J]. Applied Economics,2008,40(9):1151-1164.
[94] TURVEY C G,WEERSINK A. Pricing weather insurance with a random strike price:an application to the ontario ice wine harvest[J]. American Journal of Agricultural Economics,2005,88(3):696-709.
[95] MARLETTO V,VENTURA F,FONTANA G,et al. Wheat growth simulation and yield prediction with seasonal forecasts and a numerical model[J]. Agricultural and Forest Meteorology,2007,147(1):71-79.
[96] LU Y,RAMIREZ O A,REJESUS R M,et al. Empirically evaluating the flexibility of the Johnson family

of distributions:A crop insuranceapplication[J]. Agricultural and Resource Economics Review,2008,37(1):79-91.

[97] 曲思邈,王冬妮,郭春明,等. 玉米干旱天气指数保险产品设计——以吉林省为例[J]. 气象与环境学报,2018,34(2):92-99.

[98] 屈振江,周广胜. 中国产区苹果越冬冻害的风险评估[J]. 自然资源学报,2017,32(5):829-40.

[99] 王丽红,杨讷华,田志宏,等. 非参数核密度法厘定玉米区域产量保险费率研究——以河北安国市为例[J]. 中国农业大学学报,2007,12(1):90-94.

[100]金志凤,胡波,严甲真,等. 浙江省茶叶农业气象灾害风险评价[J]. 生态学杂志,2014,33(3):771-777.

[101]陈超,庞艳梅,刘佳. 四川省水稻高温热害风险及灾损评估[J]. 中国生态农业学报(中英文),2019,27(4):554-562.

[102]杨太明,孙喜波,刘布春,等. 安徽省水稻高温热害保险天气指数模型设计[J]. 中国农业气象,2015,36(2):220-226.

[103]王春乙,张亚杰,张京红,等. 海南省芒果寒害气象指数保险费率厘定及保险合同设计研究[J]. 气象与环境科学,2016,39(1):108-113.

[104]LOU W P,QIU X F,WU L H,et al. Scheme of weather-based indemnity indices for insuring against freeze damage to citrus orchards in Zhejiang,China[J]. Agricultural Sciences in China,2009,8(11):1321-1331.

[105]娄伟平,吴利红,陈华江,等. 柑橘气象指数保险合同费率厘定分析及设计[J]. 中国农业科学,2010,43(9):1904-1911.

[106]陈盛伟,李彦. 区域性苹果低温冻害气象指数保险产品设计——以山东省栖霞市为例[J]. 保险研究,2015(12):78-87.

[107]孙擎,杨再强,殷剑敏,等. 江西早稻高温逼熟气象灾害指数保险费率的厘定[J]. 中国农业气象,2014,35(5):561-566.

[108]杨平,张丽娟,赵艳霞,等. 黄淮海地区夏玉米干旱风险评估与区划[J]. 中国生态农业学报,2015,25(1):110-118.